東洋數學大系 II

算經十書 下

차종천 편

敎友社

역자서문

역자는 지금으로부터 5년 전인 2000년에 「구장산술」과 「주비산경」을 번역하여 펴낸 적이 있고, 또한 그보다 몇 해 전부터 시작해서 동양 전통수학(산학)에 대한 여러 편의 논문들을 틈틈이 발표해 왔는데, 그것은 모두 산학에 대한 학계와 일반의 관심이 한 세기 남짓 지속된 근대화 과정과 더불어 거의 사라지다시피 한 것을 그냥 보고만 넘기기는 어렵다는 생각에서였다. 그러나 그 책이 출간된 후 역자는 내친 김에 아예 한·중·일 세 나라를 다 포함시키고 시대도 산학사의 처음부터 끝까지 아우르는 "동양수학대계"를 추진하는 쪽으로 범위를 넓히게 되었다. 물론 이런 새로운 구도에 비춰보더라도 「구장」과 「주비」는 둘 나 산학의 조종(祖宗)으로 지부될 수 있는 좀 더 특별한 위치에 있으므로 그 첫머리에 놓여져야 함은 분명하다. 다만, 첫 번째 권에는 최근 서한시대 초기의 한 고분으로부터 「산수서」라는 이름의 죽간이 발굴되어 산학의 편년을 무려 4세기 반이나 끌어올리게 되었으므로 그것까지 포함시키게 되었다.

이 책은 그 바로 다음 권에 해당하는 것으로서 "산경십서"에서 「구장」, 「주비」를 제외한 나머지로부터 가려 뽑은 5종, 즉, 「해도산경」, 「손자산경」, 「오조산경」, 「장구건산경」, 「하후양산경」을 다룬 것이다. 「구당서(舊唐書)」 "이순풍전(李淳風傳)"에 열거된 "십부산경(十部算經)” 내지 “산경십서”를 기준으로 할 때, 이번에 “대계”에 포함된 7종을 빼면, 「오경산술」, 「철술」, 「집고산경」이 남으나, 「철술」은 11세기 이전에 이미 일실되었으니, 나머지 2권만 다른 것에 비하여 적합성이 떨어진다고 판단하여 추려낸 셈이다. 이 책에 포함된 다섯 종의 고전은 그 중에 「손자산경」처럼 선진시대로까지 기원을 올려 잡을 수 있다고 일각에서 주장하는 경우도 없지는 않으나, 대체로 남북조를 거쳐서 수·당대까지 이르는 기간의 수학을 대표한다. 그것들은 특히 「손자산경」의 예에서 볼 수 있듯이, “중국의 잉여정리”나 “퇴타”와 같이 그 이전의 산학서에서 충분히 담아내지 못한 주제들을 다루는 것으로 나타나기도 하고, 「장구건산경」, 「하후양산경」 등의 실명제 서명들처럼 산학을 세습적인 가업으로 독점화한 사정을 강하게 암시하기도 하지만, 하나같이 고대의 중국뿐 아니라 한국, 일본에까지 막대한 영향력을 미친 명저들이다.

역자는 동양수학의 고전들을 번역하고 해부해보고자 하는 이러한 일련의 작업들을 추진해오는 과정에서 언제나 그것들이 동양수학의 전체상은 물론, 동시에, 중국, 한국, 일본 3국의 나라별 특성까지 잘 드러내 줄 수 있는 가장 핵심적이고도 대표적인 고전들로 꾸며져야 한다는 점에 주력했으며, 그 결과 다음과 같은 15권을 기획하여 **“동양수학대계(東洋數學大系)”**라는 이름으로 묶기로 했다.

I.	「算數書」·算經十書 上(「九章算術」,「周髀算經」)
II.	算經十書 下(「海島算經」,「孫子算經」,「五曹算經」,「張邱建算經」,「夏侯陽算經」)
III-IV.	「夢溪筆談」,「數書九章」
V.	「楊輝算法」
VI-VII.	「四元玉鑑」,「算學啓蒙」
VIII.	「算法統宗」
IX.	「梅氏叢書輯要」·「割圓密率捷法」·李善蘭
X.	「默思集算法」·「九數略」·「籌解需用」
XI-XII.	「九一集」
XIII.	和算選集(「塵劫記」, 關孝和, 安島直圓, 和田 寧)
XIV.	Smith and Mikami,「日本數學史(A History of Japanese Mathematics)」
XV.	동양수학사의 흐름, 총색인

따라서 이 15권이 모두 완성되게 되면, 우리나라를 포함한 동아시아 문명권에서 누천년의 역사를 통하여 발달시켜온 소중한 수학적 업적의 진면목이 당연히 살아있는 전통으로 소생하여 우리 모두의 값진 문화자산으로 활용될 수 있을 것으로 믿어 의심치 않는 것이다.

이제 이 책과 더불어「산수서」,「구장산술」,「주비산경」을 한데 묶은 송대 수학 르네상스의 한 축인「양휘산법」, 일본 전통수학의 역사를 이미 90여 년 전에 영문으로 정리해서 펴냈던 스미스와 미카미의「일본수학사」, 그리고 부피가 워낙 방대해서 부득불 두 권으로 나누지 않을 수 없었던 조선시대를 대표하는 수학서 가운데 하나인「구일집」등 총 6권을 동양수학대계의 일환으로 우선 상재(上梓)하게 되니 역자로서는 비록 그 동안 가급적 혼자 힘으로 밀어

붙여보려고 애써오기는 했으나 감사를 올려야 할 분들이 한둘이 아니다. 특히 수학교육학회, 과학사학회, 수학사학회, 과학기술사학회의 여러 학계 선배·동학과 맺어온 교류는 역자의 전통수학 천착을 위해서 큰 힘이 되어주었지만, 유감스럽게도 도움 받은 분들을 일일이 거명하는 것이 물리적으로 불가능해 안타깝게 생각한다. 개인적으로는, 동양수학과 관련하여 이만큼이나마 성과물을 만들어 내게 된 것에 대해 새삼스럽게 아내와 더불어 자축하고 싶다. 그가 이 여러모로 부족한 인간에게는 언제나 궁극적인 후원자인 까닭이다. 한편, 2003년 가을부터 1년간 연구년을 보낸 도쿄대와 캠브리지대로부터 받은 지원은 재직중인 성균관대로부터 받은 지원과 더불어 몰아치기 번역에 돌입하는 것을 가능케 해주었다. 또한, 역자로 하여금 이 작업에 본격적으로 매달릴 수 있도록 흔쾌한 출판 승낙과 격려를 해주신 교우사 오판근 사장께도 깊은 감사를 드린다. 마지막으로 역자는 우리 문화의 수학적 뿌리를 되돌아보고자 하는 많은 분들께 이 책을 비롯한 동양 전통수학의 주요저작들에 대한 역주작업이 조금이나마 소용 닫기를 바라마지 않으며, 앞으로 여러 전문가들의 고견과 비판을 받아서 점차 개선해 나갈 수 있기를 기약해본다.

2006년 6월
북한산자락 한구석 서실에서
차종천

일러두기

1. 전체적으로 우리말 번역을 먼저 싣고, 주해나 그래프가 마련된 경우에는 그 다음에 오도록 하였으며, 마지막에 원문을 덧붙이는 순서를 밟았다.
2. 문제번호는「해도산경」을 비롯해서 기본적으로 일련번호를 [] 속에 넣어 표시토록 하였다. 그러나 각각 상·중·하 세 권으로 이루어진「손자산경」,「장구건산경」,「하후양산경」의 경우에는 무슨 권의 몇 번째라는 것을 [] 부호 속에 넣어 표시하였으며(예를 들면, [下-3]),「오조산경」의 경우에는 무슨 조와 관련된 권의 몇 번째라는 것을 [] 속에 넣어 표시토록 하였다(예를 들어, "창조"의 6번째는 [倉曹-6]).
3. 주해는 **주해** 표시 다음에 덧붙이도록 하였다.
4. 주로 낱말 뜻과 관련된 주석들은 필요시 각주로 처리하였다.
5. 또한, 번역, 주해, 해설을 통해서 이용된 문헌들의 출처는 참고문헌을 통하여 제시하도록 하였다.

차 례

오조산경

장구건산경

하후양산경

찾아보기

해도산경 海島算經

[위] 유휘 지음 (魏 劉徽 撰)
[당] 이순풍 등 주석 (唐 李淳風 等 注釋)

해도산경[1]–[9]

[1] 바다 속의 섬을 바라보려고, 막대 둘을 세웠는데, 높이는 3장으로 같고, 앞 뒤 거리가 1,000보로서 뒷 막대와 앞 막대가 일직선이 되게 하였다. 앞 막대로부터 123보 물러나서 사람의 눈을 땅에 붙인 채, 섬 봉우리의 정상을 바라보니 막대 끝과 셋이 일치되었다. 뒷 막대로부터 127보 물러나서 사람의 눈을 땅에 붙인 채, 섬 봉우리의 정상을 바라보아도 역시 막대 끝과 셋이 일치되었다. 섬의 높이와 막대로부터의 거리는 각각 얼마인가?

답 : 섬의 높이 4리 55보, 막대로부터의 거리 102리 150보.

풀이법에 따라서 막대의 높이와 막대 사이의 거리(표간)를 곱해서 나뉨수로 삼고, 물러난 거리의 차이(상다)를 나눗수로 삼아서, 나눠준다. 얻어진 값에 막대의 높이를 더하면, 곧 섬의 높이가 된다. (신 이순풍 등이 삼가 살펴보건대, 이 풀이법의 뜻은 의당 다음과 같습니다 : 섬은 산의 정상을 가리키고, 두 막대는 세운 나무의 끝을 가리킨다. 막 바로 눈이 나무 끝을 거쳐서 섬을 바라봐 셋이 일치된 때의 사람과 막대 사이의 거리 123보를 앞 막대의 시작으로 삼고, 나중에 막대를 줄이고 눈이 나무 끝을 거쳐서 바라봤을 때의 막대로부터의 거리는 127보이다. 두 막대로부터 물러난 거리를 서로 뺀 것은 물러난 거리의 차이로서 나눗수로 삼는다. 앞 뒤 막대가 서로 떨어진 1,000보를 막대 사이의 거리로 삼는다. 막대의 높이로 곱해서 나뉨수로 삼고, 나눗수로 나눠준 다음, 막대의 높이를 더하면, 곧 섬 높이의 합계인 1,255보가 된다. 리의 값(리법)인 300보로 나눠주면, 4리 나머지 55보가 되니, 이것이 바로 섬의 높이 보수이다.) 앞 막대와 섬 사이의 거리를 구하기 위해서, 앞 막대로부터 물러난 거리와 막대 사이의 거리를 곱한 것을 나뉨수로 삼고 물러난 거리의 차이를 나눗수로 삼아서 나눠주면 섬과 막대 사이의 값이 나온다. (신 이순풍 등이 삼가 살펴보건대, 이 풀이법의 뜻은 의당 다음과 같습니다: 앞 막대로부터 물러난 거리와 막대 사이의 거리를 곱하면, 123,000보가 된다. 물러난 거리의 차이 4보를 나눗수로 삼아서 나눠주면 30,750보가 된다. 다시 리의 값 300보로 나눠주면 102리 150보가 되니 이것이 바로 섬과 막대 사이의 거리이다.)

주해 섬의 높이를 x, 앞 막대와 섬 사이의 거리를 y라고 하면, $x:(y+123)=5:123$, $x:(y+1127)=5:127$이라는 비례 관계가 성립되는데, 식으로 바꾸면,

$$\frac{x}{y+123}=\frac{5}{123},$$

$$\frac{x}{y+1127}=\frac{5}{127}$$

라고 적을 수 있다. 이 연립방정식을 풀면 x, y는 각각 $x=1255$, $y=30750$으로 드러난다.

이 때, 문제에서 말하는 바다 속 섬의 높이와 거기까지의 거리에 대한 측량을 그래프로 나타내면, 다음과 같다.

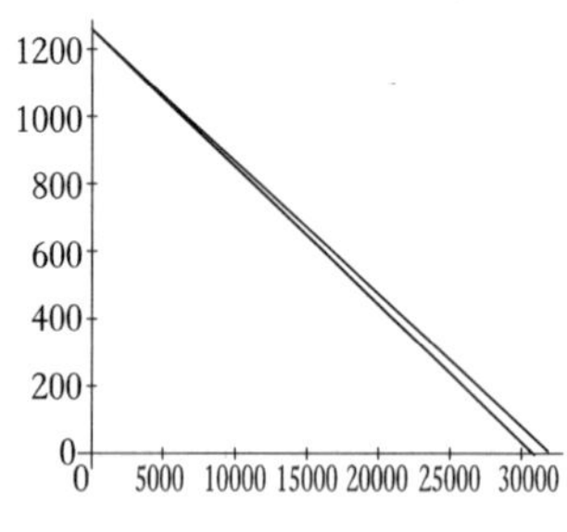

그런데 이 그래프만으로는 측량인이 앞 뒤 막대를 배열하여 관측한 것이 섬의 높이와 거기까지의 거리에 비하여 터무니없이 작아서 식별하기 어려우므로, 특별히 그 부분만을 확대하여 알아보기로 한다.

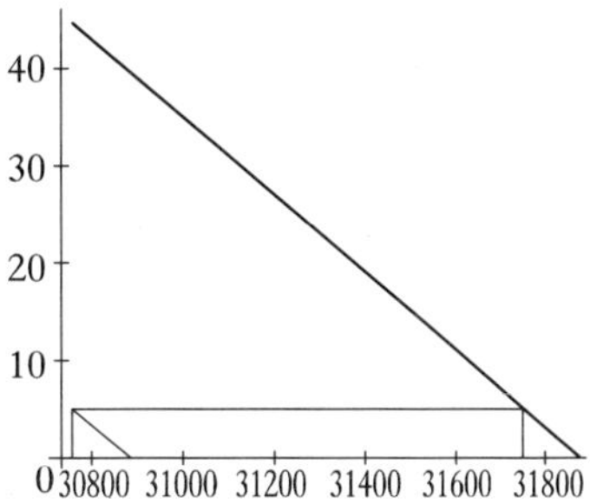

今有望海島, 立兩表, 齊高三丈,前後相去千步, 令後表與前表參相直. 從前表却行一百二十三步, 人日著地取望島峰,與表末參合. 從後表却行一百二十七步, 人目著地取望島峰, 亦與表末參合. 問島高及去表各幾何?
答曰,島高四里五十五步. 去表一百二里一百五十步.
術曰,以表高乘表間爲實, 相多爲法,除之. 所得加表高,卽得島高. (臣淳風等謹按, 此術意宜云,島謂山之頂上. 兩表謂立木之端. 直以人目于木末望島參平, 人去表一百二十三步爲前表之始, 後入表, 人目于木末相望, 去表一百二十七步. 二去表相减爲相多,以爲法. 前後表相去千步爲表間. 以表高乘之爲實. 以法除之, 加表高,卽是島高積步1),得一千二百五十五步. 以里法三百步除之, 得四里,餘五十五步. 是島高之步數也.) 求前表去島遠近者, 以前表却行乘表間爲實. 相多爲法. 除之,得島去表數.(臣淳風等謹按, 此術意宜云,前去表乘表間, 得一十二萬三千步. 以相多四步爲法. 除之,得三萬七百五十步. 又以里法三百步除之, 得一百二里一百五十步, 是島去表里數.)

[2] 산꼭대기에 있는 소나무를 바라보는데, 높이를 모른다. 막대 둘을 세웠는데, 높이는 2장으로 같고, 앞뒤 거리가 50보로서 뒷 막대와 앞 막대가 일직선이 되게 하였다. 앞 막대로부터 7보 4자 물러나 땅에 엎드려서 소나무 끝을 바라보니 막대 끝과 셋이 일치되었다. 또 소나무 뿌리를 바라보려고 막대를 2자 8치 줄이고 다시 뒷 막대로부터 8보 5자 물러나 땅에 엎드려서 소나무 끝을 바라보아도 역시 막대 끝과 셋이 일치되었다.
소나무의 높이와 산과 막대 사이의 거리는 각각 얼마인가?
답 : 소나무의 높이 12장 2자 8치, 산과 막대의 거리는 1리 $28\frac{4}{7}$ 보.

풀이법에 따라서, 막대를 줄인 길이(입표)로 막대 사이의 거리를 곱하여 나뉨수로 삼고, 물러난 거리의 차이를 나눗수로 삼아서 나눈 다음, 막대를 줄인 길이를 더하면, 곧 소나무의 높이가 나온다.(신 이순풍 등이 삼가 살펴보건대, 이 풀이법의 뜻은 의당 다음과 같습니다 : 앞뒤 막대로부터 물러난 거리를 서로 뺀 나머지 7자는 물러난 거리의 차이로서 나눗수로 삼는다. 막대 사이의 거리를 자로 변환하고, 막대를 줄인 길이를 곱해서 한 자리 물리면, 12장 2자 8치가 된다.) 막대와 산 사이의 거리를 구하려면, 막대 사이의 거리를 놓고, 앞 막대로부터 물러난 거리를 곱해서 나뉨수로 삼고, 물러난 거리의 차이를 나눗수로 삼아서 나눠주면, 산과 막대 사이의 거리가 나온다.(신 이순풍 등이 삼가 살펴보건대, 이 풀이법의 뜻은 의당 다음과 같습니다 : 막대 사이의 거리를 자로 변환하면, 300자가 된다. 앞 막대로부터 물러난 거리 46자를 곱해서 나뉨수로 삼고, 물러난 거리의 차이 7자를 나눗수로 삼아서, 나뉨수를 나눗수로 나눠주면, $1,971\frac{3}{7}$ 자가 된

1) 여기서 "積步"는 명백히 두 길이의 합 보수를 가리킨다. 따라서 유휘가 "積步"를 제곱보나 세제곱보를 가리키기 위해서만 사용하지 않았다는 점에 유의할 필요가 있다.

다. 자를 리로 바꾸는 변환율(리척법)로 나눠주면, 1리가 나오고, 미처 떨어지지 않는 것은 자를 보로 바꾸는 변환율(보척법)로 나눠주면, 28보가 된다. 미처 떨어지지 않는 3은 거꾸로 7을 곱해서 얻은 값에 3을 불러들이면, 24가 된다. 다시 자를 보로 바꾸는 변환율을 놓고, 분모 7과 6을 곱하면, 42가 되는데, 보법으로 삼는다. 모두 반으로 나누고, 따로 놓아 최대공약수로 약분해주면 곧 산과 앞 막대 사이의 거리 1리 $28\frac{4}{7}$보가 된다.)

주해 산과 앞 막대 사이의 거리를 x, 소나무의 높이를 y_p, 앞뒤 막대로부터 물러난 거리를 각각 a와 b, 막대 사이의 거리를 d, 앞 막대로부터 물러난 지점과 소나무의 밑둥을 연결한 선이 앞 막대를 통과한 점에서 앞 막대의 끝까지의 길이를 k, 또한 앞 막대로부터 물러난 지점과 소나무의 밑둥을 연결한 선이 앞 막대를 통과한 점에서 소나무의 밑둥으로부터 두 막대 끝을 이은 선과 평행하게 그은 선이 앞 막대의 연장선과 직교한 점까지의 거리를 y_1, 그리고 두 막대 끝을 이은 선과 산의 높이가 만나는 점에서 소나무 꼭대기까지의 거리를 y_2라고 하면, x와 y_p는 각각 다음과 같이 도출된다.

$$y_1 = \frac{d(h-k)}{b-a},$$

$$y_2 = \frac{dh}{b-a},$$

$$y_p + y_1 = y_2 + k,$$

$$y_p - k = \frac{dh}{b-a} - \frac{d(h-k)}{b-a},$$

$$\therefore\ y_p = \frac{dk}{b-a} + k,$$

$$x = \frac{da}{b-a}.$$

문제에서 말하는 정상에 소나무가 있는 산에 대한 측량을 그래프로 나타내면, 다음과 같다.

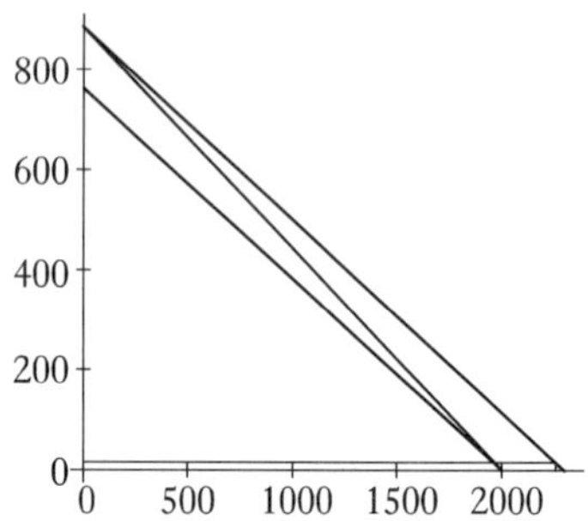

今有望松生山上, 不知高下. 立兩表, 齊高二丈, 前後相去五十步, 令後表與前表參相直. 從前表却行七步四尺, 薄地遙望松末, 與表端參合. 又望松本入表二尺八寸. 復從後表却行八步五尺, 薄地遙望松末, 亦與表端參合. 問松高及山去表各幾何?
答曰, 松高一十二丈二尺八寸. 山去表一里二十八步七分步之四.
術曰, 以入表乘表間爲實. 相多爲法, 除之. 加入表, 卽得松高.(臣淳風等謹按, 此術意宜云, 前後去表相減, 餘七尺是相多, 以爲法. 表間步通之爲尺, 以入表乘之,退位一等, 得一十二丈二尺八寸也.) 求表去山遠近者, 置表間, 以前表却行乘之,爲實. 相多爲法, 除之, 得山去表.(臣淳風等謹按, 此術意宜云, 表間以步尺法通之得三百尺. 以前去表四十六尺乘之, 爲實. 以相多七尺爲法. 實如法而一, 得一千九百七十一尺七分尺之三. 以里尺法除之, 得一里. 不盡,以步尺法除之, 得二十八步. 不盡三, 還以七因之, 得數, 內子三, 得二十四. 復置步尺法, 以分母七乘六, 得四十二, 爲步法. 俱半之, 副置, 平約等數. 卽是于山去前表一里二十八步七分步之四也.)

[3] 남쪽으로 정사각형의 읍을 바라보는데, 크기를 모른다. 막대 둘을 동서로 6장의 거리를 두고 세웠는데, 눈으로 맞춰서 밧줄로 연결하였다. 동쪽 막대와 읍의 남동쪽 모서리 및 북동쪽 모서리의 셋은 일치되게 하였다. 동쪽 막대로부터 북쪽으로 5보 물러나 엎드려서 바라보니 밧줄 동쪽 끝에서 안쪽으로 2장 2자 $6\frac{1}{2}$치 되는 점을 통과하여 북서쪽 모서리가 보였고, 다시 북쪽으로 13보 2자 물러나 엎드려서 북서쪽 모서리를 바라보니, 서쪽 막대 끝과 셋이 일치되었다. 읍의 한 변과 읍과 막대 사이의 거리는 각각 얼마인가?

답 : 읍의 한 변 3리 $43\frac{3}{4}$보, 읍과 막대 사이의 거리 4리 45보.

풀이법에 따라서, 밧줄 안쪽으로 들인 거리(입색)를 뒷 막대로부터 물러난 거리와 곱하고, 두 막대 사이의 거리로 나눠서, 얻어진 값을 상까지의 거리(경장)로 삼는다. 앞 막대로부터 물러난 거리를 빼서 미처 떨이지지 않은 것을 나눗수로 삼는다. 뒷 막대로부터 물러난 거리를 놓고, 앞 막대로부터 물러난 거리를 뺀 나머지를 밧줄 안쪽으로 들인 거리를 나뉨수로 삼아서, 나뉨수를 나눗수로 나눠주면, 읍의 한 변이 나온다.(신 이순풍 등이 삼가 살펴보건대, 이 풀이법의 뜻은 의당 다음과 같습니다 : 밧줄 안쪽으로 들인 거리를 뒷 막대로부터 물러난 거리와 곱하면, 1,812자가 된다. 두 막대 사이의 거리로 나누면, 3장 2치가 되는데, 상까지의 거리로 삼는다. 앞 막대로부터 물러난 거리를 뺀 나머지는 2치인데, 나눗수로 삼는다. 앞, 뒤 막대로부터 물러난 거리를 서로 뺀 나머지를 밧줄 안쪽으로 들인 거리와 곱하면, 11,325치가 되는데, 나뉨수로 삼는다. 나눗수로 나누면, $5,662\frac{1}{2}$자가 된다. 리의 값으로 나눠주면, 3리가 나오고, 나누어 떨어지지 않는 자수를 보법으로 나눠주면, 43보가 되고, 나누어 떨어지지 않는 4를 분모와 곱하고 분자 1을 불러들이면 9가 된다. 분모를 6과 곱하면, 12가 된다. 3으로 분모를 간략하게 하면 4가 되고 분자를 간략하게 하면 3이 되어 곧 읍의 한 변은 3리 $43\frac{3}{4}$보가 된다.) 막대와 산 사이의 거리를 구하려면 뒷 막대로부터 물러난 거리를 놓고 그림자의 길이를 뺀 나머지를 앞 막대로부터 물러난 거리로 곱해서 나뉨수로 삼고 물러난 거리의 차이를 나눗수로 삼아서 나눠주면 읍과 막대 사이의 거리가 나온다.(신 이순풍 등이 삼가 살펴보건대 이 풀이법의 뜻은 의당 다음과 같습니다: 뒷 막대로부터 물러난 거리를 놓고 상까지의 거리 자수를 뺀 나머지 자수와 앞 막대로부터 물러난 거리를 곱하면 1,494자가 되는데 나뉨수로 삼아서 나눗수로 나누면 7,470자가 되고 리의 값으로 나눠주면 4리가 되는데 미처 떨어지지 않는 270자를 보법으로 나눠주면 45보가 되니 곧 읍과 앞 막대 사이의 거리는 4리 45보이다.)

주해 읍의 한 변과 읍과 막대 사이의 거리를 각각 x, y라고 하고, 앞, 뒤 막대로부터 물러난 거리를 각각 a, b라고 하고, 밧줄 안쪽으로 들인 거리와 두 막대 사이의 거리를 각각 c, d라고 하자. 그러면 $x : (y+a) = c : a$, $x : (y+b) = d : b$라는 비례 관계가 성립되는데 식으로 바꾸면,

$$ax = cy + ac$$
$$bx = dy + bd$$

라고 적을 수 있다. 이 연립방정식을 풀면, x, y는 각각

$$x=\frac{acd-bcd}{ad-bc}=\frac{c(a-b)}{a-\frac{bc}{d}}$$

$$y=\frac{abc-abd}{ad-bc}=-\frac{a\left(b-\frac{bc}{d}\right)}{a-\frac{bc}{d}}$$

로 드러난다. 이 때, $\frac{bc}{d}$ 는 바로 상까지의 거리인 "경장"을 가리킨다.

문제에서 말하는 읍의 크기와 거리에 대한 측량을 그래프로 나타내면, 다음과 같다.

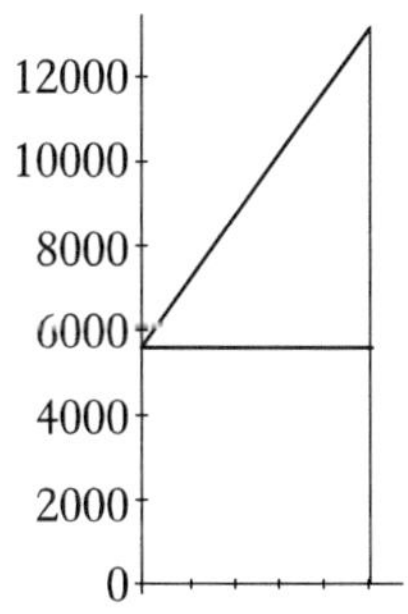

그런데 측량인이 앞 뒤 막대를 배열한 것이 읍의 크기와 거리에 비하여 터무니없이 작아서 첫째 그래프로는 도저히 식별되지 않으므로, 특별히 그 부분만을 확대하여 또 하나의 그래프를 작성해서 제시하기로 한다.

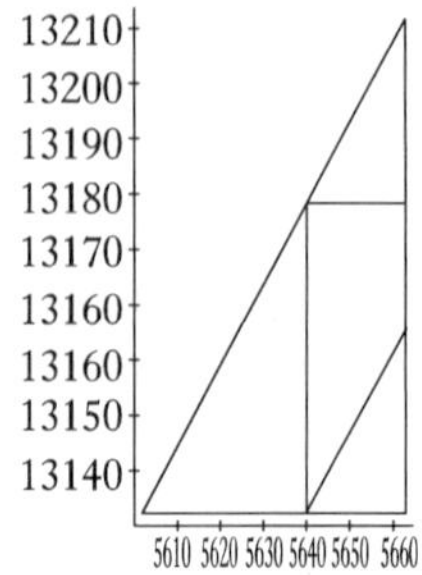

今有南望方邑, 不知大小. 立兩表,東西去六丈, 齊人目, 以索連之. 令東表與邑東南隅及東北隅參相直. 當東表之北却行五步, 遙望邑西北隅, 入索東端二丈二尺六寸半. 又却北行去表一十三步二尺[2], 遙望邑西北隅, 适與西表端相參合. 問邑方及邑去表各幾何?

答曰, 邑方三里四十三步四分步之三. 邑去表四里四十五步.

術曰, 以入索乘後去表, 以兩表相去除之. 所得爲景長[3]. 以前去表減之, 不盡, 以爲法. 置後去表, 以前去表減之, 餘, 以乘入索, 爲實. 實如法而一, 得邑方.(臣淳風等謹按,此術,以入索乘後去表,得一千八百一十二尺. 以兩表相去除之, 得三丈二寸, 爲景長. 以前去表減之, 餘二寸, 以爲法. 前, 後去表相減之, 餘, 以乘入索, 得一萬一千三百二十五寸, 爲實. 以法除之, 得五千六百六十二尺, 不盡二分尺之一. 以里法除之,得三里, 不盡尺, 以步法除之, 得四十三步. 不盡四, 以分母乘之, 內子一, 得九. 以分母乘六得十二. 以三約母得四, 約子得三. 卽得邑方三里四十三步四分步之三也.) 求表去山遠近者, 置後去表, 以景長減之, 餘, 以乘前去表, 爲實. 實如法而一, 得邑去表. (臣淳風等謹按, 此術, 置後去表,以景長尺數減之, 餘尺以乘前去表,得一千四百九十四尺,爲實. 以法除之, 得七千四百七十尺, 以里法除之, 得四里, 不盡二百七十尺, 以步法除之, 得四十五步. 卽是邑去前表四里四十五步也.)

---

2) 이 13자 2치가 실제로는 남동쪽 모서리와 북동쪽 모서리를 잇는 선, 즉, 읍의 동쪽 변의 연장선상에서 앞 막대로부터 물러난 거리를 뜻한다는 점에 주

[4] 깊은 골짜기를 바라보려고 곡척을 절벽 언덕 위에 놓았는데, 높이가 6자가 되게끔 하였다. 세로 끝으로부터 골짜기 바닥을 바라보려고 하니, 아래 가로의 9자 1치 되는 점을 지나게 되었다. 또 겹곡척(중구)을 절벽 언덕 위에 놓았는데, 곡척 사이의 거리가 3장이다. 다시 세로 끝으로부터 골짜기 바닥을 바라보려고 하니, 윗 가로의 8자 5치 되는 점을 지나게 되었다. 골짜기의 깊이는 얼마인가?

답 : 41장 9자.

풀이법에 따라서, 곡척 사이의 거리를 놓고, 윗 가로로 곱해서 나뉨수로 삼는다. 위아래 가로의 길이를 서로 빼준 나머지를 나눗수로 삼는다. 나눠서 얻은 값에서 높이를 빼면, 곧 골짜기의 깊이가 된다. (신 이순풍 등이 삼가 살펴보건대, 이 풀이법의 뜻은 의당 다음과 같습니다: 곡척 사이의 거리를 놓고, 윗 가로를 곱해서 나뉨수로 삼고, 다시 위아래 가로의 길이를 놓고, 서로 빼준 나머지 6치를 나눗수로 삼는다. 나뉨수를 나눠서 얻은 값을 한 자리 물리고, 높이를 뺀 나머지 41장 9자가 곧 골짜기의 깊이이다.

또 하나의 풀이법에 따라서는 곡척 사이의 거리를 놓고, 아래 가로를 곱해서 나뉨수로 삼는다. 위아래 가로의 자수를 놓고, 서로 빼준 나머지 6치를 나눗수로 삼아서 나눠주면, 455자가 된다. 높이와 곡척 사이의 거리를 더한 36자를 뺀 나머지를 한 자리 물리면, 곧

의할 필요가 있다.

3) "경장(景長)"이라는 개념은 "밧줄 안쪽으로 들인 거리를 뒷 막대로부터 물러난 거리와 곱하고, 두 막대 사이의 거리로 나눠서, 얻어진 값"이라는 계산 공식에도 불구하고, 언뜻 보아서 쉽게 포착될 성질의 것이 아니다. 그것은 실제로는 앞 막대의 경우와 같은 크기의 상이 확보될 수 있는, 뒷 막대로부터 물러난 지점으로부터의 전방 거리를 뜻하는 광학적인 개념이기 때문이다. 따라서 여기서는 편의상 "상까지의 거리"라고 번역하기로 한다. 상을 "景"이라고 나타낸 것은 「묵자」 "경하(經下)", "경설하(經說下)"에서도 찾아볼 수 있다.

골짜기의 깊이가 된다.)

주해 골짜기의 깊이와 곡척 세로변 아래의 수선의 발로부터 골짜기 바닥까지의 거리를 각각 x, y, 곡척의 높이를 a라고 하고, 위아래 가로의 길이를 각각 c, b라고 하자. 그러면 $y:(x+a)=b:a$, $y:(x+a+d)=c:a$라는 비례 관계가 성립되는데, 식으로 바꾸면,

$$y=\frac{bx+ab}{a}=\frac{cx+ac+cd}{a}$$

라고 적을 수 있다. 이 연립방정식을 풀면, x는

$$x=\frac{cd-ab+ac}{b-c}=\frac{cd}{b-c}-a$$

가 되는데, 곧

$$\text{골짜기의 깊이}=\frac{\text{윗 가로}\times\text{곡척 사이의 거리}}{\text{아래 가로}-\text{윗 가로}}-\text{곡척의 높이}$$

라는 뜻이며, 첫 번째 풀이법에서 말하는 공식이다. 이 공식에 따라 계산하면, 다음과 같다.

$$x=\frac{cd}{b-c}-a=\frac{8.5\times30}{9.1-8.5}-6=\frac{255}{.6}-6=425-6=419$$

두 번째 풀이법에서 말하는 공식은 첫째 공식으로부터 다음과 같이 도출될 수 있다.

$$x = \frac{bd - ab + ac - bd + cd}{b - c} = \frac{bd - (a+d)(b-c)}{b-c}$$
$$= \frac{bd}{b-c} - (a+d)$$

문제에서 말하는 골짜기에 대한 측량을 그래프로 나타내면, 다음과 같다.

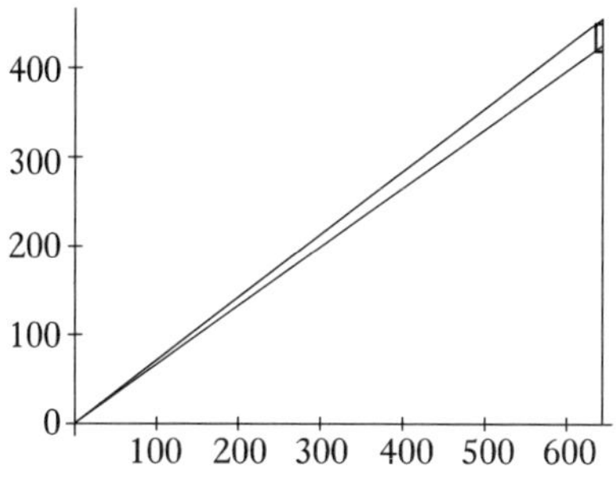

그런데 측량인이 위 아래로 막대를 배열한 것이 골짜기의 깊이와 크기에 비하여 터무니없이 작아서 첫 번째 그래프로는 도저히 식별되지 않으므로, 특별히 그 부분만을 확대하여 알아보면, 다음과 같이 나타난다.

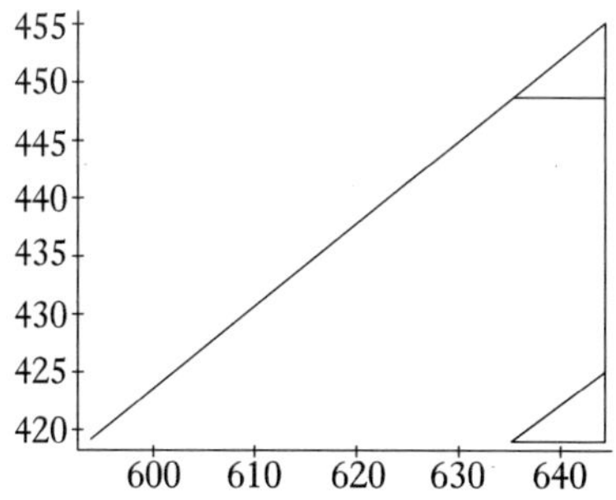

今有望深谷, 偃矩岸上, 令句高六尺. 從句端望谷底,入下股九尺一寸[4]. 又設重矩于上, 其矩間相去三丈. 更從句端望谷底, 入上股八尺五寸. 問谷深幾何?
答曰, 四十一丈九尺.
術曰, 置矩間, 以上股乘之, 爲實. 上, 下股相減, 餘爲法. 除之, 所得, 以句高減之, 卽得谷深.(臣淳風等謹按, 此術置矩間, 上股乘之,爲實. 又置上, 下股尺寸, 相減,, 餘六寸, 以爲法. 除實, 得數, 退位一等, 以句高減之, 餘四十一丈九尺, 卽是谷深.
又一法, 置矩間, 以下股乘之, 爲實. 置上, 下股尺數, 相減, 餘六寸, 以爲法. 除之, 得四百五十五尺. 以句高幷矩間, 得三十六尺. 減之, 餘退位一等, 卽是谷深也.)

[5] 산에 올라 누각을 바라보니 누각은 평지에 있었다. 곡척을 산 위에 놓았는데, 높이를 6자가 되게 하였다. 세로 끝에서 비스듬히 정자 밑을 바라보니, 아래 가로의 1장 2자 되는 점을 지나게 되었다. 또한 겹곡척을 윗 쪽에 설치하였는데, 그 사이의 거리는 서로 3장이었다. 다시 세로 끝에서 비스듬히 정자 밑을 바라보니, 윗 가로의 1장 1자 4치 되는 점을 지나게 되었다. 또한 작은 막대를 윗 가로와 만난 점에 세워 다시 세로 끝에서 비스듬히 정자 꼭대기를 바라보니, 작은 막대 세로의 8치 되는 점을 지나게 되었다. 누각의 높이는 얼마인가?
답 : 8장.

---

4) '入下股九尺一寸'는 "아래 가로의 9자 1치 되는 점을 지난다"는 뜻이다.

풀이법에 따라서, 위아래 가로를 서로 뺀 나머지를 나눗수로 삼는다. 곡척 사이의 거리를 놓고, 아래 가로를 곱한 다음, 곡척의 높이로 나눠서 얻은 값을 작은 막대의 세로로 곱한 것을 나뉨수로 삼는다. 나뉨수를 나눗수로 나눠주면, 곧 누각의 높이가 된다. (신 이순풍 등이 삼가 살펴보건대, 이 풀이법의 뜻은 의당 다음과 같습니다: 아래 가로를 놓고, 윗 가로를 뺀 나머지 5치를 나눗수로 삼는다. 다시 곡척 사이의 거리를 놓고, 아래 가로를 곱하면, 36,000치가 되고, 곡척의 높이 6자로 나누면, 600치가 된다. 작은 막대의 세로를 곱하면, 4,800치가 되는데, 나눗수로 나눠주면, 800치가 되고, 두 자리 물리면, 곧 누각의 높이 8장이 나온다.)

주해 풀이법에서 말하는 공식은

$$\text{누각의 높이} = \frac{\dfrac{\text{곡척 사이의 거리} \times \text{아래 가로}}{\text{곡척의 높이}} \times \text{작은 막대의 세로}}{\text{아래 가로} - \text{윗 가로}}$$

라는 것으로서, 누각의 높이를 x, 곡척의 높이를 a, 위아래 가로를 각각 b_2, b_1, 작은 막대의 세로를 c, 그리고 곡척 사이의 거리를 d라고 하면,

$$x = \frac{\dfrac{b_1 d}{a} \times c}{b_1 - b_2}$$

가 된다. 이 풀이법이 뜻하는 바는, "윗 가로와 만난 점"에서 아래 가로에 수선의 발을 세우고, 아래 곡척 끝에서 누각 밑을 바라 본

시선과 아래 가로로 이루어지는 작은 삼각형의 세로 길이를 k라고 하면, 그것은 곧

$$k=\frac{(b_1-b_2)a}{b_1}$$

으로 나타나고, $c:x=k:d$라는 비례 관계가 성립된다는 것이다. 실제로 $c=.8$, $x=80$, $k=.3$, $d=30$으로 나타나, x와 d가 각각 c와 k의 100배임을 알 수 있다.

문제에서 말하는 산에서 평지에 있는 누각을 측량한 것을 그래프로 나타내면, 다음과 같다.

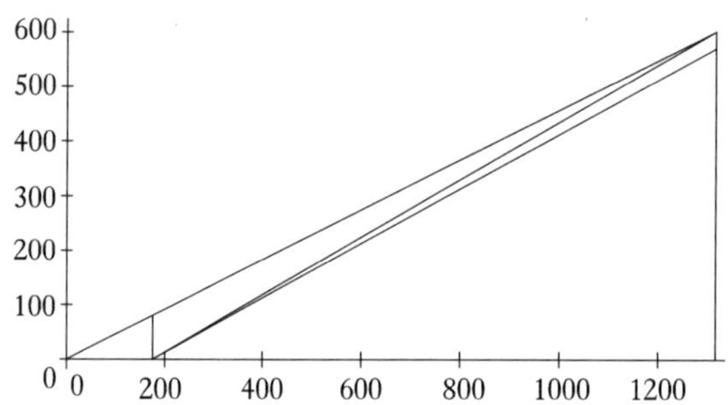

今有登山望樓,樓在平地. 偃矩山上,令句高六尺. 從句端斜望樓足,入下股一丈二尺. 又設重矩于上,令其間相去三丈. 更從句端斜望樓足,入上股一丈一尺四寸. 又立小表于入股之會[5],復從句端斜望樓岑端[6],入小表八寸[7]. 問樓高幾何?

5) '入股之會'는 윗 막대에서 누각 밑을 보았을 때, 시선이 통과한 가로 상의 점을 가리킨다.

答曰, 八丈.
術曰,上,下股相減,餘爲法. 置矩間,以下股乘之,如句高而一. 所得,以入小表乘之,爲實. 實如法而一, 卽是樓高.(臣淳風等謹按,此術置下股,以上股相減,餘六寸,以爲法. 又置矩間,以下股乘之,得三萬六千寸. 以句高六尺除之,得六百寸. 以入小表乘之,得四千八百寸. 以法除之,得八百寸. 退位二等,卽是樓高八丈也.)

[6] 남동쪽의 파구를 보려고 막대 둘을 세웠는데, 남북 방향으로 9장의 거리를 두었으며, 밧줄로 땅에 묶어 놓았다. 북쪽 막대로부터 서쪽으로 물러나 막대와의 거리가 6장이 되는 지점에서 땅에 엎드려 파구의 남쪽 기슭을 바라보니, 밧줄 북쪽 끝에서 4장 2치 떨어진 지점을 지나고, 북쪽 기슭을 바라보니, 앞서의 지점에서 바라보는 막대 쪽으로 1장 2자 들어온 점을 지났다. 다시 뒤로 가 뒷 막대로부터 13장 5자 물러나서, 땅에 엎드려 파구의 남쪽 기슭을 바라보니, 남쪽 막대와 함께 셋이 일치되었다. 파구의 너비는 얼마인가?
답 : 1리 200보.

풀이법에 따라서, 뒷 막대로부터 물러난 거리를 밧줄의 통과 지점과 곱하고, 막대 사이의 거리로 나누어 얻어진 값에서 앞 막대로부터 물러난 거리를 뺀 나머지를 나눗수로 삼는다. 다시 앞 막대로부터 물러난 거리를 뒷 막대로부터 물러난 거리에서 뺀 나머지를 앞서의 지점에서 바라보는 막대 쪽으로 들어온 거리와 곱한 값을

6) '樓岑端'은 정자 꼭대기(樓頂)를 뜻한다.
7) '入小表八寸'는 "작은 막대 세로의 8치 되는 점을 지난다"는 뜻이다.

나뉨수로 삼아서, 나뉨수를 나눗수로 나눠주면, 파구의 너비가 된다.(신 이순풍 등이 삼가 살펴보건대, 이 풀이법의 뜻은 의당 다음과 같습니다 : 뒷 막대로부터 물러난 거리를 놓고, 402치를 곱하면, 542,700치가 되는데, 두 막대 사이의 거리로 나누면, 603치가 된다. 다시 앞 막대로부터 물러난 거리 600치를 뺀 나머지 3치를 나눗수로 삼는다. 다시 앞 뒤 막대로부터 물러난 거리의 치수를 놓고, 서로 뺀 나머지를 앞서의 지점에서 바라보는 막대 쪽으로 들어온 거리 120치와 곱하면, 90,000치가 되는데, 나뉨수로 삼는다. 나눗수로 나눠주면, 30,000치가 되는데, 치를 리로 바꾸는 변환율(리촌법)로 나눠주면, 1리가 나오고, 나머지는 보로 바꾸는 변환율(보법)로 나눠주면, 200보가 나와서, 곧 파구의 너비는 1리 200보가 된다.)

주해 풀이법에서 말하는 파구의 너비를 구하는 공식은 다음과 같이 구할 수 있다. 즉, 공구의 너비를 x, 남북 막대로부터 물러난 거리를 각각 a_1, a_2, 밧줄의 통과 지점과 앞서의 지점에서 바라보는 막대 쪽으로 들어온 거리를 각각 b_1, b_2, 그리고 곡척 사이의 거리를 d라고 하면,

$$x = \frac{b_2(a_2 - a_1)}{\dfrac{b_1 \times a_2}{d} - a_1}$$

이 된다. 이 식은 뒷 막대로부터 물러난 지점에서 파구의 연장선 상에 내린 발까지의 거리를 y라고 할 때, $b_2 : x = a_1 : (y + a_1 - a_2)$, $a_1 : b_1 = (y + a_1 - a_2) : \dfrac{d}{a_2} y$ 라는 비례관계가 성립된다는 점

에 착안하여, 연립방정식을 풀면, 도출될 수 있다.

문제에서 말하는 파구에 대한 측량을 그래프로 나타내면, 다음과 같다.

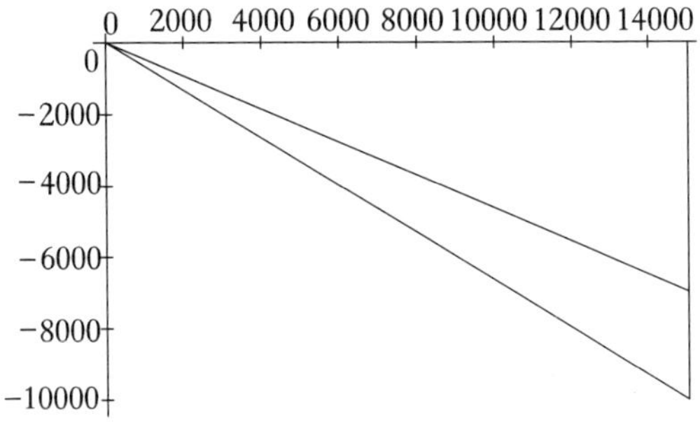

그런데 이 경우에도 측량인이 남북 막대를 배열하여 관측한 것이 파구의 크기와 거기까지의 거리에 비하여 터무니없이 작아서 첫째 그래프로는 도서히 식별되지 않으므로, 특별히 그 부분만을 확대하여 알아보기로 한다.

今有東南望波口, 立兩表, 南北相去九丈,以索薄地連之. 當北表之西却行,去表六丈,薄地遙望波口南岸, 人索北端四丈二寸. 以望北岸,入前所望表裡一丈二尺. 又却行,後去表一十三丈五尺. 薄地遙望波口南岸,與南表參合. 問波口廣幾何?

答曰, 一里二百步.

術曰,以後去表乘入索, 如表相去而一. 所得, 以前去表減之,餘以爲法. 復以前去表減後去表,餘以乘入所望表裡,爲實. 實如法而一,得波口廣.(臣淳風等謹按, 此術置後去表,以乘入索四百二寸, 得五十四萬二千七百寸. 以兩表相去除之,得六百三寸. 又以前去表六百寸減之, 餘有三寸,爲法. 又置前,後却行去表寸數, 相減,餘以乘入望表裡一百二十寸, 得九萬寸,爲實. 以法除之,得三萬寸. 以里寸法除之,得一里. 餘以步法除之,得二百步. 卽是波口廣一里二百步也.)

[7] 푸른 연못을 바라보는데, 연못 아래에는 흰 돌이 있다. 곡척을 기슭 위에 놓고, 높이는 3자가 되게 하였다. 비스듬히 물가를 바라보니, 아래 가로의 4자 5치 되는 점을 지나게 되었고, 흰 돌을 바라보니, 아래 가로의 2자 4치 되는 점을 지나게 되었다. 다시 겹곡척을 윗 쪽에 설치하고, 그 사이의 거리가 4자가 되게 하였다. 다시 세로 끝에서 비스듬히 물가를 바라보니, 윗 가로의 4자 되는 점을 지나게 되었으며, 흰 돌을 바라보니, 윗 가로의 2자 2치 되는 점을 지나게 되었다. 수심은 얼마인가?

답 : 1장 2자.

풀이법에 따라서, 물을 바라봤을 때의 위아래 가로를 서로 뺀 나머지를 돌을 바라봤을 때의 윗 가로와 곱한 것을 상률로 삼는다. 다시 돌을 바라봤을 때의 위아래 가로를 서로 뺀 나머지를 물을 바라봤을 때의 윗 가로와 곱한 것을 하율로 삼는다. 두 값을 서로 뺀 나머지를 막대 사이의 거리와 곱하여 나뉨수로 삼는다. 두 차이를 서로 곱해서 나눗수로 삼아 나뉨수를 나눗수로 나눠주면, 곧 수심이 나온다.

다른 풀이법에 따라서는, 물을 바라봤을 때의 위아래 가로와 돌을 바라봤을 때의 위아래 가로를 놓고, 서로 뺀 나머지를 더하여 나눗수로 삼는다. 돌을 바라봤을 때의 아래 가로를 물을 바라봤을 때의 아래 가로에서 뺀 나머지를 막대 사이의 거리로 곱한 값을 나눗수로 삼아 나뉨수를 나눗수로 나눠주면, 곧 수심이 나온다.

(신 이순풍 등이 삼가 살펴보건대, 이 풀이법의 뜻은 의당 다음과 같습니다: 물을 바라봤을 때의 위아래 가로를 서로 뺀 나머지 5치를 돌을 바라봤을 때의 윗 가로 22치와 곱하면, 110치가 되는데, 이것이 곧 상률이다. 다시 돌을 바라봤을 때의 위아래 가로를 서로 뺀 나머지 2치를 물을 바라봤을 때의 윗 가로 40치와 곱하면, 80치가 되는데, 이것이 곧 하율이다. 두 값을 서로 뺀 나머지 30치를 막대 사이의 거리 40치와 곱하면, 1,200치가 되는데, 나뉨수로 삼는다. 다시 2와 5의 두 차이를 서로 곱하면, 10이 되는데, 나눗수로 삼아 나뉨수를 나눠주고, 두 자리 올리면, 곧 수심 1장 2자가 나온다.

다른 풀이법에 따르면, 물을 바라봤을 때의 아래 가로를 놓고, 물을 바라봤을 때의 윗 가로를 뺀 나머지는 5치이며, 돌을 바라봤을 때의 아래 가로를 놓고, 돌을 바라봤을 때의 윗 가로를 뺀 나머지는 2치인데, 둘을 더하면, 7치가 되는데, 나눗수로 삼는다. 다시 돌을 바라봤을 때의 아래 가로를 물을 바라봤을 때의 아래 가로에서 뺀 나머지 21치를 곡척 사이의 거리 40치와 곱하면, 840치가 되는데, 나뉨수로 삼는다. 7치를 나눗수로 삼아 나눠주면, 120치가 되는데, 자리를 올리면, 1장 2자의 수심이 나온다.)

주해 풀이법에서 말하는 수심을 구하는 공식은 다음과 같이 구할 수 있다. 즉, 수심을 x, 물을 바라봤을 때의 위아래 가로를 각각 c_1, b_1, 돌을 바라봤을 때의 위아래 가로를 각각 c_2, b_2, 곡척 사이의 거리를 d, 그리고 아래 곡척 끝에서 푸른 못 바닥에 내린 수선의 발까지의 거리를 y라고 하면,

$$b_1(y-x)=c_1(d+y-x)$$
$$b_2y=c_2(d+y)$$

라는 연립방정식이 성립되고, 그것을 풀면,

$$x=\frac{c_2(b_1-c_1)-c_1(b_2-c_2)}{(b_1-c_1)(b_2-c_2)}\times d$$

이 도출되는 것이다. 우리는 또한 풀이법으로부터 물에 의한 빛의 굴절이 전혀 고려되고 있지 않다는 점에도 주목하지 않을 수 없다.

문제에서 말하는 수심 측정을 그래프로 나타내면, 다음과 같다.

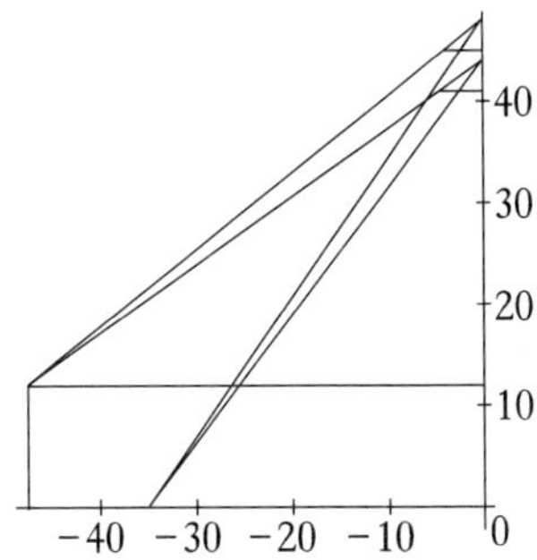

今有望淸淵, 淵下有白石, 偃矩岸上,令句高三尺. 斜望水岸, 入下股四尺五寸. 望白石, 入下股裡二尺四寸. 又設重矩于上, 其間相去四尺. 更從句端斜望水岸, 入上股四尺. 以望白石, 入上股二尺二寸. 問水深幾何?

答曰, 一丈二尺.

術曰, 置望水上, 下股, 相減, 餘以乘望石上股, 爲上率. 又以望石上, 下股, 相減, 餘以乘望水上股, 爲下率. 兩率相減, 餘以乘矩間, 爲實. 以二差相乘爲法. 實如法而一, 得水深.

又術, 列望水上, 下股及望石上, 下股, 相減, 餘并爲法. 以望石下股減望水下股, 餘以乘矩間,, 爲實. 實如法而一, 得水深.

(臣淳風等謹按, 此術以望水上, 下股, 相減, 餘五寸, 以乘望石上股二十二寸,得一百一十寸, 卽是上率. 又置望石上股, 減望石下股,餘有二寸, 以乘望水上股四十寸, 得八十寸,卽是下率. 二率相減, 餘有三十寸, 以乘矩間四十寸, 得一千二百寸, 爲實. 又以二差二, 五相乘, 得十, 爲法. 除實, 進位二等, 卽是水深一丈二尺也.

又術, 置望水下股, 以望水上股減之, 餘有五寸. 置望石下股, 以望石上股減之, 餘有二寸, 并之, 得七寸, 以爲法. 又以望石下股, 以望水下股減之, 餘有二十一寸, 以乘矩間四十寸, 得八百四十寸, 以爲實. 以七寸爲法除之, 得一百二十寸, 進之, 得一丈二尺, 卽是水深也.)

[8] 산에 올라 나루를 바라보는데, 나루는 산의 남쪽에 놓여 있다. 산 위에 곡척을 놓고, 세로 높이를 1자 2치가 되게 하였다. 세로 끝에서 비스듬히 나루의 남쪽 기슭을 바라보니, 아래 가로의 2장 3자 1치 되는 점을 지나게 되고, 다시 북쪽 기슭을 바라보니, 앞서 측량할 때 지난 자리에서 가로로 1장 8치 들어오게 되었다. 또 높은 바위에 올라, 북쪽으로 22보 물러나고 위로 51보 오르게 되자, 곡척을 산 위에 놓았다. 다시 곡척의 끝에서 비스듬히 나루의 남쪽 기슭을 바라보니, 윗 가로의 2장 2자 되는 점을 지나게 되었다. 나루의 너비는 얼마인가?

답 : 2리 102보.

풀이법에 따라서, 세로 높이를 아래 가로와 곱하고, 윗 가로로 나누어 얻은 값에서 세로 높이를 뺀 나머지를 나눗수로 삼는다. 북쪽으로 간 거리를 놓고, 세로 높이를 곱하고, 윗 가로로 나누어 얻은 값에서 세로 높이를 뺀 나머지를 아래 가로에서 들인 길이와 곱해서 나뉨수로 삼는다. 나뉨수를 나눗수로 나눠주면, 곧 나루의 너비가 된다. (신 이순풍 등이 삼가 살펴보건대, 이 풀이법의 뜻은 의당 다음과 같습니다 : 세로 높이를 아래 가로와 곱하면, 277자 2치가 되고, 윗 가로로 나누면, 1장 2자 6치가 되며, 곡척의 높이 1장 2자를 뺀 나머지 6치를 나눗수로 삼는다. 또 북쪽으로 간 거리를 놓고, 132자로 환산하여 세로 높이를 곱하면, 1,584자가 되며, 윗 가로로 나누면, 72자가 된다. 다시 위로 올라간 31보를 놓고, 1보를 6자로 환산하면, 306자가 되는데, 얻은 값에서 앞의 수를 뺀 나머지 234자를 아래 가로에서 들인 길이 자수와 곱하면, 2,527자 2치가 되는데, 나뉨수로 삼는다. 나뉨수를 나눗수로 나눠주면, 4,212자가 되는데, 보를 리로 환산하는 비율로 나누면, 2리 102보가 되니, 이것이 바로 나루의 너비이다.)

주해 풀이법에서 말하는 공식은 다음과 같이 표시된다. 즉, 나루의 너비를 x, 나루의 남쪽 기슭을 바라봤을 때의 아래 가로를 b_1, 윗 가로를 c, 나루의 북쪽 기슭을 바라봤을 때 아래 가로에서 들인 길이를 b_2, 곡척 사이의 거리를 d, 북쪽으로 간 거리를 e, 그리고 아래 곡척 끝에서 나루의 연장선상에 내린 수선의 발까지의 거리를 y라고 하면, $a : c = (y + d) : \frac{b_1 y}{a} + e$, $a : b_1 = y : x + \frac{y(b_1 - b_2)}{a}$라는 비례 관계가 성립되고, 그것을 풀면,

$$x = \frac{b_2(cd - ae)}{a(b_1 - c)} = \frac{b_2\left(d - \frac{ae}{c}\right)}{\frac{b_1 a}{c} - a}$$

가 도출되는 것이다.

한편, 문제에서 말하는 산에 올라 나루를 측량한 것을 그래프로 나타내면, 다음과 같다.

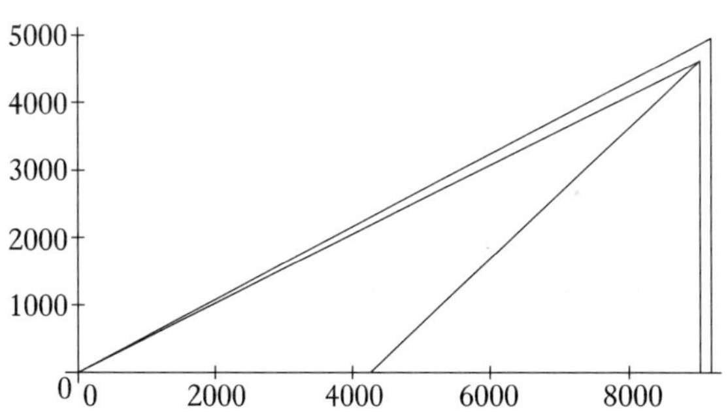

今有登山望津, 津在山南. 偃矩山上, 令句高一尺二寸. 從句端斜望津南岸, 入下股二丈三尺一寸. 又望津北岸, 入前望股裡一丈八寸. 更登高岩,北却行二十二步,上登五十一步,偃矩山上. 更從句端斜望津南岸, 入上股二丈二尺. 問津廣幾何?

答曰, 二里一百二步.

術曰, 以句高乘下股, 如上股而一. 所得, 以句高減之, 餘爲法. 置北行, 以句高乘之, 如上股而一. 所得, 以減上登. 餘以乘入股裡爲實. 實如法而一, 卽得津廣.(臣淳風等謹按, 此術置句高乘下股, 得二百七十七尺二寸. 以上股除之, 得一丈二尺六寸. 以句高一丈二尺減之, 餘有六寸, 以爲法. 又置北行步, 展爲一百三十二尺, 以句高乘之, 得一千五百八十四尺. 以上股除之, 得七十二尺. 又置上登五十一步, 以每步六尺通之, 得三百六尺. 以前數減之, 餘二百三十四尺. 以乘入股裡尺數, 得二千五百二十七尺二寸, 爲實. 實如法而一, 得四千二百一十二尺. 以步, 里法除之, 得二里, 一百二步, 卽是津廣也.)

[9] 산에 올라 읍을 바라보니, 읍은 산의 남쪽에 자리 잡고 있다. 산 위에 곡척을 놓고, 세로 높이를 3자 5치가 되게 하였는데, 세로 끝과 읍의 남동쪽 모서리 및 북동쪽 모서리의 셋이 일치되게 하였다. 세로 끝에서 북동쪽 모서리를 바라보니, 아래 가로의 1장 2자 되는 점을 지나게 되었다. 다시 가로누인 곡척의 세로(횡구)를 가로의 통과점에 설치하고, 바로 선 세로의 끝에서 북서쪽 모서리를 바라보니, 가로누인 곡척의 세로의 5자되는 점을 지나게 되었다. 남동쪽 모서리를 바라보니, 아래 가로의 1장 8자 되는 점을 지난다. 또 윗쪽에 겹곡척을 설치하고, 곡척 사이의 거리가 4장이 되게 하였다. 다시 곡

척 끝에서 남동쪽 모서리를 바라보니, 윗 가로의 1장 7자 5치 되는 점을 지난다. 읍의 너비와 길이는 각각 얼마인가?

답 : 남북의 길이 1리 100보, 동서의 너비 1리 $33\frac{1}{3}$ 보.

풀이법에 따라서, 세로 높이를 남동쪽 모서리를 볼 때 아래 가로를 지난 길이를 곱하고, 윗 가로로 나누어 얻은 값에서 세로 높이를 뺀 나머지를 나눗수로 삼는다. 남동쪽 모서리를 볼 때 아래 가로를 지난 길이에서 북동쪽 모서리를 볼 때 아래 가로를 지난 길이를 뺀 나머지를 곡척 사이의 거리와 곱한 값을 나뉨수로 삼아서, 나뉨수를 나눗수로 나눠주면, 읍의 남북 길이가 나온다. 읍의 너비를 구하려면, 가로누인 곡척의 세로 상에 시선이 통과한 길이를 곡척 사이의 거리와 곱한 값을 나뉨수로 삼아서, 나뉨수를 나눗수로 나눠주면, 읍의 동서 너비가 나온다.(신 이순풍 등이 삼가 살펴보건대, 이 풀이법이 뜻은 이당 다음과 같습니다 : 세로 높이를 남동쪽 모서리를 볼 때 아래 가로를 지난 길이를 곱하면, 6,300치가 된다. 다시 남동쪽 모서리를 볼 때 윗 가로를 지난 길이 175치로 나누면, 36치가 된다. 세로 높이를 뺀 나머지는 1치가 되는데, 나눗수로 삼는다. 다시 북동쪽 모서리를 볼 때 아래 가로를 지난 길이를 놓고, 남동쪽 모서리를 볼 때 아래 가로를 지난 길이를 뺀 나머지는 60치가 된다. 곡척 사이의 거리를 곱하면, 24,000치가 되는데, 나뉨수로 삼는다. 나뉨수를 나눗수로 나눠주면, 곧 남지도 않고 모자라지도 않으면서, 치를 리로 바꾸는 변환율(리촌법)로 나눠주면, 1리가 나오며, 미처 떨어지지 않는 것을 치로 보로 바꾸는 변환율(보촌법)으로 나누면, 100보가 된다. 이는 곧 읍의 남북 길이가 1리 100보라는 것이다. 동서의 너비를 구하기 위해서는, 가로누인 곡척의 세로 상에 시선이 통과한 길이를 놓고, 곡척 사이의 거리를 곱하면, 20,000치가 되는데, 나뉨수로 삼는다. 나뉨수를 나눗수로 나눠주면, 곧 남지도 않고 모자라지도 않으면서, 치를 리로 바꾸는 변환율(리촌법)로 나눠주면, 1리가 나오며, 나머지를 보법으로 나누면, 33보가 된다. 미처 떨어지지 않는 20은 나눗수와 함께 자리를 물리고, 반으로 나누면, 곧 $\frac{1}{3}$보가 된다.)

주해 풀이법에서 말하는 공식 가운데 남북의 길이를 구하는 것은

$$\frac{\text{아래 가로에서 들인 길이}\times\text{윗 가로}\times\text{위로 올라간 거리}}{(\text{아래 가로}+\text{아래 가로에서 들인 길이})\times\text{곡척의 높이}-\text{윗 가로}}$$

로 표시되었다. 남북의 길이를 x_1, 읍의 북동쪽 모서리를 바라봤을 때의 아래 가로를 b_1, 남동쪽 모서리를 바라봤을 때의 윗 가로를 c, 남동쪽 모서리를 바라봤을 때 아래 가로에서 들인 길이를 b_2, 곡척 사이의 거리를 d, 그리고 아래 곡척 끝에서 지상에 내린 수선의 발까지의 거리를 y라고 하면, $a:c=(y+d):\frac{(b_1+b_2)x_1}{b_2}$, $a:(b_1+b_2)=y:\frac{(b_1+b_2)x_1}{b_2}$이라는 비례 관계가 성립되고, 그것을 풀면,

$$x=\frac{b_2cd}{a(b_1+b_2-c)}$$

가 도출된다.

今有登山臨邑,邑在山南. 偃矩山上, 令句高三尺五寸. 令句端與邑東南隅及東北隅參相直. 從句端遙望東北隅, 入下股一丈二尺. 又施橫句于入股之會, 從立句端望西北隅, 入橫句五尺. 望東南隅, 入下股一丈八尺. 又設重矩于上, 令矩間相去四丈. 更從句端望東南隅, 入上股一丈七尺五寸. 問邑廣, 長各幾何?

答曰, 南北長一里一百步. 東西廣一里三十三步少半步.

術曰, 以句高乘東南隅入下股, 如上股而一. 所得, 減句高, 餘爲法. 以東北隅下股減東南隅下股, 餘以乘矩間, 爲實. 實如法而一, 得邑南北長也. 求邑廣, 以入橫句乘矩間爲實. 實如法而一, 得邑東西廣也.(臣淳風等謹按,此術以句高乘東南隅下股, 得六千三百寸. 又以東南隅上股一百七十五寸除之, 得三十六寸. 以句高減之, 餘有一寸, 以爲法. 又置東北隅下股,以減東南隅下股, 餘有六十寸. 以乘矩間, 得二萬四千寸, 爲實. 實如法而一, 卽不盈不縮. 以里寸法除之,得一里. 不盡, 以步寸法除之, 得一百步. 卽是邑南北長一里一百步也. 求東西廣步者, 置入橫句之數, 以乘矩間, 得二萬寸,爲實. 實如法而一, 卽得不盈不縮. 以里法除之, 得一里. 餘以步法除之,得三十三步. 不盡二十, 與法俱退, 半之, 卽是三分步之一也.)

「해도산경」 해설

유휘는「구장산술」서문의 후반부에서 그가 "중차"를 직접 저술하여 "구고"장 끝에 붙이게 된 의도와 경위를 다음과 같이 기록하고 있다. 그런데 이 "중차"야말로 곧 후세인들에 의해서「해도산경」이라는 이름으로 분책되어 받들어 모셔진 산학사상의 기념비의 하나인 것이다. 따라서 인용문이 비록 다소 장황할지라도, 음미할 가치는 충분하다고 여겨진다.

주나라 관직인 대사도는 하지에 해가 남중할 때 8자 짜리 막대를 세워서, 그 그림자가 1자 5치가 되면, 그것을 "지중"(地中)이라고 불렀다.「주비산경」은 남쪽으로 해를 곧바로 인 곳까지의 거리가 15,000리라고 했는데, 그렇게 말한 것은 산술로 추정한 것이다. 구장이 네 개의 막대(四表)를 세워서 먼 곳을 바라보고, 나무를 이용해 산을 바라보는 방법으로서 끝과 경계가 모두 서로 드러난다는 점을 상기하면, 이와 같이 막연할 것은 없다. 그러나 장창 등의 산술은 아직 모든 숫자들을 철저히 활용하기에는 미흡하다. 나는 구수에 중차라는 개념이 있음을 찾아내어, 그 취지를 살려 바로 이 문제에 적용해 보았다. "무릇 지극히 높은 것을 바라보고, 아주 깊은 것을 측량해서 그 거리를 알아내려면, 반드시 중차를 이용해야 한다. 직각삼각형은 반드시 중차를 비율로 삼아야만 하므로, 중차라고 하는 것이다. 낙양성에 막대 두 개를 세워서, 높이는 8자가 되게 하고, 남북 양쪽 평지 끝에 두어 같은 날 해가 남중할 때의 그림자를 재도록 한다. 그림자의 차이를 나눗수, 막대 높이와 막대간 거리의 곱을 나눔수로 삼아서 나눴을 때 얻어진 값에 막대 높이를 더하면, 곧 해에서 땅까지의 거리가 된다. 남쪽 막대 그림자와 막대간 거리의 곱을 나눔수로 삼아서 나눠주면, 곧 남쪽 막대로부터 남쪽의 해를 곧바로 인 곳(南戴日下)까지의 거리가 된다." 남쪽으로 해를 곧바로 인 곳까지의 거리와 해에서 땅까지의 거리를 (각각) 밑변과 높이라고 하여, 빗변을 구하면, 곧 해로부터 사람까지의 거리가 된다. 지름이 1치인 대나무 통으로 해를 바라보아서 해가 통 내부에 꽉 들이찰 때, 대통의 길이를 높이의 비율, 대통의 지름을 밑변의 비율, 그리고 해에서 사람까지의 거리를 큰 삼각형의 높이로 삼으면, 큰 삼각형의 밑변이 곧 해의 지름이 된다. 비록 하늘의 궁륭(穹窿) 모양도 잴 수 있을 정도인데, 하물며 태산의 높이와 강이나 바다의 넓이쯤이야 더 말할 나위가 있겠는가? 나는 오늘날 남아있는 역사기록들을 참조하고, 또한 천지간의 사물들을 대략이나마 예시하면서, 그 수치들을 고찰·논의하여, 그것들을 기록에 실어 산술의 묘미를 세상에 밝히려고 한다. 급작스레 중차에 관한 부분을 지어서 주해를 붙이고, 옛사람의 뜻을 연구하여, 구고장 아래에 덧붙였다. 높이를 재려면 중표(重表), 깊이를 측량하려면 누구(累矩)를 쓰면 되고, 외떨어진 것은 세 군데서 바라보고, 떨어진 데다 드넓기까지 한 걸 알아내려면 네 군데서 바라보면 된다. 경험적으로 유추하여 확장시켜 나가노라면, 제아무리 깊고, 멀고, 괴이하고, 숨겨져 있다한들 파고들지 못할 곳이 없으리라. 박물군자들이시여, 자세히 살피시라.

유휘의 말 가운데 "지름이 1치인 대나무 통으로 해를 바라보아서 해가 통 내부에 꽉 들이찰 때, 대통의 길이를 높이의 비율, 대통의 지름을 밑변의 비율, 그리고 해에서 사람까지의 거리를 큰 삼각형의 높이로 삼으면, 큰 삼각형의 밑변이 곧 해의 지름이 된다."고 한 부분은, 역자(차종천, 2000 : 22)가 이미 지적한 바와 같이, 「주비산경」 속에서 진자(陳子)가 영방(榮方)에게 한 말과 일치하며,

$$\frac{\text{대통의 지름}(=1\text{치})}{\text{대통의 길이}} = \frac{\text{해의 지름}}{\text{해에서 사람까지의 거리}}$$

라는 비례관계를 이용하여 해의 지름을 구하려고 한 것을 나타낸다. 즉, 그것을

$$\text{해의 지름} = \frac{\text{해에서 사람까지의 거리}}{\text{대통의 길이(단위: 치)}}$$

으로 측정하려고 한 것이다. 저자는 "비록 하늘의 궁륭 모양도 잴 수 있을 정도인데, 하물며 태산의 높이와 강이나 바다의 넓이쯤이야 더 말할 나위가 있겠는가?"라는 자신감을 내비치면서, 원격지에 위치하여 언뜻 재기가 곤란해 보이는 지상의 여러 대상들에 대해서도 "높이를 재려면 중표, 깊이를 측량하려면 누구를 쓰면 되고, 외떨어진 것은 세 군데서 바라보고, 떨어진 데다 드넓기까지 한 걸 알아내려면 네 군데서 바라보면 된다."고 측정방법들을 요약하고 있다. 「해도산경」에 들어있는 아홉 문제들은 바로 이와 같이 다양한 경우들에 대한 간명하면서도 충실한 예시들에 해당한다. 풍립승(馮立升, 1993 : 333)은 그 문제들에 적용된 기법들에 주목해서 그것들을 분류하여 다음과 같은 계통수로 정리한 바 있다.

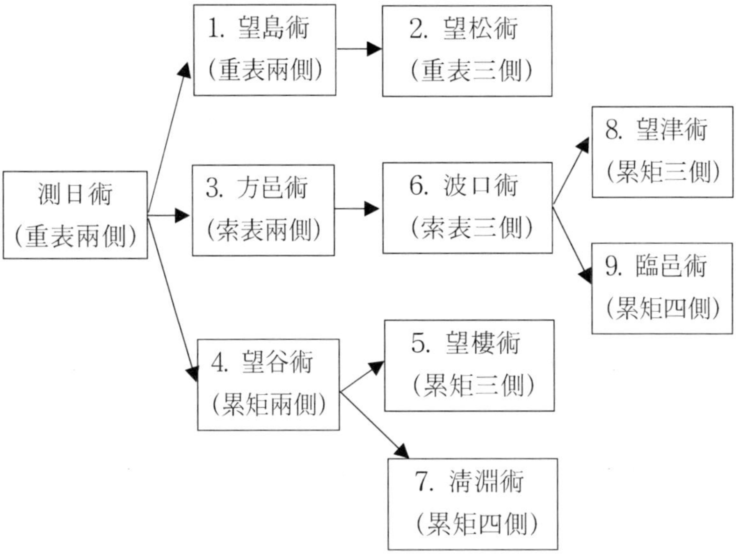

이 분류는 「해도산경」에서 다뤄진 기법들을 한편으로는 "중표", "색표", "누구"와 같은 동원된 도구들의 차이에 주목하여, 그리고 다른 한편으로는 "양측", "삼측", "사측" 등 관측점의 수에 주목하여 가려낸 것으로서 그 기준들은 사실상 유휘의 말속에서 이미 분명하게 표출된 것들이기도 하다. 그러나 그가 왜 "누구삼측"에 해당하는 "8. 망진술"과 "누구사측"에 해당하는 "9. 임읍술"을 각각 역시 같은 종류의 사례들인 "5. 망루술" 및 "7. 청연술"과는 분리해서 "누구양측"에 해당하는 "4. 망곡술" 대신에 구태여 "색표삼측"에 해당하는 "6. 파구술"의 하위 범주로 취급했는지는 불분명하다.

「구장산술」의 편찬 · 주석자로서 동양수학사에 대하여, 아니 유서 깊은 한 거대 문명권의 수치적 합리화 전반에 걸쳐서 깊은 영향을 미친 유휘가 「해도산경」에 쏟은 관심을 목도할 때, 우리는 그가

하필이면 비례 계산에 불과한 "중차"를 "개방술," "방정술" 등을 포함한 다른 섬세한 논리들과 기법들을 능가하는 산학의 정점이라도 된다는 듯이 여긴 것 같은 인상을 지울 수는 없다. 그러나 문제에 잘 묘사되어 있듯이, 가파른 절벽을 오르내리는 것도 마다 않고 소도구와 머리를 활용하여 난제를 돌파해보려고 도전하며 애쓴 행동하는 지성인의 모습은 그 자체로서 경외스러운 하나의 살아있는 원형이 아닐 수 없다.

끝으로, 이 역주 작업은 주로 靖玉樹 編,「中國歷代算學集成」上卷에 수록된 영인본을 기초로 하면서, 郭書春·劉鈍 교점본「算經十書」의 해당 부분을 크게 참조하여 이루어졌다는 것을 밝히는 바이다.

참고문헌

郭書春・劉鈍 校点. 1998.「算經十書」. 全2卷. 遼寧教育出版社.

沈康身. 1997.「九章算術導讀」. 湖北教育出版社.

吳文俊 編. 1993.「劉徽研究」. 陝西人民教育出版社/九章出版社.

馮立升. 1993. "劉徽重差術探源." 吳文俊 編,「劉徽研究」, 陝西人民教育出版社/九章出版社, pp. 317-333.

洪天賜. 1993. "劉徽與「海島算經」." 吳文俊 編,「劉徽研究」, 陝西人民教育出版社/九章出版社, pp. 317-333.

Needham, Joseph. 1959. *Science and Civilisation in China, Vol. III: Mathematics and the Sciences of the Heavens and the Earth.* Cambridge University.

손자산경 孫子算經

[당] 이순풍 등 주석(唐 李淳風 等 注釋)

손자산경 서문(孫子算經序)

손자가 일컫기를, 대저 수학이야말로 천지의 경위이고, 만물의 으뜸이며, 오상의 본말이며, 음양의 부모이며, 성신의 형성 원리이며, 해·달·별 삼광의 안팎이며, 오행의 기준이며, 네 계절의 시작과 끝이며, 만물의 조종이며, 육예의 기강이라고 하였다.

온갖 무리의 모이고 흩어짐을 상고하고, 음·양 두 기운의 오르내림을 따지고, 추위와 더위의 변화를 따지고, 원근의 같음과 다름을 확인하고, 오묘한 우주운행의 징조와 기틀을 관찰하고, 종횡으로 뻗은 지리의 길고 짧음을 살피고, 하늘과 땅의 신의 존재를 가려내고, 성공과 실패의 확률을 결정하고 도덕의 이치를 궁리하고, 본성과 천명의 상태를 구명한다. 컴퍼스와 곡척을 마련해서는 정사각형과 원의 준거가 되고, 법도를 삼가고, 길이를 간략케 하고, 추와 저울대를 마련해서는 경중을 고르게 하고, 미세한 길이(호와 리)와 무게(서와 류)도 가려내면서 억만년이 지나도 썩지 않고, 여덟 방향으로 끝자락까지 베풀도록 다함이 없다. 수리를 산만히 대하면, 능히 따질 수 없으나, 잘 거둬들이면, 장악하기에 넘치지 않는다. 수학을 지향하는 자는 부유하고도 남음이 있을 것이고, 저버리는 자는 가난하고도 다랍게 될 것이며, 마음을 열면, 어린이라도 즉각적으로 깨달을 수 있으나, 뜻을 닫으면, 백발 노인이라도 정통하기 어려울 것이다. 대저 배우려는 자는 반드시 능히 자신을 헤아리고, 뜻을 전심전력하는데 크게 힘써야 하리라. 이와 같은 즉 어찌 이루지 못할 자가 있으랴?

孫子曰, 夫算者, 天地之經緯, 群生之元首,五常[8]之本末,陰陽之父母,星辰之建號,三光[9]之表里,五行之準平 ,四時之終始,萬物之祖宗,六藝[10]之綱紀. 稽群倫之聚散, 考二氣[11]之降升,推寒暑之迭運, 步遠近之殊同. 觀天道精微之兆基, 察地理縱橫之長短. 采神祇之所在,極成敗之符驗. 窮道德之理, 究性命之情. 立規矩[12], 准方圓, 謹法度, 約尺丈, 立權衡, 平重輕,剖毫釐,析黍絫,歷億載而不朽, 施八極[13]而無疆. 散之不可勝究,斂之不盈掌握. 向之者富有餘,背之者貧且窶[14]. 心開者幼沖而即悟, 意閉者皓首而難精. 夫欲學之者必務量能揆己,志在所專. 如是則焉有不成者哉.

8) "오상(五常)"은 보통 인・의・예・지・신(仁義禮智信)을 뜻하는데, 때에 따라서는 수・화・목・금・토(水火木金土)로 이루어지는 오행(五行)과 통하는 것으로 간주되기도 한다.

9) "삼광(三光)"은 해・달・별을 가리킨다.

10) "육예(六藝)"는 예・악・사・어・서・수(禮樂射御書數)를 가리킨다.

11) "이기(二氣)"는 음양의 두 기운이다.

12) "규구(規矩)"는 각각 원과 정사각형을 작도하는데 쓰이는 컴퍼스와 곡척을 말한다.

13) "팔극(八極)"은 여덟 방향의 극지를 가리킨다. 「순자(荀子)」 "해폐(解蔽)"장의 "明參日月, 大滿八極, 夫是之謂大人", 「회남자(淮南子)」 "지형(地形)"편의"八紘之外, 乃有八極"이라는 표현 등에서 찾아볼 수 있다.

14) "구(窶)"는 가난하여 예모를 갖춰 살 수 없는 처지(貧無禮居)를 가리킨다.

손자산경 상권(孫子算經卷上)

길이의 측정은 홀에서 비롯된다. 홀을 알려고 한다면, 누에가 뿜어내는 실로 홀을 삼는다. 10홀은 1사, 10사는 1호, 10호는 1리, 10리는 1푼, 10푼은 1치, 10치는 1자, 10자는 1장, 10장은 1인이다. 50자는 1단, 40자는 1필, 6자는 1보이다. 240보^{2}는 1무이며, 300보는 1리이다.

> 度之所起, 起于忽. 欲知其忽, 蠶吐絲爲忽. 十忽爲一絲, 十絲爲一毫,十毫爲一釐, 十釐爲一分, 十分爲一寸, 十寸爲一尺, 十尺爲一丈,十丈爲一引. 五十尺爲一端, 四十尺爲一疋. 六尺爲一步. 二百四十步爲一畝[15], 三百步爲一里.

무게의 측정은 서에서 비롯된다. 10서는 1류, 10류는 1수, 24수는 1냥, 16냥은 1근, 30근은 1균, 4균은 1석이다.

> 稱之所起, 起于黍. 十黍爲一絫, 十絫爲一銖, 二十四銖爲一兩, 十六兩爲一斤, 三十斤爲一鈞, 四鈞爲一石.

15) "무(畝)"는 넓이의 단위이지 길이의 단위가 아니므로, 문장 자체가 일관적이지 못하게 되었다.

부피의 측정은 속에서 비롯된다. 6속은 1규, 10규는 1촬, 10촬은 1초, 10초는 1작, 10작은 1홉, 10홉은 1되, 10되는 1말, 10말은 1섬이다. 1섬은 6,000만속이다. 이로써 알 수 있는 것은 6속이 1규, 10규 60속이 1촬, 10촬 600속이 1초, 10초 6,000속이 1작, 10작 6만속이 1홉, 10홉 60만속이 1되, 10되 600만속이 1말, 10말 6,000만속이 1섬이라는 것이다. 10섬은 6억속, 100섬은 6조속, 1,000섬은 6경속, 만섬은 6해속, 10만섬은 6제속, 100만섬은 6양속, 1,000만섬은 6구속, 만배의 만섬 1억섬은 6동속, 10억섬은 6정속, 100억섬은 6재속이다.

주해 곡식의 부피를 측정하면서 큰 수들을 도입하고 있음을 볼 수가 있는데, 흡사 갠지스강(恒河)의 모래알 수로부터 큰 수를 떠올리게 한 「금강경(金剛經)」의 구절을 연상시킨다. 물론 「금강경」의 부처 말씀에 큰 수가 언급된 맥락은, 한 걸음 더 나아가, 진리를 터득하고 전하려는 행위의 의의가 무한히 크다는 것을 강조하기 위함이기는 했다.

"수보리야, 항하에 있는 모래의 수와 같이 그렇게 많은 항하가 있다고 한다면, 네 생각에 어떠하냐? 이 모든 항하의 모래가 얼마나 많다고 하겠느냐?"

…

"만약에 어떤 선남선녀가 있어서 이 경 가운데 적어도 사구게(四句偈) 하나쯤이라도 잘 받아 지니고, 다른 사람을 위해 설명해 들려줄 것 같으면 이 복덕이 저 앞에서 말한 복덕보다 훨씬 클 것이니라."(최대림, 1990 : 74-75를 참조).

量之所起,起于粟. 六粟爲一圭, 十圭爲一撮, 十撮爲一抄, 十抄爲一勺,十勺爲一合, 十合爲一升, 十升爲一斗, 十斗爲一斛. 斛得六千萬粟. 所以得知者, 六粟爲一圭, 十圭六十粟爲一撮, 十撮六百粟爲一抄, 十抄六千粟爲一勺, 十勺六萬粟爲一合, 十合六十萬粟爲一升, 十升六百萬粟爲一斗,十斗六千萬粟爲一斛. 十斛六億粟, 百斛六兆粟, 千斛六京粟, 萬斛六垓粟, 十萬斛六秭粟, 百萬斛六壤粟, 千萬斛六溝粟, 萬萬斛爲一億斛. 六澗粟, 十億斛六正粟, 百億斛六載粟.

무릇 큰 수를 읽는 법에 따르면, 만 배의 만은 억, 만만 배의 억은 조, 만만 배의 조는 경, 만만 배의 경은 해, 만만 배의 해는 제, 만만 배의 제는 양, 만만 배의 양은 구, 만만 배의 구는 동, 만만 배의 동은 정, 만만 배의 정은 재이다.

주해 열거된 큰 수들을 수식으로 나타내면, 다음과 같은데, 조부터는 만만 배, 즉 억 단위로 단위 증가가 이루어진다는 것을 알 수 있다.

억(億) = 만×만 = 10^{8},

조(兆) = 억×억 = 10^{16},

경(京) = 억×조 = 10^{24},

해(垓) = 억×경 = 10^{32},

$$
\begin{aligned}
&\text{제}(\text{秭}) = \text{억} \times \text{해} = 10^{40}, \\
&\text{양}(\text{壤}) = \text{억} \times \text{제} = 10^{48}, \\
&\text{구}(\text{溝}) = \text{억} \times \text{양} = 10^{56}, \\
&\text{동}(\text{涧}) = \text{억} \times \text{구} = 10^{64}, \\
&\text{정}(\text{正}) = \text{억} \times \text{동} = 10^{72}, \\
&\text{재}(\text{載}) = \text{억} \times \text{정} = 10^{80}.
\end{aligned}
$$

凡大數之法, 萬萬曰億, 萬萬億曰兆, 萬萬兆曰京, 萬萬京曰垓, 萬萬垓曰秭, 萬萬秭曰壤, 萬萬壤曰溝, 萬萬溝曰涧, 萬萬涧曰正, 萬萬正曰載.

둘레와 지름의 비는 3:1이고, 정사각형의 변과 대각선의 비는 5:7이다. 대각선을 알고 한 변을 구하려면, 5를 곱하고 7로 나눈다. 한 변을 알고 대각선을 구하려면, 7을 곱하고 5로 나눈다.

주해 "주삼경일(周三徑一)"과 "방오사칠(方五斜七)"은 전통수학에서 자주 이용되던 원주율 π와 정사각형의 대각선과 변의 비, 곧 $\sqrt{2}$의 근사값을 나타낸다. π 값을 3으로 잡은 전자의 비율은 흔히 "고율(古率)"이라고 지칭되기도 하였다. 한편, 정사각형의 대각선을 변의 $\frac{7}{5}=1.4$배로 간주한 후자의 비율은 전통수학에서

$\sqrt{2}=1.4142135...$의 근사값으로 흔히 1.4가 이용되었다는 것을 보여준다. 후자의 근사값이 적용된 사례는「손자산경」내에서는 [中-15]에서 찾아볼 수 있다.

周三徑一, 方五斜七. 見斜求方, 五之, 七而一. 見方求斜, 七之, 五而一.

한 변이 1치인 정육면체 황금 무게는 1근이고, 백금 무게는 14냥이며, 한 변이 1치인 옥의 무게는 12냥이다.

한 변이 1치인 정육면체 구리의 무게는 7냥 반이고, 납의 무게는 9냥 반이며, 석의 무게는 6냥이다.

한 변이 1치인 정육면체 돌의 무게는 3냥이다.

주해 이 부분은 여러 종류의 물질의 비중을 1치^{3}당 무게로 나타낸 것으로서, 수식으로 재정리하면, 다음과 같다.

황금 1치^3=1근=16냥,

백금 1치^3=14냥,

옥 1치^3=12냥,

구리 1치^3=7.5냥,

납 1치^3=9.5냥,

쇠 1치^3=6냥,

돌 1치^3=3냥.

이 가운데 황금의 비중은 [下-20]에 적용되어 있다.

> 黃金方寸重一斤. 白金方寸重一十四兩. 玉方寸重一十二兩. 銅方寸重七兩半. 鉛方寸重九兩半. 鐵方寸重六兩. 石方寸重三兩.

무릇 계산법에 있어서는 먼저 그 자리부터 식별해야 한다. 1은 세로, 10은 가로로 놓이며, 100은 일어서고, 1,000은 엎드리며, 1,000과 10은 마주 바라보고, 10,000과 100은 서로 같아진다.

> 凡算之法, 先識其位. 一縱十横, 百立千僵, 千十相望, 萬百相當.

무릇 곱셈법은 그 자리를 겹쳐 놓는다. 위아래를 서로 보다가, 윗자리에 10이 있으면, 10까지, 100이 있으면, 100까지, 1,000이 있으면, 1,000까지 걸린다. 위로 아래를 곱해서 얻어진 수는 가운데 자리에 늘어놓는다. 10이라고 부르게 되면, 곧 넘치는 것이고, 채워지지 않은 것은 그대로 하며 윗자리를 끝과 곱한 것은 먼저 가게 한다. 아랫자리를 끝과 곱한 것은 함께 자리를 물린다. 6은 쌓아두지 않고, 5는 홀로 두지 않는다, 위아래를 서로 곱하고, 마지막에 이르면, 끝난다.

> 凡乘之法, 重置其位. 上下相觀, 上位有十步至十, 有百步至百, 有千步至千. 以上命[16]下, 所得之數列于中位. 言十卽過, 不滿自如. 上位乘訖者先去之. 下位乘訖者則俱退之. 六不積, 五不隻[17], 上下相乘, 至盡則已.

무릇 나눗셈법은 곱셈과 완전히 다르다. 곱셈의 몫은 중앙에 놓이고, 나눗셈의 몫은 윗쪽에 놓인다. 가령 6을 나눗수, 100을 나뉨수라고 하자. 6으로 10을 나눌 때에는 당연히 두 자리를 나아가는데, 나눗수를 100 아래에 놓이게 해서 6으로 1을 나누자면, 곧 나눗수가 많고 나뉨수가 적어서 나눌 수 없으므로, 10자리로 내려가게 해서 나눗수로 나뉨수를 나누고, 1×6이라고 하여 100에서 빼면 40이 되어 나눌 수가 있다. 만약 나뉨수가 많고 나눗수가 적어서 자체가 맞으면, 100으로 하고, 맞지 않으면, 다시 자리를 물린다. 그러므로 걸리는 나눗수 10은 10자리에 놓고, 100은 100자리에 놓는다.(윗자리에 0이 있으면, 나눗수를 두 자리 물린다.) 남은 나눗수도 모두 곱할 때와 같다.

---

16) "命"은 乘과 통한다.
17) "六不積,五不隻"은 산가지로 5를 표시할 때까지는 개수를 늘려가다가, 6이 되면 T자 모양으로 5를 가지 하나로 표시하는 것을 가리킨다. 「하후양산경」에 "六不積算,五不單張"이라고 한 것도 마찬가지 의미이다.

나뉨수에 나머지가 생기면, 나눗수 분의 얼마라고 부르는데, 나눗수를 분모로 삼고, 나뉨수 가운데 남는 것을 분자로 삼는다.

> 凡除之法, 與乘正異. 乘得在中央, 除得在上方. 假令六爲法, 百爲實. 以六除百, 當進之二等, 令在正百下, 以六除一, 則法多而實少, 不可除, 故當退就十位, 以法除實, 言一六而折百爲四十, 故可除. 若實多法少, 自當百之, 不當復退. 故或步法十者置于十位, 百者置于百位. (上位有空絶者, 法退二位.) 餘法皆如乘時. 實有餘者, 以法命之, 以法爲母, 實餘爲子.

겉곡식으로 여미를 구하려면, 3을 곱하고 5로 나눈다.
여미로 겉곡식을 구하려면, 5를 곱하고 3으로 나눈다.
여미로 밥을 구하려면, 5를 곱하고 2로 나눈다.
겉곡식으로 여반을 구하려면, 6을 곱하고 4로 나눈다.
여반으로 여미를 구하려면, 2를 곱하고 5로 나눈다.
착미로 밥을 구하려면, 8을 곱하고 4로 나눈다.

주해 이 교환비율들은, 비록 훨씬 단순화된 형태이기는 하지만, 「구장산술」 "속미"장 첫머리에 나오는 것들을 연상시키며, 또 실제로 그것들과 완전히 일치한다. 「구장산술」에 제시된 관련 교환비율은 겉곡식 50, 여미 30, 착미 24, 여반 75, 착반 48이다. 이 비율들을 적용한 문제들은 [中-5]-[中-8]에서 찾아볼 수 있는데, 정작 그것들 속에서 패미와 어미까지 다뤄져 있는 것으로 미루어 본다면, 이 부분은 많이 훼손된 텍스트라는 의심이 든다.

> 以粟求糲米, 三之, 五而一.
> 以糲米求粟, 五之, 三而一.
> 以糲米求飯, 五之, 二而一.
> 以粟米求糲飯, 六之, 四而一.
> 以糲飯求糲米, 二之, 五而一.
> 以糳米[18]求飯, 八之, 四而一.

$\frac{1}{10}$ 은 2를 곱하고 20으로 나누며, $\frac{2}{10}$ 는 4를 곱하고 20으로 나누며, $\frac{3}{10}$ 은 6을 곱하고 20으로 나누며, $\frac{4}{10}$ 는 8을 곱하고 20으로 나누며, $\frac{5}{10}$ 는 10을 곱하고 20으로 나누며, $\frac{6}{10}$ 은 12를 곱하고 20으로 나누며, $\frac{7}{10}$ 은 14를 곱하고 20으로 나누며, $\frac{8}{10}$ 은 16을 곱하고 20으로 나누며, $\frac{9}{10}$ 는 18을 곱하고 20으로 나눈다.

$\frac{1}{9}$ 은 2를 곱하고 18로 나눈다.

$\frac{1}{8}$ 은 2를 곱하고 16으로 나눈다.

$\frac{1}{7}$ 은 2를 곱하고 14로 나눈다.

---

18) "착미(糳米)"는 희게 쓿거나 대낀 쌀, 즉 정미(精米)를 가리킨다. 이적(李籍)의 「구장산술음의(九章算術音義)」는 "糳"자에 대해서 "세간에서는 鑿으로도 쓴다(俗作鑿)"고 지적하고 있다.

$\frac{1}{6}$ 은 2를 곱하고 12로 나눈다.
$\frac{1}{5}$ 은 2를 곱하고 10으로 나눈다.

十分減一者[19], 以二乘, 二十除. 減二者, 以四乘, 二十除. 減三者,以六乘, 二十除. 減四者, 以八乘, 二十除. 減五者, 以十乘, 二十除. 減六者,以十二乘, 二十除. 減七者, 以十四乘, 二十除. 減八者, 以十六乘,二十除. 減九者, 以十八乘, 二十除.
九分減一者, 以二乘, 十八除.
八分減一者, 以二乘, 十六除.
七分減一者, 以二乘, 十四除.
六分減一者, 以二乘, 十二除.
五分減一者, 以二乘, 十除.

9×9＝81을 제곱하면 얼마인가?

답 : 6,561.

풀이법에 따라서, 그 자리 수들을 겹쳐 놓고, 위의 8로 아래의 8을 부르면, 8×8＝64가 되니 곧 6,400을 가운데 자리에 내린다. 위의 8로 아래의 1을 부르면, 1×8＝8이 되니 곧 가운데 자리에 80을 내리고, 아랫자리 한 칸을 물려서 윗자리 80을 모으고, 위의 1로 아래의 1을 부르면, 1×1＝1이 되니 곧 가운데 자리에 1을 내린다. 위아래 자리를 모두 모으면, 가운데 자리는 6,561이 된다.

---

19) "十分減一者"는 10등분하여 한 조각을 떼어낸 것이니 곧 $\frac{1}{10}$ 이라는 뜻이다.

6,561을 9명이 나누면, 한 사람 당 얼마나 얻는가?

답 : 729.

풀이법에 따라서, 먼저 6,561을 가운데 자리에 놓아 나뉨수로 삼는다. 아래에 9명을 늘어놓아 나눗수로 삼는다. 윗자리에 700을 놓고, 위의 7로 아래 9를 부르면, 7×9=63이 되니 곧 가운데 자리에서 6,300을 뺀다. 아랫자리 한 칸을 물린 다음, 윗자리에 20을 놓고, 위의 2로 아래 9를 부르면, 2×9=18이 되니 곧 가운데 자리에서 180을 뺀다. 또한 다시 아랫자리 한 칸을 물린 다음, 윗자리에 다시 9를 놓고, 위의 9로 아래 9를 부르면, 9×9=81이 되니 곧 가운데 자리에서 81을 뺀다. 가운데 자리를 모두 다 하도록, 아랫자리에 모으면, 윗자리에 얻어진 것은 곧 한 사람 당 몫이 되는데, 8×8=64에서 1×1=1에 이르기까지도 모두 이에 준한다.

8×9=72를 제곱하면, 5,184가 된다. 8명이 나누면, 한 사람 당 648을 얻는다.

7×9=63을 제곱하면, 3,969가 된다. 7명이 나누면, 한 사람 당 567을 얻는다.

6×9=54를 제곱하면, 2,916이 된다. 6명이 나누면, 한 사람 당 486을 얻는다.

5×9=45를 제곱하면, 2,025가 된다. 5명이 나누면, 한 사람 당 405를 얻는다.

4×9=36을 제곱하면, 1,296이 된다. 4명이 나누면, 한 사람 당 324를 얻는다.

3×9=27을 제곱하면, 729가 된다. 3명이 나누면, 한 사람 당

243을 얻는다.

2×9＝18을 제곱하면, 324가 된다. 2명이 나누면, 한 사람 당 162를 얻는다.

1×9＝9를 제곱하면, 81이 된다. 한 사람이 81을 얻는다.

오른쪽 9×9 한 조의 합은 405가 되며, 제곱하면 164,025가 된다. 9명이 나누면, 한 사람 당 18,225를 얻는다.

九九八十一自相乘, 得幾何? 答曰, 六千五百六十一. 術曰, 重置其位, 以上八呼下八, 八八六十四, 卽下六千四百于中位. 以上八呼下一, 一八如八, 卽于中位下八十. 退下位一等, 收上位八十. 以上一呼下一,一一如一, 卽于中位下一. 上下位俱收, 中位卽得六千五百六十一.

六千五百六十一, 九人分之, 問人得幾何? 答曰,七百二十九. 術曰,先置六千五百六十一于中位, 爲實. 下列九人爲法. 上位置七百, 以上七呼下九, 七九六十三, 卽除中位六千三百. 退下位一等, 卽上位置二十,以上二呼下九, 二九十八, 卽除中位一百八十. 又更退下位一等,卽上位更置九, 卽以上九呼下九, 九九八十一, 卽除中位八十一. 中位幷盡,收下位. 上位所得卽人之所得, 自八八六十四至一一如一, 幷准此.

八九七十二, 自相乘得五千一百八十四. 八人分之, 人得六百四十八.

七九六十三, 自相乘得三千九百六十九. 七人分之, 人得五百六十七.

六九五十四, 自相乘得二千九百一十六. 六人分之, 人得四百八十六.

五九四十五, 自相乘得二千二十五. 五人分之, 人得四百五.

四九三十六, 自相乘得一千二百九十六. 四人分之, 人得三百二十四.

三九二十七, 自相乘得七百二十九. 三人分之, 人得二百四十三.
二九一十八, 自相乘得三百二十四. 二人分之, 人得一百六十二.
一九如九, 自相乘得八十一. 一人得八十一.
右九九一條得四百五, 自相乘得一十六萬四千二十五. 九人分之, 人得一萬八千二百二十五.

8×8＝64를 제곱하면, 4,096이 된다. 8명이 나누면, 한 사람 당 512를 얻는다.

7×8＝56을 제곱하면, 3,136이 된다. 7명이 나누면, 한 사람 당 448을 얻는다.

6×8＝48을 제곱하면, 2,304가 된다. 6명이 나누면, 한 사람 당 384를 얻는다.

5×8＝40을 제곱하면, 1,600이 된다. 5명이 나누면, 한 사람 당 320을 얻는다.

4×8＝32를 제곱하면, 1,024가 된다. 4명이 나누면, 한 사람 당 256을 얻는다.

3×8＝24를 제곱하면, 576이 된다. 3명이 나누면, 한 사람 당 192를 얻는다.

2×8＝16을 제곱하면, 256이 된다. 2명이 나누면, 한 사람 당 128을 얻는다.

1×8＝8을 제곱하면, 64가 된다. 한 사람이 64를 얻는다.

오른쪽 8×8 한 조의 합은 288이 되며, 제곱하면 82,944가 된다. 8명이 나누면, 한 사람 당 10,368을 얻는다.

八八六十四, 自相乘得四千九十六. 八人分之, 人得五百十二.
七八五十六, 自相乘得三千一百三十六. 七人分之, 人得四百四十八.
六八四十八, 自相乘得二千三百四. 六人分之, 人得三百八十四.
五八四十, 自相乘得一千六百. 五人分之, 人得三百二十.
四八三十二, 自相乘得一千二十四. 四人分之, 人得二百五十六.
三八二十四, 自相乘得五百七十六. 三人分之, 人得一百九十二.
二八一十六, 自相乘得二百五十六. 二人分之, 人得一百二十八.
一八如八, 自相乘得六十四. 一人得六十四.
右八八一條得二百八十八, 自相乘得八萬二千九百四十四. 八人分之, 人得一萬三百六十八.

$7\times7=49$를 제곱하면, 2,401이 된다. 7명이 나누면, 한 사람 당 343을 얻는다.

$6\times7=42$를 제곱하면, 1,764가 된다. 6명이 나누면, 한 사람 당 294를 얻는다.

$5\times7=35$를 제곱하면, 1,225이 된다. 5명이 나누면, 한 사람 당 245를 얻는다.

$4\times7=28$을 제곱하면, 784가 된다. 4명이 나누면, 한 사람 당 196을 얻는다.

$3\times7=21$을 제곱하면, 441이 된다. 3명이 나누면, 한 사람 당 147을 얻는다.

$2\times7=14$를 제곱하면, 196이 된다. 2명이 나누면, 한 사람 당 98을 얻는다.

1×7 = 7을 제곱하면, 49가 된다. 한 사람이 49를 얻는다.

오른쪽 7×7 한 조의 합은 196이 되며, 제곱하면 38,416이 된다. 7명이 나누면, 한 사람 당 5,488을 얻는다.

七七四十九, 自相乘得二千四百一. 七人分之,人得三百四十三.
六七四十二, 自相乘得一千七百六十四. 六人分之,人得二百九十四.
五七三十五, 自相乘得一千二百二十五. 五人分之,人得二百四十五.
四七二十八, 自相乘得七百八十四. 四人分之,人得一百九十六.
三七二十一, 自相乘得四百四十一. 三人分之,人得一百四十七.
二七一十四, 自相乘得一百九十六. 二人分之,人得九十八.
一七如七, 自相乘得四十九. 一人得四十九.
右七七一條得一百九十六, 自相乘得三萬八千四百一十六. 七人分之, 人得五千四百八十八.

6×6 = 36을 제곱하면, 1,296이 된다. 6명이 나누면, 한 사람 당 216을 얻는다.

5×6 = 30을 제곱하면, 900이 된다. 5명이 나누면, 한 사람 당 180을 얻는다.

4×6 = 24를 제곱하면, 576이 된다. 4명이 나누면, 한 사람 당 144를 얻는다.

3×6 = 18을 제곱하면, 324가 된다. 3명이 나누면, 한 사람 당 108을 얻는다.

2×6 = 12를 제곱하면, 144가 된다. 2명이 나누면, 한 사람 당 72를 얻는다.

1×6 = 6을 제곱하면, 36이 된다. 한 사람이 36을 얻는다.

오른쪽 6×6 한 조의 합은 126이 되며, 제곱하면 15,876이 된다. 6명이 나누면, 한 사람 당 2,646을 얻는다.

六六三十六, 自相乘得一千二百九十六. 六人分之, 人得二百一十六.
五六三十, 自相乘得九百. 五人分之, 人得一百八十.
四六二十四, 自相乘得五百七十六. 四人分之, 人得一百四十四.
三六一十八, 自相乘得三百二十四. 三人分之, 人得一百八.
二六一十二, 自相乘得一百四十四. 二人分之, 人得七十二.
一六如六, 自相乘得三十六. 一人得三十六.
右六六一條得一百二十六, 自相乘得一萬五千八百七十六. 六人分之, 人得二千六百四十六.

5×5 = 25를 제곱하면, 625가 된다. 5명이 나누면, 한 사람 당 125를 얻는다.

4×5 = 20을 제곱하면, 400이 된다. 4명이 나누면, 한 사람 당 100을 얻는다.

3×5 = 15를 제곱하면, 225가 된다. 3명이 나누면, 한 사람 당 75를 얻는다.

2×5 = 10을 제곱하면, 100이 된다. 2명이 나누면, 한 사람 당 50

을 얻는다.

1×5 = 5를 제곱하면, 25가 된다. 한 사람이 25를 얻는다.

오른쪽 5×5 한 조의 합은 75가 되며, 제곱하면 5,625가 된다. 5명이 나누면, 한 사람 당 1,125를 얻는다.

> 五五二十五, 自相乘得六百二十五. 五人分之, 人得一百二十五.
> 四五二十, 自相乘得四百. 四人分之, 人得一百.
> 三五一十五, 自相乘得二百二十五. 三人分之, 人得七十五.
> 二五一十, 自相乘得一百. 二人分之,得五十.
> 一五如五, 自相乘得二十五. 一人得二十五.
> 右五五一條得七十五, 自相乘得五千六百二十五. 五人分之,人得一千一百二十五.

4×4 = 16을 제곱하면, 256이 된다. 4명이 나누면, 한 사람 당 64를 얻는다.

3×4 = 12를 제곱하면, 144가 된다. 3명이 나누면, 한 사람 당 40을 얻는다.

2×4 = 8을 제곱하면, 64가 된다. 2명이 나누면, 한 사람 당 32를 얻는다.

1×4 = 4를 제곱하면, 16이 된다. 한 사람이 16을 얻는다.

오른쪽 4×4 한 조의 합은 40이 되며, 제곱하면 1,600이 된다. 4명이 나누면, 한 사람 당 400을 얻는다.

四四一十六, 自相乘得二百五十六. 四人分之, 人得六十四.
三四一十二, 自相乘得一百四十四. 三人分之, 人得四十八.
二四如八, 自相乘得六十四. 二人分之,人得三十二.
一四如四, 自相乘得一十六. 一人得一十六.
右四四一條得四十, 自相乘得一千六百. 四人分之, 人得四百.

3×3＝9를 제곱하면, 81이 된다. 3명이 나누면, 한 사람 당 27을 얻는다.

2×3＝6을 제곱하면, 36이 된다. 2명이 나누면, 한 사람 당 18을 얻는다.

1×3＝3을 제곱하면, 9가 된다. 한 사람이 9를 얻는다.

오른쪽 3×3 한 조의 합은 18이 되며, 제곱하면 324가 된다. 3명이 나누면, 한 사람 당 108을 얻는다.

三三如九, 自相乘得八十一. 三人分之, 人得二十七.
二三如六, 自相乘得三十六. 二人分之, 人得一十八.
一三如三, 自相乘得九. 一人得九.
右三三一條得一十八, 自相乘得三百二十四. 三人分之, 人得一百八.

2×2＝4를 제곱하면, 16이 된다. 2명이 나누면, 한 사람 당 8을

얻는다.

1×2＝2를 제곱하면, 4가 된다. 한 사람이 4를 얻는다.

오른쪽 2×2 한 조의 합은 6이 되며, 제곱하면 36이 된다. 2명이 나누면, 한 사람 당 18을 얻는다.

> 二二如四, 自相乘得一十六. 二人分之, 人得八.
> 一二如二, 自相乘得四. 一人得四.
> 右二二一條得六, 自相乘得三十六. 二人分之, 人得一十八.

1×1＝1을 제곱하면, 1이 된다. 1을 곱해봤자 길어지지는 않는다.

오른쪽 9×9에서 1×1 조까지의 총합은 1,155가 되며, 제곱하면 1,334,025가 된다. 9명이 나누면, 한 사람 당 148,225를 얻는다.

주해 이상과 같이 제시된 9×9에서 1×1까지의 곱셈은 「주비산경(周髀算經)」, 「하후양산경(夏侯陽算經)」에 언급되어 있고, 실제로 돈황한간(敦煌漢簡)의 형태로 출토된 바 있는 고대의 "구구표(九九表)"와 관계된다는 점에서 주목된다(紀志剛, 2000 : 57을 참조). 9×9에서 1×1 조까지의 총합은

$$\sum_{m=1}^{9} m \sum_{n=1}^{m} n = 1155$$

로 표시할 수 있지만, 조금 각도를 달리하여 1×1에서 k×k조까지

의 합으로 표시하여

$$1\times1+2(1+2)+3(1+2+3)+\ldots+k(1+2+3\ldots+k)$$
$$=\frac{1}{4!}k(k+1)(k+2)(3k+1)$$

라고 나타낼 수도 있는데, 이것은 곧 후일 원 주세걸(朱世傑)의 「사원옥감(四元玉鑑)」에서 "남봉형타(嵐峰形垜)"로 개념화된 바와 일치한다. 각각의 곱의 제곱을 나눠준 분배 문제는, 급수적으로 접근하면, $1\leq m\leq 9$, $1\leq n\leq m$의 범위에서

$$\sum_{m=1}^{9}\sum_{n=1}^{m}\frac{(mn)^2}{n}=\sum_{m=1}^{9}\sum_{n=1}^{m}m^2n$$

을 계산한 것으로 볼 수 있을 것이다.

> 一一如一, 自相乘得一, 一乘不長.
> 右從九九至一一, 總成一千一百五十五. 自相乘得一百三十三萬四千二十五. 九人分之, 人得一十四萬八千二百二十五.

9와 12를 곱하면, 108이 된다. 6명이 나누면, 한 사람 당 18을 얻는다.

27과 36을 곱하면, 972가 된다. 18명이 나누면, 한 사람 당 54를 얻는다.

81과 108을 곱하면, 8,748이 된다. 54명이 나누면, 한 사람 당 162

를 얻는다.

243과 324를 곱하면, 78,732가 된다. 162명이 나누면, 한 사람 당 486을 얻는다.

729과 972를 곱하면, 708,588이 된다. 486명이 나누면, 한 사람 당 1,458을 얻는다.

2187과 2,916을 곱하면, 6,377,292가 된다. 1,458명이 나누면, 한 사람 당 4,374를 얻는다.

6,561과 8,748을 곱하면, 57,395,628이 된다. 4,374명이 나누면, 한 사람 당 13,122를 얻는다.

19,683과 26,244를 곱하면, 516,560,652가 된다. 13,122명이 나누면, 한 사람 당 39,366을 얻는다.

59,049와 78,732를 곱하면, 4,649,045,868이 된다. 39,366명이 나누면, 한 사람 당 118,098을 얻는다.

177,147과 236,196을 곱하면, 41,841,412,812가 된다. 118,098명이 나누면, 한 사람 당 354,294를 얻는다.

531,441과 708,588을 곱하면, 376,572,715,308이 된다. 354,294명이 나누면, 한 사람 당 1,062,882를 얻는다.

주해 이 문제는 $1 \leq n \leq 11$의 범위에서

$$\frac{3^{n+1} \times 3^n \times 4}{3^n \times 2} = 2 \times 3^{n+1}$$

을 계산한 것이다.

以九乘一十二, 得一百八. 六人分之, 人得一十八.

以二十七乘三十六, 得九百七十二. 一十八人分之, 人得五十四.

以八十一乘一百八, 得八千七百四十八. 五十四人分之, 人得一百六十二.

以二百四十三乘三百二十四, 得七萬八千七百三十二. 一百六十二人分之, 人得四百八十六.

以七百二十九乘九百七十二, 得七十萬八千五百八十八. 四百八十六人分之, 人得一千四百五十八.

以二千一百八十七乘二千九百一十六, 得六百三十七萬七千二百九十二. 一千四百五十八人分之, 人得四千三百七十四.

以六千五百六十一乘八千七百四十八, 得五千七百三十九萬五千六百二十八. 四千三百七十四人分之, 人得一萬三千一百二十二.

以一萬九千六百八十三乘二萬六千二百四十四, 得五億一千六百五十六萬六百五十二. 一萬三千一百二十二人分之, 人得三萬九千三百六十六.

以五萬九千四十九乘七萬八千七百三十二, 得四十六億四千九百四萬五千八百六十八. 三萬九千三百六十六人分之, 人得一十一萬八千九十八.

以一十七萬七千一百四十七乘二十三萬六千一百九十六, 得四百一十八億四千一百四十一萬二千八百一十二. 一十一萬八千九十八人分之, 人得三十五萬四千二百九十四.

以五十三萬一千四百四十一乘七十萬八千五百八十八, 得三千七百六十五億七千二百七十一萬五千三百八. 三十五萬四千二百九十四人分之, 人得一百六萬二千八百八十二.

손자산경 중권(孫子算經卷中)

[中-1] $\frac{12}{18}$ 가 있다. 약분하면, 얼마인가?

답 : $\frac{2}{3}$.

풀이법에 따라서, 18을 아래, 12를 위에 놓는다. 따로 두 수를 놓고, 많은 것에서 적은 것을 빼면, 최대공약수 6이 나온다. 그것을 나눗수로 삼아서 약분하면, 답이 나온다.

주해 풀이법에서 드러나듯이, 최대공약수는 유클리드 호제법에 의해서 구하고 있으며, 그 결과 얻어진 값을 "등수"라고 부르고 있는데, 이와 같이 최대공약수를 "등수"라고 부른 것은 「구장산술」 "방전"장의 [6]과 「장구건산경」의 서문에서도 찾아볼 수 있다.

> 今有一十八分之一十二. 問約之得幾何?
> 答曰, 三分之二.
> 術曰, 置十八分在下, 十二在上. 副置二位, 以少減多, 等數得六. 爲法約之, 卽得.

[中-2] $\frac{1}{3}$ 과 $\frac{2}{5}$ 를 더하면, 얼마인가?

답 : $\frac{11}{15}$.

풀이법에 따라서, 분모의 3과 5를 오른쪽에, 분자의 1과 2를 왼쪽에 놓는다. 분모와 분자를 엇갈리게 서로 곱하면, $\frac{2}{5}$는 6, $\frac{1}{3}$은 5가 된다. 둘을 더한 11을 나뉨수로 삼는다. 오른쪽 두 분모를 서로 곱하면, 15가 되는데, 나눗수로 삼는다. 나눗수로 채워지지 않는 것은 나눗수 분의 몇이라고 부르면, 답이 된다.

今有三分之一, 五分之二. 問合之[20]得幾何?
答曰, 一十五分之一十一[21].
術曰, 置三分, 五分在右方, 之一, 之二在左方. 母互乘子, 五分之二得六, 三分之一得五. 幷之, 得一十一爲實. 右方二母相乘得一十五, 爲法. 不滿法, 以法命之, 卽得.

[中-3] $\frac{8}{9}$에서 $\frac{1}{5}$을 빼면, 나머지는 얼마인가?

답 : $\frac{31}{45}$.

풀이법에 따라서, 분모의 9와 5를 오른쪽에, 분자의 8과 1을 왼쪽에 놓는다. 분모와 분자를 엇갈리게 서로 곱하면, $\frac{1}{5}$은 9, $\frac{8}{9}$은 40이 된다. 많은 것에서 적은 것을 뺀 나머지 31을 나뉨수로 삼는다. 분모를 서로 곱하면, 45가 되는데, 나눗수로 삼는다. 나눗수까지 채워지지 않는 것은 나눗수 분의 몇이라고 부르면, 답이 된다.

20) 남송본(南宋本)과 대진교본(戴震校本)에는 "之"자 다음에 "二"자가 덧붙여져 있으나, 여기서는 전교본(錢校本), 郭書春・劉鈍 校點本을 따랐다.
21) 대진교본(戴震校本)에는 "一十一"이 "十一"이라고만 되어 있다.

> 今有九分之八, 減其五分之一. 問餘幾何?
> 答曰, 四十五分之三十一.
> 術曰, 置九分, 五分在右方, 之八, 之一在左方. 母互乘子, 五分之一得九, 九分之八得四十. 以少減多, 餘三十一爲實. 母相乘得四十五, 爲法. 不滿法, 以法命之, 卽得.

[中-4] $\frac{1}{3}$, $\frac{2}{3}$, $\frac{3}{4}$이 있는데, 많은 것에서 빼내어 적은 것을 보충하면, 얼마에서 균등하게 되겠는가?

답 : $\frac{3}{4}$에서 $\frac{2}{12}$, $\frac{2}{3}$에서 $\frac{1}{12}$을 빼내어 함께 $\frac{1}{3}$을 보충하면, 각각 $\frac{7}{12}$에서 평균을 이룬다.

풀이법에 따라서, 분모의 3, 3, 4를 오른쪽에, 분자의 1, 2, 3을 왼쪽에 놓는다. 분모와 분자를 엇갈리게 서로 곱하여(호승) 따로 더한 63을 오른쪽에 놓아 평실로 삼고, 분모를 서로 곱한 36을 나눗수로 삼는다. 사례수(열수) 3을 더하기 이전의 수와 곱한 것들과 나눗수를 최대공약수 9로 약분한다. $\frac{3}{4}$에서 $\frac{2}{12}$, $\frac{2}{3}$에서 $\frac{1}{12}$을 빼내어 함께 $\frac{1}{3}$을 보충하면, 각각 $\frac{7}{12}$에서 평균을 이룬다.

주해 이 문제는 「구장산술」 "방전"장 [15]와 기본적으로 동일하며, 이로부터 우리는 "산술평균(arithmetic mean)"과 "평균으로부터의 편차(deviations from the mean)"에 대한 관념을 엿볼 수 있다. 풀이법은 세 분수 값(X_i)의 평균($\overline{X}$)을

$$\overline{X} = \frac{1}{3} \times \left(\frac{1}{3} + \frac{2}{3} + \frac{3}{4} \right) = \frac{1}{3} \times \left(\frac{1 \times 3 \times 4 + 2 \times 3 \times 4 + 3 \times 3 \times 3}{3 \times 3 \times 4} \right)$$

$$= \frac{1}{3} \times \frac{12 + 24 + 27}{36}$$

$$= \frac{1}{3} \times \frac{63}{36} = \frac{7}{12}$$

로 계산했으며, 평균편차들의 합이 0이 된다는 사실을 인식하고 있었음을 보여준다.

$$\sum(X_i - \overline{X}) = \left(\frac{1}{3} - \frac{7}{12} \right) + \left(\frac{2}{3} - \frac{7}{12} \right) + \left(\frac{3}{4} - \frac{7}{12} \right)$$

$$= -\frac{3}{12} + \frac{1}{12} + \frac{2}{12} = 0$$

今有三分之一, 三分之二, 四分之三. 問減多益少, 幾何而平?

答曰, 減, 四分之三者二, 三分之二者一, 幷以益三分之一, 而各平于一十二分之七.

術曰, 置三分, 三分, 四分在右方, 之一, 之二, 之三在左方. 母互乘子,副幷得六十三, 置右爲平實[22]. 母相乘得三十六爲法. 以列數[23]三乘未幷者[24]及法, 等數得九, 約訖. 減四分之三者二, 減三分之二者一,幷以益三分之一, 各平于一十二分之七.

22) "평실(平實)"은 분수로 표시되는 평균의 나뉨수, 즉 분자를 가리킨다.

23) "열수(列數)"는 사례수를 가리킨다.

24) "미병자(未幷者)"는 더하기 이전의 수를 뜻하며, 여기서는 "호승"해서 얻은 세 값--즉, 12, 24, 27--을 가리킨다.

[中-5] 겉곡식 1말이 있다. 여미로 바꾸면, 얼마나 되겠는가?

답 : 6되.

풀이법에 따라서, 겉곡식 1말, 곧, 10되를 놓는다. 여미의 비율인 30으로 곱하면, 300이 되는데, 나뉨수로 삼는다. 그것을 겉곡식의 비율인 50을 나눗수로 삼아서 나눠주면, 답이 나온다.

주해 이 문제부터 [中-8]까지의 네 문제는 기본적으로 「구장산술」 "속미"장에 제시된 것과 동일한 비율들을 적용한 것들이다. 「구장산술」에 제시된 관련 교환비율은 겉곡식 50, 여미 30, 패미 27, 착미 24, 어미 21로서 특히 겉곡식을 제외한 네 가지 도정 수준의 쌀 사이의 비율은 10 : 9 : 8 : 7이다(차종천, 2000 : 43의 주 36)을 참조). 이것들과 유사한 문제들은 「오조산경」 "집조(集曹)"에서도 찾아볼 수 있다.

今有粟一斗 問爲糲米幾何?
答曰, 六升.
術曰, 置粟一斗, 十升. 以糲米率三十乘之, 得三百升爲實. 以粟率五十爲法, 除之卽得.

[中-6] 겉곡식 2말 1되가 있다. 패미로 바꾸면, 얼마나 되겠는가?

답 : 1말 $1\frac{17}{50}$ 되.

풀이법에 따라서, 겉곡식 21되를 놓는다. 패미의 비율인 27로 곱하면, 567되가 되는데, 나뉨수로 삼는다. 그것을 겉곡식의 비율인 50을 나눗수로 삼아서 나눠준다. 정수로 떨어지지 않는 것은 나눗수 분의 몇이라고 부른다.

> 今有粟二斗一升. 問爲粺米幾何?
> 答曰, 一斗一升, 五十分升之一十七.
> 術曰, 置粟二十一升[25]. 以粺米率二十七乘之, 得五百六十七升爲實. 以粟率五十爲法, 除之. 不盡,以法而命分.

[中-7] 겉곡식 4말 5되가 있다. 착미로 바꾸면, 얼마나 되겠는가?

답 : 2말 $1\frac{3}{5}$ 되.

풀이법에 따라서, 겉곡식 45되를 놓는다. 착미의 비율인 24를 반으로 나눈 12로 곱하면, 547되가 되는데, 나뉨수로 삼는다. 그것을 겉곡식의 비율인 50을 반으로 나눈 25를 나눗수로 삼아서 나눠준다. 정수로 떨어지지 않는 것은 나눗수 분의 몇이라고 부른다.

> 今有粟四斗五升. 問爲糳米幾何?
> 答曰, 二斗一升, 五分升之三.
> 術曰, 置粟四十五升. 以二約糳米率二十四得一十二, 乘之, 得五百四十七升爲實. 以二約粟率五十得二十五, 爲法, 除之. 不盡, 以等數約之而命分.

25) 대진교본(戴震校本)에는 "粟"자 다음에 "數"자까지 덧붙여져 있다.

[中-8] 겉곡식 7말 9되가 있다. 어미로 바꾸면, 얼마나 되겠는가?
답 : 3말 3되 1홉 8작.

풀이법에 따라서, 겉곡식 7말 9되를 놓는다. 어미의 비율인 21로 곱하면, 1,659되가 되는데, 나뉨수로 삼는다. 그것을 겉곡식의 비율인 50을 나눗수로 삼아서 나눠주면, 답이 나온다.

> 今有粟七斗九升. 問爲御米幾何?
> 答曰, 三斗三升一合八勺.
> 術曰, 置七斗九升. 以御米率二十一乘之, 得一千六百五十九升爲實. 以粟率五十除之, 卽得.

[中-9] 남북의 길이가 3장이고 동서의 길이가 6장인 집터가 있는데, 벽돌로 섬돌을 놓으려고 한다. 무릇 2자를 쌓으려면, 벽돌 5개가 든다. 모두 얼마나 되는가?
답 : 4,500개.

풀이법에 따라서, 동서 6장을 놓고, 남북 3장과 곱하면, 1,800자가 된다. 5를 곱하면, 9,000자가 되는데, 2로 나누면, 답이 나온다.

> 今有屋基南北三丈, 東西六丈, 欲以甎砌[26]之. 凡積二尺, 用甎五枚. 問計幾何?
> 答曰, 四千五百枚.
> 術曰, 置東西六丈, 以南北三丈乘之, 得一千八百尺. 以五乘之,得九千尺. 以二除之, 卽得.

[中-10] 원통형으로 땅을 파서 만든 움(원교)이 있는데, 아래 둘레가 286자, 깊이가 3장 6자이다. 겉곡식을 얼마나 저장할 수 있겠는가?

답 : 151,474섬 $7\frac{11}{27}$ 되.

풀이법에 따라서, 둘레 286자를 놓고, 제곱하면, 81,796자가 되고, 깊이 3장 6자를 곱하면, 2,944,656이 된다. 12로 나누면, 245,388자가 되는데, 섬의 크기 1자 6치 2푼으로 나눠주면, 답이 나온다.

今有圓窖[27]下周二百八十六尺, 深三丈六尺. 問受粟幾何?
答曰, 一十五萬一千四百七十四斛七升, 二十七分升之一十一.
術曰, 置周二百八十六尺, 自相乘得八萬一千七百九十六尺. 以深三丈六尺乘之, 得二百九十四萬四千六百五十六[28]. 以一十二除之, 得二十四萬五千三百八十八尺. 以斛法一尺六寸二分除之, 卽得.

[中-11] 정사각형으로 땅을 파서 만든 움(방교)이 있는데, 너비가 4장 6자, 길이가 5장 4자, 깊이가 3장 5자이다. 겉곡식을 얼마나 저장할 수 있겠는가?

답 : 53,666섬 6말 $6\frac{2}{3}$ 되.

풀이법에 따라서, 둘레 4장 6자와 길이 5장 4자를 놓고, 서로 곱하면, 2,484자가 되고, 깊이 3장 5자를 곱하면, 86,940자가 된다. 섬의 크기 1자 6치 2푼으로 나눠주면, 답이 나온다.

---

26) 여기서 "체(砌)"는 돌계단 또는 섬돌을 쌓는 것을 말한다.
27) "교(窖)"는 땅을 파서 만든 광인 움을 가리킨다.
28) 남송본(南宋本) 및 대진교본(戴震校本)과는 달리 郭書春·劉鈍 校點本에는 "五十六" 다음에 "尺"자를 덧붙이고 있다.

今有方窖廣四丈六尺, 長五丈四尺, 深三丈五尺. 問受粟幾何?
答曰, 五萬三千六百六十六斛六斗六升, 三分升之二[29].
術曰, 置廣四丈六尺, 長五丈四尺, 相乘得二千四百八十四尺. 以深三丈五尺乘之, 得八萬六千九百四十尺. 以斛法一尺六寸二分除之, 卽得.

[中-12] 원통형으로 땅을 파서 만든 움이 있는데, 둘레가 5장 4자, 깊이가 1장 8자이다. 겉곡식을 얼마나 저장할 수 있겠는가?
답 : 2,700섬.

풀이법에 따라서, 둘레 5장 4자를 놓고, 제곱하면, 2,916자가 되고, 깊이 1장 8자를 곱하면, 52,488이 된다. 12로 나누면, 4,374자가 되는데, 섬의 크기 1자 6치 2푼으로 나눠주면, 답이 나온다.

今有圓窖周五丈四尺, 深一丈八尺. 問受粟幾何?
答曰, 二千七百斛.
術曰, 先置周五丈四尺, 自相乘[30]得二千九百一十六尺. 以深一丈八尺乘之, 得五萬二千四百八十八尺. 以一十二除之, 得四千三百七十四尺. 以斛法一尺六寸二分除之, 卽得.

---

29) 남송본(南宋本)과 대진교본(戴震校本)에는 "三分升之二"가 "三分升之一"로 잘못 적혀 있다.

30) 남송본(南宋本)과 대진교본(戴震校本)에는 "自相乘"을 "相乘"이라고만 하고 있으나, 여기서는 전교본(錢校本), 郭書春 · 劉鈍 校點本을 따랐다.

[中-13] 지금 원 모양의 밭이 있는데, 둘레가 300보, 지름이 100보이다. 밭의 넓이는 얼마인가?

답 : 31무 나머지 60보.

풀이법에 따라서, 먼저 둘레 300보를 놓아 반으로 나누면, 150보가 되고, 다시 지름 100보를 놓아 반으로 나누면, 50보가 되며, 서로 곱하면, 7,500보가 되는데, 무의 비율 240보로 나눠주면, 곧 답이 나온다.

다른 풀이법에 따라서, 둘레를 제곱하면, 90,000보가 되고, 12로 나눠주면, 7,500보가 되는데, 무의 비율로 나눠주면, 곧 답이 나온다.

또 다른 풀이법에 따라서 지름을 제곱하면, 10,000이 되고, 3을 곱하면, 30,000보가 되며, 4로 나눠주면, 7,500보가 되는데, 무의 비율로 나눠주면, 무수가 나온다.

주해 이 문제는 다음과 같은 「구장산술」 "방전"장 원전 문제들([1-31] 및 [1-32])의 서술과 실질적으로 같다.

[1-31] 지금 원 모양의 밭이 있는데, 둘레가 30보, 지름이 10보이다. 밭의 넓이는 얼마인가?

답 : 75보^2.

주해 1.31 $\pi r^2 \simeq 3\times 5^2 = 75$ 보^2.

今有圓田周三十步, 徑十步. 問爲田幾何? 答曰, 七十五步[31].

[1-32] 또 다른 원 모양의 밭이 있는데, 둘레가 181보, 지름이 $60\frac{1}{3}$ 보이다. 밭의 넓이는 얼마인가?

답 : 11무 $90\frac{1}{12}$ 보^2.

풀이법에 따라서, 둘레의 반과 지름의 반을 서로 곱하면 넓이를 얻는다. 또한 풀이법에 따라서, 둘레와 지름을 서로 곱하고, 4로 나눈다. 또한 풀이법에 따라서, 지름을 제곱하고, 3을 곱하고 4로 나눈다. 또한 풀이법에 따라서, 둘레를 제곱하고, 12로 나눈다.

주해 1.32 지름 $= R = 2r$, 둘레 $= 2\pi r = 6r$, 넓이 $= S$ 라고 하면, 위의 풀이법들은 그 순서대로,

$$\begin{aligned} S &= \frac{\text{둘레}}{2} \times \frac{\text{지름}}{2} \simeq \frac{6r}{2} \times \frac{2r}{2} \\ &= \frac{\text{둘레} \times \text{지름}}{4} \simeq \frac{6r \times 2r}{4} \\ &= \frac{\text{지름}^2 \times 3}{4} \simeq \frac{(2r)^2 \times 3}{4} \\ &= \frac{\text{둘레}^2}{12} \simeq \frac{(6r)^2}{12} \end{aligned}$$

이라는 공식들로 나타낼 수 있으며, 그 값들은 물론 모두 $3r^2$, 곧, πr^2으로 귀결된다.

---

31) 이 문제는 π 값으로 "고율(古率)"인 3이 사용되고 있음을 잘 보여준다. 유휘의 "휘율(徽率)"은 $\frac{157}{50}$ 을 말하며, 조충지(祖冲之, 429-500)는 $\frac{22}{7}$ 을 "약률(約率)," $\frac{355}{113}$ 을 "밀률(密率)"이라고 부른 바 있다.

又有圓田周一百八十一步, 徑六十步, 三分步之一. 問爲田幾何?
答曰, 一畝九十步, 十二分步之一.
術曰, 半周半徑相乘得積步. 又術曰, 周徑相乘, 四而一. 又術曰, 徑自相乘, 三之, 四而一. 又術曰, 周自相乘, 十二而一.

> 今有圓田周三百步, 徑一百步. 問得田幾何?
> 答曰, 三十一畝, 奇六十步.
> 術曰, 先置周三百步, 半之, 得一百五十步. 又置徑一百步, 半之, 得五十步. 相乘得七千五百步. 以畝法二百四十步除之,卽得.
> 又術[32], 周自相乘, 得九萬步, 以一十二[33]除之, 得七千五百步. 以畝法除之, 卽得.
> 又術, 徑自乘, 得一萬. 以三乘之, 得三萬步. 四除之, 得七千五百步. 以畝法除之, 得畝數.

[中-14] 정사각형 밭이 있고, 중앙에 뽕나무가 있는데, 모서리에서 뽕나무까지의 길이는 147보이다. 밭의 넓이는 얼마인가?
답 : 1경 83무에 180보^{2}가 남는다.

풀이법에 따라서, 모서리에서 뽕나무까지의 길이 147보를 놓고, 2배하면, 294보가 된다. 5를 곱하면, 1,470보가 되고, 7로 나누면, 217보가 된다. 제곱하면, 44,100보가 된다. 240보로 나눠주면, 답이 나온다.

---

32) 이것과 다음의 "又術"을 대진교본(戴震校本)은 "又術曰"이라고 적고 있다.
33) 대진교본(戴震校本)에는 "一十二"가 "十二"라고만 되어 있다.

주해 정사각형의 한 변과 대각선의 관계에 대하여 소위 "방오사칠(方五斜七)"의 비율을 적용하도록 되어 있는 이 문제는 「오조산경」 "전조(田曹)"에도 11번째 문제로 등장한다. 아마도 양자간의 가장 큰 차이라면 모서리를 가리켜 여기서 "角"이라고 표시한 것을 「오조산경」에서는 "隅"라고 표시한 정도일 것이다. 이 문제는 정사각형의 대각선이 변의 $\sqrt{2}$배라는 사실에 대하여 이른 바 "방오사칠(方五斜七)"이라는 $\frac{7}{5}$의 비율을 적용한 것으로서 넓이(S)를 다음과 같이 계산하고 있다.

$$S=\left(2\times147\times\frac{5}{7}\right)^2\div240=\frac{44100}{240}\text{무}=1\text{경 }83\text{무 }180\text{보}^2$$

양휘는 이 값이 "방오사칠"의 어림셈을 적용하여 빚어진 결과라고 비판하면서 참값을

$$2\times147^2=43218\text{보}^2=180\frac{18}{240}\text{무}$$

로 제시하고 있다. 그가 특히 지름길 풀이법으로 지칭한 "대각선의 반인 147보를 제곱하고 2배하여 밭의 넓이로 삼는 것"은 다음 그래프와 같이 도해할 수 있다. 그것은 바로 이 그래프에서 왼쪽에 상하로 쌓아올린 듯한 작은 정사각형 2개가 마름모꼴로 세워놓은 큰 정사각형과 넓이가 같아지도록 보조선을 그어 표시한 것이기 때문이다.

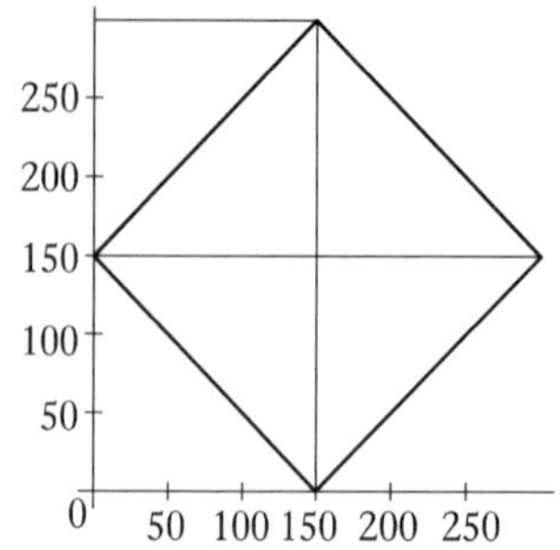

今有方田,桑生中央. 從角至桑一百四十七步. 問爲田幾何?
答曰, 一頃八十三畝,奇一百八十步.
術曰, 置角至桑一百四十七步, 倍之, 得二百九十四步. 以五乘之, 得一千四百七十步. 以七除之,得二百一十步. 自相乘得四萬四千一百步. 以二百四十步除之,卽得.

[中-15] 한 변의 길이가 3자인 정육면체의 목재가 있다. 한 변의 길이가 5치인 정육면체의 목침을 만든다면, 얼마나 되겠는가?

답 : 216개.

풀이법에 따라서, 한 변의 길이 3자를 제곱하면, 9자^{2}가 된다. 그것을 높이 3자로 곱하면, 27자^{3}가 된다. 1자^3 짜리 목재에서 나오는 8개의 목침으로 그것을 곱해주면, 답이 나온다.

주해 이와 비슷한 문제는 「장구건산경」의 [下-32]에서 찾아볼 수 있다. 목재의 한 변은 목침의 그것의 6배이므로 개수는 다음과 같다.

$$\left(\frac{3}{0.5}\right)^3 = 6^3 = 216.$$

今有木方三尺[34]. 欲方五寸作枕一枚. 問得幾何?
答曰, 二百一十六枚.
術曰,置方三尺,自相乘得九尺. 以高三尺乘之,得二十七尺. 以一尺木八枕[35]乘之,卽得.

[中-16] 한 변의 길이가 5,794보인 밧줄이 있다. 정사각형을 만든다면, 한 변이 얼마인가?

답 : 1,448보 3자.

풀이법에 따라서, 밧줄의 길이 5,794보를 놓고, 4로 나누면, 1,448보가 되면서 2보가 남는다. 6을 곱하면, 1장 2자가 되고, 4로 나누면, 3자가 되어 답이 나온다.

주해 이 문제는 1보 = 6자라는 환산률을 적용한 것이다.

---

34) 대진교본(戴震校本), 전교본(錢校本), 郭書春・劉鈍 校點本은 "方三尺" 다음에 "高三尺"을 덧붙이고 있으나, 여기서는 남송본(南宋本)을 따랐다. 그 이유는, 비록 풀이법에 "高三尺"이라는 말이 등장하기는 해도, 목재나 목침 모두가 정육면체라는 것이 전제되어 있어서 굳이 높이를 명시할 필요가 없다고 판단되기 때문이다.

35) "一尺木八枕"은 1자^3 짜리 정육면체 목재에서 5치^3 짜리 정육면체 목침 8개가 나온다는 것을 가리킨다.

今有索長五千七百九十四步. 欲使作方,問幾何?
答曰, 一千四百四十八步三尺.
術曰, 置索長五千七百九十四步, 以四除之, 得一千四百四十八步, 餘二步. 以六因之, 得一丈二尺, 以四除之, 得三尺卽得.

[中-17] 둑이 있는데, 아래 너비가 5장, 윗 너비가 3장, 높이가 2장, 길이가 60자이다. 1,000자^{3}로 1방을 만든다면, 모두 얼마나 되겠는가?
답 : 48방.

풀이법에 따라서, 윗 너비 3장과 아래 너비 5장을 더하면, 8장이 되고, 반으로 나누면, 4장이 되는데, 높이 2장을 곱하면, 800자^{2}가 된다. 길이 60자를 곱하면, 48,000자^{3}가 되는데, 1,000자^{3}로 나누면, 답이 나온다.

今有隄[36], 下廣五丈, 上廣三丈, 高二丈, 長六十尺. 欲以一千尺作一方 問計幾何?
答曰, 四十八方.
術曰[37], 置隄上廣三丈, 下廣五丈, 并之, 得八丈, 半之, 得四丈, 以高二丈乘之[38], 得八百尺. 以長六十尺乘之. 得四萬八千. 以一千尺除之, 卽得.

---

36) 남송본(南宋本), 전교본(錢校本) 등과는 달리 郭書春・劉鈍 校點本은 "隄"자를 "堤"자로 고쳐 적고 있다.
37) 남송본(南宋本), 공각본(孔刻本), 전교본(錢校本)에는 "術曰"이 "法曰"이라고 되어 있으나, 여기서는 전체적인 일관성을 고려하여 대진교본(戴震校本)과 郭書春・劉鈍 校點本을 따랐다.
38) 대진교본(戴震校本)에는 "以高"의 "高"자가 빠져 있다.

[中-18] 도랑이 있는데, 너비가 10장, 깊이가 5장, 길이가 20자이다. 1,000자^{3}로 정육면체 하나를 만든다면, 모두 얼마나 되겠는가?

답 : 정육면체 1,000개.

풀이법에 따라서, 너비 10장과 깊이 5장을 곱하면, 5,000자^{2}가 된다. 다시 길이 20자를 곱하면, 1,000,000자^{3}가 되는데, 1,000자^{3}로 나누면, 답이 나온다.

今有溝, 廣十丈, 深五丈, 長二十丈. 欲以千尺作一方. 問得幾何?
答曰, 一千方.
術曰, 置廣一十丈, 以深五丈乘之, 得五千尺. 又以長二十丈乘之, 得一百萬尺. 以一千除之, 卽得.

[中-19] 234,567보^{2}의 넓이가 있다. 정사각형으로 만들면, 한 변의 길이는 얼마인가?

답 : $484\frac{311}{968}$ 보.

풀이법에 따라서, 넓이 234,567보^{2}를 놓아 나뉨수로 삼는다. 그 다음에는 산가지 하나를 빌려 하법으로 삼고, 그것을 걸리는데, 한 자리씩 건너뛰어 백이 되면 멈춘다. 상 400을 나뉨수 위에 놓고, 따로 40,000을 나뉨수 아래, 하법 위에 놓고, 방법이라고 부른다. 상상 400으로 나뉨수를 나누게 한다. 나눈 다음, 방법을 두 배하고 방법을 한 자리 물리고, 하법을 다시 물린다. 다시 상상 80을 놓는데, 먼저 상 다음에 오게 한다. 따로 800을 방법 아래, 하법 위에 놓고, 염법이라고 부른다. 방, 염 각각에 대해서 상상 80으로 나눔수를 나누게 한다. 나눈 다음, 염법을 두 배하고, 위로 방법을 따르고, 방법을 한 자리 물리고, 하법을 다시 물린다. 다시 상상 4를 놓는데, 먼저 상 다음에 오게 한다. 따로 4를 방법 아래, 하법 위에 놓고, 우법이라고 부른다. 방, 염, 우 각각에 대해서 상상 4로 나눔수를 나누게 한다. 나눈 다음, 우법을 두 배하고, 방법을 따른다. 상상은 484, 하법은 968이 되며, 떨어지지 않는 것은 311이다. 이리하여 한 변 $484\frac{311}{968}$ 보가 나온다.

주해 이 풀이법은 $\sqrt{234567}$ 값을 대분수로 표시하면서 도출하는 과정을 나타낸다. 분수 부분은 이른 바 "불가차산명분(不加借算命分)"의 방법을 적용하여 나타낸 것을 알 수 있다. 이 방법은, $\sqrt{N}$의 제곱근 값의 정수 부분을 a, 나머지를 r 이라고 할 때, $\sqrt{N}=a+\frac{r}{2a}$ 로 표시하는 것을 가리키며, $\sqrt{N}=a+\frac{r}{2a+1}$ 로 표시하는 "가차산명분(加借算命分)"과 구별된다(紀志剛, 2000: 72를 참조).

今有積二十三萬四千五百六十七步. 問爲方幾何?

答曰,四百八十四步, 九百六十八分步之三百一十一.

術曰,置積二十三萬四千五百六十七步爲實. 次借一算爲下法,步之,超一位,至百而止. 商[39]置四百于實之上. 副置四萬于實之下,下法之上,名爲方法. 命上商四百除實. 除訖,倍方法, 一退[40], 下法再退. 復置上商八十,以次前商. 副置八百于方法之下, 下法之上,名爲廉法. 方, 廉各命上商八十,以除實. 除訖[41], 倍廉法上從方法. 方法一退[42],下法再退. 復置上商四,以次前. 副置四于方法之下,下法之上,名曰隅法. 方, 廉, 隅各命上商四以[43]除實. 除訖,倍隅法從方法[44]. 上商得四百八十四, 下法得九百六十八, 不盡三百一十一. 是爲方四百八十四步, 九百六十八分步之三百一十一.

---

39) 남송본(南宋本), 전교본(錢校本), 郭書春·劉鈍 校點本과는 달리 대진교본(戴震校本)에는 "商" 앞에 반드시 필요하다고 볼 수 없는 "上"자가 덧붙여져 있다.

40) 남송본(南宋本) 및 郭書春·劉鈍 校點本과는 달리 대진교본(戴震校本)과 전교본(錢校本)은 "一退" 앞에 "方法"을 덧붙여 "方法一退"라고 하고 있으나, 여기서는 전자를 좇기로 한다.

41) 남송본(南宋本)에는 "以除,訖"이라고 되어 있으나, 여기서는 그것을 지나치게 간략한 표현이라고 간주하여 "以除實. 除訖"이라고 한 대진교본(戴震校本), 전교본(錢校本), 郭書春·劉鈍 校點本 등을 좇기로 한다.

42) 남송본(南宋本)에는 "一退方法"으로 잘못 되어 있는데, 여기서는 무영전본(武英殿本), 전교본(錢校本), 郭書春·劉鈍 校點本 등을 따랐다.

43) 남송본(南宋本)에는 "以"자가 빠져 있으나, 여기서는 전교본(錢校本), 郭書春·劉鈍 校點本을 좇아 추가했다.

44) 남송본에는 "倍隅法從方法"이라는 6자가 빠져 있으나, 여기서는 대진교본(戴震校本), 전교본(錢校本), 郭書春·劉鈍 校點本 등을 좇아서 덧붙이기로 한다.

[中-20] 35,000보^{2}의 넓이가 있다. 원으로 만들면, 둘레는 얼마인가?

답 : $648\frac{96}{1297}$ 보.

풀이법에 따라서, 넓이 35,000보^{2}를 놓고, 12를 곱해서 얻은 42만을 나뉨수로 놓는다. 그 다음에는 산가지 하나를 빌려 하법으로 삼고, 그것을 걸리는데, 한 자리씩 건너뛰어 백이 되면 멈춘다. 상상 600을 나뉨수 위에 놓고, 따로 60,000을 나뉨수 아래, 하법 위에 놓고, 방법이라고 부른다. 상상 600으로 나뉨수를 나누게 한다. 나눈 다음, 방법을 두 배한 다음 방법을 한 자리 물리고, 하법을 다시 물린다. 다시 상상 40을 놓고, 먼저 상 다음에 오게 한다. 따로 400을 방법 아래, 하법 위에 놓고, 염법이라고 부른다. 방, 염 각각에 대해서 상상 40으로 나뉨수를 나누게 한다. 나눈 다음, 염법을 두 배하고, 위로 방법을 따르고. 방법을 한 자리 물리고, 하법을 다시 물린다. 다시 상상 8을 놓고, 먼저 상 다음에 오게 한다. 따로 8을 방법 아래, 하법 위에 놓고, 우법이라고 부른다. 방, 염, 우 각각에 대해서 상상 8로 나뉨수를 나누게 한다. 나눈 다음, 우법을 두 배하고, 방법을 따른다. 상상은 648, 하법은 1,297이 되며, 떨어지지 않는 것은 96이다. 이리하여 둘레 $648\frac{96}{1297}$ 보가 나온다.

주해 이 문제는 넓이가 35,000보^{2}인 원의 둘레를 구하라는 것이다. π 값으로 "고율"을 쓰면, 원둘레는

$$\text{원둘레} = \pi R = \sqrt{4\pi \times \pi r^2} \simeq \sqrt{12 \times 35000} = \sqrt{420000}$$

이라고 표시될 수 있는데, 문제는 바로 $\sqrt{420000}$을 계산하라는 것으로 압축된다. 여기서 이 계산을 위해 적용된 방법은, 바로 앞 문제인 [中-19]와는 달리, “가차산명분(加借算命分)”이다. 이 방법은, $\sqrt{N}$의 제곱근 값의 정수 부분을 a, 나머지를 r이라고 할 때, $\sqrt{N} = a + \frac{r}{2a+1}$로 표시하는 것을 말한다(紀志剛, 2000: 72를 참조).

今有積三萬五千步. 問爲圓幾何?[45)]

答曰, 六百四十八步, 一千二百九十七分步之九十六.

術曰, 置積三萬五千步, 以一十二乘之, 得四十二萬, 爲實. 次借一算爲下法. 步之, 超一位, 至百而止. 上商置六百于實之上. 副置六萬于實之下, 下法之上, 名爲方法. 命上商六百除實. 除訖, 倍方法. 方法一退, 下法再退. 復置上商四十, 以次前商. 副置四百于方法之下, 下法之上, 名爲廉法. 方, 廉各命上商四十,以除實. 除訖,倍廉法從方法. 方法一退,下法再退. 復置上商八,次前商. 副置八于方法之下, 下法之上,名曰隅法. 方, 廉, 隅各命上商八, 以除實, 除訖, 倍隅法從方法. 上商得六百四十八, 下法得一千二百九十七, 不盡九十六. 是爲圓[46)]六百四十八步,一千二百九十七分步之九十六.

45) “問爲圓幾何?”는 특히 둘레를 알아내려는 의도를 담고 있다고 보아서 “원으로 만들면, 둘레는 얼마인가?”로 옮기기로 한다.

46) 남송본(南宋本)을 위시하여 전교본(錢校本)에 이르기까지 여러 판본들이 “爲方”이라고 하고 있으나, 여기서는 郭書春 · 劉鈍 校點本을 좇아 “爲圓”으로 바로 잡는다. 이러한 착오들은 결국 「손자산경」의 역대 편찬자들이 이 문제가 구하고자 하는 대상이 원둘레라는 점을 간과한 데서 비롯되었을 것으로 여겨진다.

[中-21] 언덕 모양의 밭이 있는데, 둘레가 639보, 정점을 지나는 호(지름)가 380보이다. 밭의 넓이는 얼마인가?

답 : 2경 52무 225보^2

풀이법에 따라서, 둘레를 반으로 나누면, 319보 5푼이 되고, 호를 반으로 나누면, 190보가 되는데, 두 값을 서로 곱하면, 60,705보가 된다. 무의 넓이로 나눠주면, 답이 나온다.

주해 풀이법에 따라 계산하면,

$$S = \frac{\text{둘레} \times \text{지름}}{4} = \frac{639 \times 380}{4} = 60705\text{보}^2 = 2\text{경 }52\text{무 }225\text{보}^2$$

가 된다. 이 문제는 사실상 「구장산술」의 "방전"장의 "완전" 문제와 유사한 내용을 가리키고 있으며, 호를 지름이라고 지칭한 것까지 동일하다. 이 종류의 문제에 대한 자세한 논의를 위해서는 "완전" 문제들에 대한 역자의 논의(차종천, 2000 : 37-39)를 참조하면 될 것이다.

> 今有丘田周六百三十九步, 徑三百八十步. 問爲田幾何?
> 答曰, 二頃五十二畝二百二十五步.
> 術曰, 半周得三百一十九步五分, 半徑得一百九十步,二位相乘,六萬七百五步. 以畝法除之, 卽得.

[中-22] 성을 쌓는데, 윗 너비가 2장, 아래 너비가 5장 4자, 높이가 3장 8자, 길이가 5,550자이다. 가을철 1인당 노동량은 300자^{3}이다.

몇 사람이나 써야 되는가?

답 : 26,011명.

풀이법에 따라서, 위아래 너비를 곱하면, 74자가 되고, 반으로 나누면, 37자가 된다. 높이를 곱하면, 1,406^{2}자가 된다. 다시 길이를 곱하면, 부피 7,803,300자^{3}가 된다. 가을철 1인당 노동량 300자로 나누면, 답이 나온다.

주해 이 문제와 비슷한 것들은 「구장산술」 "상공"장의 [5-4]-[5-7]에서도 찾아볼 수 있다. 그 가운데 둘만 음미해본다면, 다음과 같다(차종천, 2000 : 97-100을 참조).

[5-4] 지금 제방이 있는데, 아래 너비가 2장, 윗 너비가 8자, 높이가 4자, 길이가 12장 7자이다. 부피는 얼마인가?

답 : 7,112자3.

今有隄下廣二丈, 上廣八尺, 高四尺, 一十二丈七尺. 問積幾何? 答曰, 七千一百一十二尺.

겨울철 1인당 노동량은 444자^{3}이다. 몇 사람이나 써야 되는가?

답 : $16\frac{2}{111}$ 인.

풀이법에 따라서, 부피를 나뉨수로 삼고, 노동량을 나눗수로 삼아서, 나뉨수를 나눗수로 나누면, 곧 써야 할 사람수가 된다.

주해 5.4 계절에 따른 공사 문제의 첫 번째.

$$\frac{28}{2}\times 4\times 127 = 7112,$$

$$\frac{7112}{444} = 16\frac{2}{111}.$$

冬程人功四百四十四尺. 問用徒幾何? 答曰, 一十六人, 一百一十一分人之二.
術曰, 以積尺爲實, 程功尺數爲法, 實如法而一, 卽用徒人數.

[5-5] 지금 도랑이 있는데, 윗 너비가 1장 5자, 아래 너비가 1장, 깊이가 5자, 길이가 7장이다. 부피는 얼마인가?
답 : 4,375자^3.

今有溝上廣一丈五尺, 下廣一丈, 深五尺, 七丈. 問積幾何? 答曰,四千三百七十五尺.

봄철 1인당 노동량은 766자3인데, 흙 작업에 $\frac{1}{5}$이 들기 때문에, 노동량을 $612\frac{4}{5}$ 자^{3}로 정한다. 몇 사람이나 써야 되는가?
답 : $7\frac{427}{3064}$인.

풀이법에 따라서, 원래의 노동량에서 $\frac{1}{5}$을 뺀 나머지를 나눗수로 삼고, 도랑의 부피를 나뉨수로 삼아서, 나뉨수를 나눗수로 나누면, 곧 써야 할 사람수가 된다.

주해 5.5 $766\times\frac{4}{5}=612\frac{4}{5}=\frac{3064}{5}$,

$$4375\div\frac{3064}{5}=\frac{21875}{3064}=7\frac{427}{3064}.$$

春程人功七百六十六尺, 幷出土功五分之一, 定功六百一十二尺, 五分尺之四. 問用徒幾何? 答曰, 七人, 三千六十四分人之四百二十七. 術曰, 置本人功, 去其五分之一, 餘爲法. 以溝積尺爲實. 實如法而一, 得用徒人數.

今有築城, 上廣二丈,下廣五丈四尺, 高三丈八尺, 長五千五百五十尺. 秋程人功三百尺. 問須功幾何?
答曰, 二萬六千一十一功.
術曰, 幷上, 下廣得七十四尺, 半之, 得三十七尺. 以高乘之, 得一千四百六尺. 又以長乘之, 得積七百八十萬三千三百尺. 以秋程人功三百尺除之, 卽得.

[中-23] 도랑을 파는데, 길이가 29리 104보, 윗 너비가 1장 2자 6치, 아래 너비가 8자, 깊이가 1장 8자이다. 가을철 1인당 노동량은 300자^{3}이다. 몇 사람이나 써야 되는가?

답 : 32,645명에 69자 6치가 남는다.

풀이법에 따라서, 리수를 놓고, 300보를 곱해서 보로 통일한 다음, 6을 곱하면, 52,624자가 된다. 위아래 너비를 더하면, 2장 6치가 되는데, 반으로 나누고, 깊이를 곱하면, 185자 4치가 된다. 길이를 곱하면, 9,793,569자^3 6치가 된다. 1인당 노동량 300자로 나누면, 답이 나온다.

주해 $(29\times300+104)\times6$자 $=52,624$자.

今有窄渠[47], 長二十九里一百四步, 上廣一丈二尺六寸, 下廣八尺,深一丈八尺. 秋程人功三百尺. 問須功幾何?
答曰,三萬二千六百四十五功,不盡六十九尺六寸.
術曰,置里數,以三百步乘之,內零步,六之,得五萬二千八百二十四尺. 幷上,下廣得二丈六寸,半之,以深乘之,得一百八十五尺四寸. 以長乘,得九百七十九萬三千五百六十九尺六寸. 以人功三百尺除之,卽得.

[中-24] 6,930전이 있다. 216명에게 9등분하여 나눠주려고 하는데, 81명에게는 2뭉치, 72명에게는 3뭉치, 63명에게는 4뭉치를 줄 것이다. 세 집단은 각각 얼마씩 얻겠는가?

답 : 2뭉치를 받는 집단은 1인당 22전씩, 3뭉치를 받는 집단은 1인당 33전씩, 4뭉치를 받는 집단은 1인당 44전씩.

풀이법에 따라서, 먼저 81명을 위, 72명을 그 다음, 63명을 아래에 놓는다. 윗자리에 2를 곱하면, 162가 되고, 가운데 자리에 3을 곱하면, 216이 되고, 아랫자리에 4를 곱하면, 252가 된다. 윗자리에 162를 곱하면, 1,122,660, 가운데 자리에 216을 곱하면, 1,496,880,아랫자리에 252를 곱하면, 1,746,360이 되는데, 각각 나뉨수로 삼는다. 나눗수 630으로 각각 나눠주면, 윗자리는 1,782, 가운데 자리는 2,376, 아랫자리는 2,772가 된다. 각각 사람수로 나눠주면, 답이 나온다.

---

47) "거(渠)"는 도랑을 뜻한다.

今有錢六千九百三十. 欲令二百一十六人作九分分之, 八十一人人與二分, 七十二人人與三分, 六十三人人與四分. 問三種各得幾何?
答曰, 二分, 人得錢二十二, 三分, 人得錢三十三, 四分, 人得錢四十四.
術曰, 先置八十一人于上,七十二人次之,六十三人在下. 上位以二乘之, 得一百六十二, 次位以三乘之, 得二百一十六. 下位以四乘之, 得二百五十二, 副幷三位, 得六百三十, 爲法. 又置錢六千九百三十爲三位. 上位以一百六十二乘之, 得一百一十二萬二千六百六十, 又以二百十六乘中位得一百四十九萬六千八百八十.又以二百五十二乘下位得一百七十四萬六千三百六十, 各爲實, 以法六百三十各除之, 上位得一千七百八十二, 中位得二千三百七十六. 下位得二千七百七十二. 各以人數除之, 卽得.

[中-25] 다섯 계급의 제후가 귤 60개를 함께 나누려고 한다. 계급에 따라 3개씩 더 주어 사람들을 구별하면, 다섯 사람은 각각 얼마씩 얻겠는가?
답 : 공작 18개, 후작 15개, 백작 12개, 자작 9개, 남작 6개.

풀이법에 따라서, 먼저 사람 수를 놓고, 맨 아래 계급에 3개, 그 다음에 6개, 그 다음에 9개, 그 다음에 12개, 그 다음에 15개를 덧붙이고, 따로 모두 더하면, 45가 된다. 그것을 60개에서 빼서, 사람 수로 나눠주면, 사람마다 3개가 돌아가는데, 각각 더하기 이전의 숫자에 더하면, 맨 위의 18개는 공작의 몫이 되고, 다음 15개는 후작의 몫, 다음 12개는 백작의 몫, 다음 9개는 자작의 몫, 맨 아래 6개는 남작의 몫이 된다.

주해 이 문제는 초항을 a라고 할 때, 공차가 $d=3$이고 항의 수가 $n=5$이며 급수의 합이 $S_n=\frac{n[2a+(n-1)d]}{2}=\frac{5[2a+4\times3]}{2}=5(a+6)=60$인 등차수열에 관한 것이다. 따라서 남작의 몫인 초항은 6이 되고, 나머지 항들도 $a_n=a+(n-1)d$라는 공식을 적용하면, 쉽사리 구해진다. 그런데 풀이법에서는 초항에도 공차를 덧붙임으로써 오늘날의 공식과는 다소 차이를 드러내는 것을 알 수 있다. 다시 말해서, 풀이법에서는 일반항을 $a_n=a^*+nd$라고 표시한 것에 해당되며, 이 때 각 항이 공유하는 a^*는 오늘날 초항으로 표시하는 a에 비해 d만큼 작은 값이 되는 것이다.

今有五等諸侯, 共分橘子六十顆. 人別加三顆, 問五人各得幾何?
答曰, 公一十八顆,侯一十五顆, 伯一十二顆, 子九顆, 男六顆.
術曰, 先置人數別加三顆于下, 次六顆,次九顆, 次一十二顆,上十五顆, 副幷之得四十五. 以減六十顆, 餘, 人數除之, 人得三顆, 各加不幷者,上得一十八爲公分, 次得一十五爲侯分, 次得一十二爲伯分, 次得九爲子分, 下得六爲男分.

[中-26] 갑, 을, 병 세 사람이 돈을 갖고 있었다. 갑은 을, 병이 갖고 있는 돈을 반씩 나누어 자기 돈에 보태면, 90전이 된다고 말했고, 을은 다시 갑, 병이 갖고 있는 돈을 반씩 나누어 자기 돈에 보태면, 70전이 된다고 말했고, 병은 또 다시 갑, 을이 갖고 있는 돈을 반씩 나

누어 자기 돈에 보태면, 56전이 된다고 말했다. 세 사람이 원래 갖고 있던 돈은 각각 얼마인가?

답 : 갑 72, 을 32, 병 4전.

풀이법에 따라서, 먼저 세 사람이 말한 액수를 놓아 자리수로 삼고, 3을 곱해서 각각 합계(적)로 삼으면, 갑은 270, 을은 210, 병은 168이 된다. 각각 반으로 나누면, 갑은 135, 을은 105, 병은 84가 된다. 다시 갑 90, 을 70, 병 56을 놓고, 각각 반으로 나눈다. 갑과 을을 병에서 빼고, 갑과병을 을에서 빼고, 을과 병을 갑에서 빼면, 각자가 원래 갖고 있던 금액이 나온다.

今有甲, 乙, 丙三人持錢. 甲語乙, 丙, 各將公等所持錢半以益我錢, 成九十, 乙復語甲, 丙, 各將公等所持錢半以益我錢, 成七十, 丙復語甲, 乙, 各將公等所持錢半以益我錢, 成五十六. 問三人元持錢各幾何?

答曰, 甲七十二, 乙三十二, 丙四.

術曰, 先置三人所語爲位, 以三乘之, 各爲積, 甲得二百七十, 乙得二百一十, 丙得一百六十八. 各半之, 甲得一百三十五, 乙得一百五, 丙得八十四. 又置甲九十, 乙七十, 丙五十六, 各半之. 以甲, 乙減丙, 以甲, 丙減乙, 以乙, 丙減甲, 卽各得元數.

[中-27] 지금 베 짜기를 잘하는 여자가 있는데, 매일 2배씩 증가되어 닷새동안에 5자를 짰다. 매일 얼마씩이나 짰겠는가?

답 : 첫째 날 $1\frac{19}{31}$ 치, 둘째 날 $3\frac{7}{31}$ 치, 셋째 날 $6\frac{14}{31}$ 치, 넷째 날 1자 $2\frac{28}{31}$ 치, 다섯째 날 2자 $5\frac{25}{31}$ 치.

풀이법에 따라서, 1, 2, 4, 8, 16을 일련의 비율로 삼아서 더하여 나눗수로 삼고, 5자를 합하기 이전 비율과 곱하여 각자의 나뉨수로 삼아서, 나뉨수를 나눗수로 나누면 자수를 얻는다.

주해 베 짜기를 잘하는 이 여인의 생산량 증가를 그래프로 나타내면, 다음과 같다.

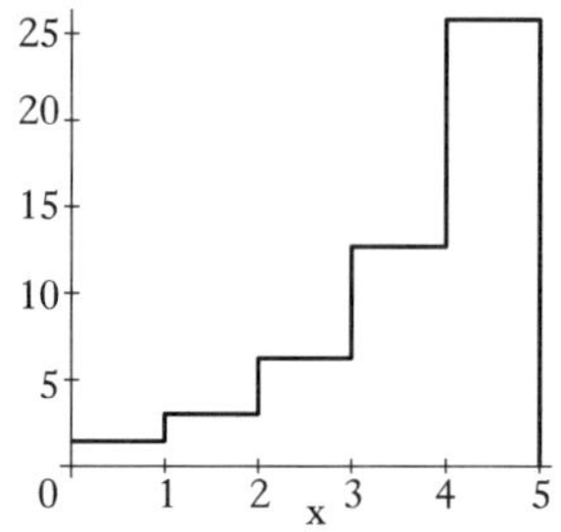

이 문제는 「산수서(算數書)」의 "여직(女織)" 문제, 「구장산술」 "쇠분"장의 4번째 문제와 실질적으로 동일하다는 점에서 눈길을 끈다. 한편, 등차수열/급수와 관련된 "베 짜기를 잘하는 여자(女子善織)" 문제들은 「장구건산경」의 [上-22], [上-23]에서 찾아볼 수 있다. 그리고 이 문제와 유사한 소박한 등비수열/급수 문제는 「장구건산경」의 [中-3] "점점 느리게 가는 말(馬行轉遲)" 문제에서도 발견된다. 다음은 송응성(宋應星, 1997 : 118)의 「천공개물(天工開物)」에 나오는 직조 모습이다.

今有女子善織, 日自倍. 五日織通五尺. 問日織幾何?
答曰, 初日織一寸, 三十一分寸之一十九, 次日織三寸, 三十一分寸之七, 次日織六寸, 三十一分寸之一十四, 次日織一尺二寸, 三十一分寸之二十八, 次日織二尺五寸, 三十一分寸之二十五.
術曰, 各置列衰, 副并得三十一爲法. 以五尺乘未并者, 各自爲實. 如法而一, 卽得.

[中-28] 창고에 보관하던 비단을 도둑들이 훔쳐갔으나, 잃은 수량이 얼마나 되는지 몰랐으며, 단지 풀섶 속에서 비단 나누는 소리가 들리는데, 6필씩 가지면, 6필이 남고, 7필씩 가지면, 7필이 모자란다는 것이었다. 도둑들의 수와 비단의 수량은 각각 얼마나 되는가?
답 : 도둑 13명, 비단 84필.

풀이법에 따라서, 먼저 도둑들이 가지는 6필을 오른쪽 위, 남는 6필을 오른쪽 아래에 놓고, 도둑들이 가지는 7필을 왼쪽 위, 모자라는 7필을 왼쪽 아래에 놓은 다음, 그것들을 교차시켜서 곱한 값들을 더하면, 비단의 수량이 나오고, 아래의 남고 모자라는 수를 더하면, 도둑의 수가 나온다.

주해 이 문제는「양휘산법」의 셋째 권인「속고적기산법(續古摘奇算法)」에 44번째 문제로 인용되었다. 이 문제와 비슷한 것을 관리들의 승진심사에서 활용했다는 9세기 당나라 때의 다음과 같은 고사는 특히 주목할 만하다.

Once two clerks, of the same rank, in the same service, and with the same commendations and criticisms in their records, were candidates for the same position. Unable to decide which one to promote, the superior officer called upon Yang Sun, who had the candidates brought before him and announced: Junior clerks must know how to calculate at speed. Let the two candidates listen to my question. The one who solves it first will have the promotion. Here is the problem:

> A man walking in the woods heard thieves arguing over the division of rolls of cloth which they had stolen. They said that, if each took six rolls, there would be five left over ; but if each took seven rolls, they would be eight short. How many thieves were there, and how many rolls of cloth?

Yang Sun asked the candidates to perform the calculation with rods upon the tiled floor of the vestibule. After a brief moment, one of the clerks gave the right answer and was given the promotion, and all then departed without complaining about the decision.(Cf. Ifrah, 2000 : 283.)

今有人盜庫絹, 不知所失幾何. 但聞草中分絹, 人得六匹, 盈六匹, 人得七匹, 不足七匹. 問人, 絹各幾何?
答曰, 賊一十三人, 絹八十四匹.
術曰, 先置人得六匹于右上, 盈六匹于右下, 後置人得七匹于左上,不足七匹于左下. 維乘之, 所得, 幷之爲絹. 幷下盈, 不足爲人.

손자산경 하권(孫子算經卷下)

[下-1] 갑, 을, 병, 정, 무, 기, 경, 신, 임 아홉 집에서 곡물세(조)를 함께 수송키로 하였다. 갑은 35섬, 을 46섬, 병 57섬, 정 68섬, 무 79섬, 기 80섬, 경 100섬, 신 210섬, 임 325섬을 냈다. 무릇 아홉 집이 곡물세 1,000섬을 함께 수송케 된 것이다. 운송비 200섬을 제외하면, 집집마다 얼마나 되겠는가?

납 : 갑 28섬, 을 36섬 8말, 병 45섬 6말, 정 54섬 4말, 무 63섬 2말, 기 64섬, 경 80섬, 신 168섬, 임 260섬.

풀이법에 따라서, 갑이 낸 35섬을 놓고, 4를 곱하면, 140섬이 되며, 5로 나누면, 28섬이 된다. 을이 낸 46섬을 놓고, 4를 곱하면, 184섬이 되며, 5로 나누면, 36섬 8말이 된다. 병이 낸 57섬을 놓고, 4를 곱하면, 228섬이 되며, 5로 나누면, 45섬 6말이 된다. 정이 낸 68섬을 놓고, 4를 곱하면, 272섬이 되며, 5로 나누면, 54섬 4말이 된다. 무가 낸 79섬을 놓고, 4를 곱하면, 316섬이 되며, 5로 나누면, 63섬 2말이 된다. 기가 낸 80섬을 놓고, 4를 곱하면, 320섬이 되며, 5로 나누면, 64섬이 된다. 경이 낸 100섬을 놓고, 4를 곱하면, 400섬이 되며, 5로 나누면, 80섬이 된다. 신이 낸 210섬을 놓고, 4를 곱하면, 840섬이 되며, 5로 나누면, 168섬이 된다. 임이 낸 325섬을 놓고, 4를 곱하면, 1,300섬이 되며, 5로 나누면, 260섬이 된다.

今有甲, 乙, 丙, 丁, 戊, 己, 庚, 辛, 壬九家共輸租. 甲出三十五斛, 乙出四十六斛, 丙出五十七斛, 丁出六十八斛,戊出七十九斛, 己出八十斛,庚出一百斛, 辛出二百一十斛, 壬出三百二十五斛. 凡九家, 共輸租一千斛. 僦運[48]直折二百斛外, 問家各幾何?

答曰, 甲二十八斛, 乙三十六斛八斗, 丙四十五斛六斗, 丁五十四斛四斗, 戊六十三斛二斗, 己六十四斛, 庚八十斛, 辛一百六十八斛, 壬二百六十斛.

術曰, 置甲出三十五斛, 以四乘之, 得一百四十斛. 以五除之, 得二十八斛. 乙出四十六斛, 以四乘之, 得一百八十四斛. 以五除之, 得三十六斛八斗. 丙出五十七斛, 以四乘之, 得二百二十八斛. 以五除之, 得四十五斛六斗. 丁出六十八斛, 以四乘之, 得二百七十二斛. 以五除之,得五十四斛四斗. 戊出七十九斛, 以四乘之, 得三百一十六斛. 以五除之,得六十三斛二斗. 己出八十斛, 以四乘之, 得三百二十斛. 以五除之, 得六十四斛. 庚出一百斛, 以四乘之, 得四百斛. 以五除之, 得八十斛. 辛出二百一十斛, 以四乘之, 得八百四十斛. 以五除之, 得一百六十八斛. 壬出三百二十五斛. 以四乘之, 得一千三百斛. 以五除之, 得二百六十斛.

[下-2] 성인 남자 1,500만명이 있는데, 병사 40만명을 선발하려고 한다. 성인 남자 몇 명으로부터 병사 1명을 선발하는 것인가?

답 : 성인 남자 37.5명.

풀이법에 따라서, 성인 남자 1,500만명을 놓아 나뉨수로 삼고, 병

---

48) "추(僦)"는 품삯, 임차, 운송비를 뜻하며, 따라서,"추운(僦運)"은 차량이나 배를 세내서 하는 운송을 가리킨다.「상군서(商君書)」"간령(墾令)"장에 "양곡을 수송할 때 남의 차를 세내서 하지 못하게 하라(令送糧無取僦)"는 구절이 보인다.

사 40만명을 나눗수로 삼는다. 나뉨수를 나눗수로 나누면, 답이 나온다.

주해 $\frac{1,500\text{만}}{40\text{만}} = 37.5.$

> 今有丁一千五百萬, 出兵四十萬. 問幾丁科一兵?
> 答曰, 三十七丁五分.
> 術曰, 置丁一千五百萬, 爲實,以兵四十萬爲法. 實如法卽得.

[下-3] 평지에 겉곡식을 쌓았는데, 아래 둘레가 3장 6자이고 높이가 4자 5치이다. 겉곡식의 양은 얼마인가?

답 : 100섬.

풀이법에 따라서, 둘레 3장 6자를 놓고, 제곱하면, 1,290자가 되는데, 높이 4자 5치를 곱하면, 5,832자가 된다. 36으로 나누면, 162자가 되는데, 한 섬에 해당하는 부피(곡법) 1자 6치 2푼으로 나눠주면, 답이 나온다.

주해 이 문제와 같은 "평지취속" 문제의 풀이를 위해서는 기본적으로 「구장산술」 "상공"장의

$$V = \frac{\text{아래 둘레}^2 \times \text{높이}}{36}$$

라는 공식이 적용되지만, 여기서는 추가적으로 “1섬 = 1.62자”라는 단위환산 비율까지 반영되어 다음과 같은 계산으로 이어졌다.

$$V = \frac{36^{2}\times 4.5}{36\times 1.62} = \frac{162}{1.62} = 100.$$

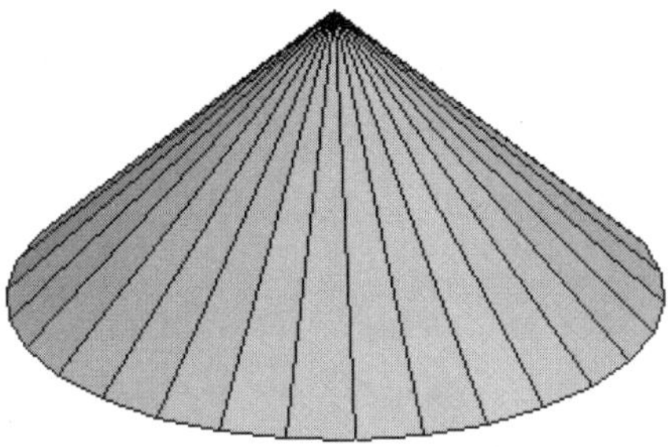

今有平地聚粟, 下周三丈六尺, 高四尺五寸. 問粟幾何?
答曰, 一百斛.
術曰, 置周三丈六尺, 自相乘得一千二百九十六尺, 以高四尺五寸乘之, 得五千八百三十二尺. 以三十六除之, 得一百六十二尺, 以斛法一尺六寸二分除之, 卽得.

[下-4] 불경이 있는데, 무릇 29개의 장으로 이루어져 있고, 장당 63자가 들어있다. 모두 몇 자나 되는가?

답 : 1,827자.

풀이법에 따라서, 29장을 놓고, 63자로 곱하면, 답이 나온다.

주해 29×63＝1,827. 청의 대진(戴震, 1724-1777)은 「사고전서(四庫全書)」 "손자산경제요(孫子算經提要)"에서 이 문제와 [下-33]의 장안-낙양간 거리 문제를 근거로 하여 「손자산경」이 한 명제(明帝) 이후에 이루어졌다고 주장한 바 있다.

> 今有佛書凡二十九章, 章六十三字. 問字幾何?
> 答曰, 一千八百二十七.
> 術曰, 置二十九章, 以六十三字乘之, 卽得.

[下-5] 바둑판이 있는데, 한 변에 19줄씩 들어있는 정사각형이다. 바둑을 모두 몇 군데에 둘 수 있는가?

답 : 361.

풀이법에 따라서, 19줄을 놓고, 제곱하면, 답이 나온다.

주해 $19^2 = 361$. 완원(阮元)은 「주인전(疇人傳)」에서 이 문제에 주목하면서 원래 17줄씩이던 바둑판이 19줄로 바뀐 시기는 한대 이후라고 주장하였다(紀志剛, 2000 : 47에서 재인용).

> 今有棋局方一十九道. 問用棋幾何?
> 答曰, 三百六十一.
> 術曰, 置一十九道, 自相乘之, 卽得.

[下-6] 곡물로 납부하는 세금 98,762섬이 있는데, 수레 하나에 50섬을 실으려 한다. 수레는 몇 대나 써야 되는가?

답 : 1,957대에 실으면, 12섬이 남는다.

풀이법에 따라서, 곡물세 98,762섬을 놓아 나뉨수로 삼고, 수레 하나에 싣는 양 50섬을 나눗수로 삼는다. 나뉨수를 나눗수로 나누면, 답이 나온다.

> 今有租九萬八千七百六十二斛, 欲以一車載五十斛. 問用車幾何?
>
> 答曰, 一千九百七十五乘, 奇一十二斛.
>
> 術曰, 置租九萬八千七百六十二斛爲實, 以一車所載五十斛爲法. 實如法卽得.

[下-7] 성인 남자 98,766명이 있는데, 무릇 성인 남자 25명으로부터 병사 1명을 선발한다. 병사는 얼마나 되는가?

답 : 3,950명이며 남는 성인 남자는 16명.

풀이법에 따라서, 성인 남자 98,766명을 놓아 나뉨수로 삼고, 25를 나눗수로 삼는다. 나뉨수를 나눗수로 나누면, 답이 나온다.

> 今有丁九萬八千七百六十六, 凡二十五丁出一兵. 問兵幾何?
>
> 答曰, 三千九百五十人, 奇一十六丁.
>
> 術曰, 置丁九萬八千七百六十六爲實, 以二十五爲法. 實如法卽得.

[下-8] 무명 78,732필이 있는데, 162인이 나누도록 하였다. 한 사람당 얼마나 얻겠는가?

답 : 486필.

풀이법에 따라서, 무명 78,732필을 놓아 나뉨수로 삼고, 162인을 나눗수로 삼는다. 나뉨수를 나눗수로 나누면, 답이 나온다.

今有絹七萬八千七百三十二匹, 令一百六十二人分之. 問人得幾何?
答曰, 四百八十六匹.
術曰, 置絹七萬八千七百三十二匹爲實, 以一百六十二人爲法. 實如法, 卽得.

[下-9] 36,454호가 있는데, 호당 솜 2근 8냥을 바친다. 모두 얼마나 되는가?

답 : 91,135근.

풀이법에 따라서, 36,454호를 놓고, 한 자리를 올려서 10배 하면, 364,540이 된다. 4를 곱하면, 1,458,160냥이 되는데, 16으로 나누면, 답이 나온다.

주해 1근=16냥이므로

$$36,454\times2.5=91,135.$$

다음 문제인 [下-10]은 바로 이 문제의 역산이다.

今有三萬六千四百五十四戶, 戶輸綿二斤八兩. 問計幾何?
答曰, 九萬一千一百三十五斤.
術曰, 置三萬六千四百五十四戶. 上十之, 得三十六萬四千五百四十. 以四乘之, 得一百四十五萬八千一百六十兩. 以十六除之, 卽得.

[下-10] 솜 91,135근이 있는데, 36,454호에 지급하려고 한다. 호당 얼마나 돌아가겠는가?

답 : 2근 8냥.

풀이법에 따라서, 91,135를 놓아 나뉨수로 삼는다. 36,454호를 나눗수로 삼아서 나눠주면, 2근을 얻는다. 떨어지지 않는 18,227근에 16을 곱하면, 291,632냥이 되는데, 호수로 나누면, 답이 나온다.

주해 이 문제는 앞 문제의 역산이다.

今有綿九萬一千一百[49]三十五斤, 給與三萬六千四百五十四戶. 問戶得幾何?
答曰, 二斤八兩.
術曰, 置九萬一千一百三十五斤爲實. 以三萬六千四百五十四戶爲法, 除之, 得二斤. 不盡一萬八千二百二十七斤, 以一十六乘之, 得二十九萬一千六百三十二兩. 以戶除之, 卽得.

49) 郭書春·劉鈍 校點本에는 "一百"이 "三百"이라고 잘못 적혀 있다.

[下-11] 겉곡식 3,999섬 9말 6되가 있는데, 무릇 겉곡식 9말은 콩 1섬과 거래된다. 콩은 얼마나 되겠는가?

답 : 4.444섬 4되.

풀이법에 따라서, 겉곡식 3,999섬 9말 6되를 놓아 나뉨수로 삼고, 9말을 나눗수로 삼는다. 나뉨수를 나눗수로 나눠주면, 답이 나온다.

今有粟三千九百九十九斛九斗六升, 凡粟九斗易豆一斛. 問計豆幾何?
答曰, 四千四百四十四斛四斗.
術曰, 置粟三千九百九十九斛九斗六升爲實, 以九斗爲法. 實如法,卽得.

[下-12] 겉곡식 2,374섬이 있는데, 섬당 3되를 더하려고 한다. 합한 겉곡식(공속)은 얼마나 되겠는가?

답 : 2.445섬 2말 2되.

풀이법에 따라서, 겉곡식 2,374섬을 놓고, 1섬 3되를 곱하면, 답이 나온다.

주해 $2,374\times1.03=2,445.22$섬.

> 今有粟二千三百七十四斛, 斛加三升. 問共粟幾何?
> 答曰, 二千四百四十五斛二斗二升.
> 術曰, 置粟二千三百七十四斛, 以一斛三升乘之, 卽得.

[下-13] 겉곡식 369,980섬 7말이 있는데, 창고에 9년 보관되는 동안, 매년 섬당 3되가 줄어든다. 1년 동안과 9년 동안 줄어드는 소모량은 각각 얼마나 되는가?

답 : 1년 동안 11.099섬 4말 2되 1홉, 9년 동안 99.894섬 7말 8되 9홉.

풀이법에 따라서, 겉곡식 369,980섬 7말을 놓고, 3되를 곱하면, 1년 동안의 소모량이 나온다. 또한 9를 곱하면, 9년 동안의 소모량이 나온다.

주해 풀이법의 계산과정을 보면,

$$369,980.7\times.03 = 11.099.421$$

$$(369,980.7\times.03)\times9 = 11.099.421\times9 = 99.894.789$$

라고 단리 계산에 그친 것을 알 수 있다.

> 今有粟三十六萬九千九百八十斛七斗, 在倉九年, 年斛耗三升. 問一年, 九年各耗幾何?
> 答曰, 一年耗一萬一千九十九斛四斗二升一合, 九年耗九萬九千八百九十四斛七斗八升九合.
> 術曰, 置粟三十六萬九千九百八十斛七斗, 以三升乘之, 得一年之耗. 又以九乘之, 卽九年之耗.

[下-14] 다른 사람에게 57근의 실을 빌려주었는데, 1년 이자는 16근이다. 1근당 이자는 얼마나 되는가?

답 : $4\frac{28}{57}$ 냥.

풀이법에 따라서, 연리 16근을 늘어놓고, 16냥을 곱하면, 256냥이 되는데, 빌려준 실 57근으로 나눠준다. 미처 떨어지지 않은 것을 약분하면, 답이 나온다.

주해 $16\times16\div57=\frac{256}{57}=4\frac{28}{57}$ 냥.

今有貸與人絲五十七斤, 限歲出息一十六斤. 問斤息幾何?
答曰, 四兩, 五十七分兩之二十八.
術曰, 列限息一十六斤, 以一十六兩乘之, 得二百五十六兩, 以貸絲五十七斤除之. 不盡, 約之, 卽得.

[下-15] 한 차에 세 사람씩 타면, 차 2대가 남고, 두 사람씩 타면, 9명이 걸어야 한다. 사람과 차의 수는 각각 얼마인가?

답 : 차 15대, 39명.

풀이법에 따라서, 차 2대를 놓고, 3을 곱하면, 6이 되는데, 걷는 사람 9명을 더하면, 차 15대가 나온다. 사람 수를 알기 위해서는 2를 차량 수에 곱하고 9명을 더하면, 곧, 답이 나온다.

주해 차와 사람의 수를 각각 x, y라고 하면,

$$y=3(x-2)=2x+9 \quad \therefore\ x=15,\ y=39.$$

今有三人共車, 二車空, 二人共車, 九人步. 問人與車各幾何?
答曰, 一十五車, 三十九人.
術曰, 置二車, 以三乘之, 得六, 加步者九人, 得車一十五. 欲知人者, 以二乘車, 加九人卽得.

[下-16] 겉곡식 128,940섬 9말 3홉을 다른 사람에게 주고, 무명을 사들이는데, 한 필 값이 겉곡식 3섬 5말 7되이다. 무명은 얼마나 되는가?

답 : 36,117필 3장 6자.

풀이법에 따라서, 겉곡식 128,940섬 9말 3홉을 놓아 나뉨수로 삼는다. 3섬 5말 7되를 나눗수로 삼아 나눠주면, 필수가 된다. 나머지는 40을 곱하고, 얻은 것을 다시 나눗수로 나누면, 답이 나온다.

주해 풀이법에서 말하는 계산과정은

$$\frac{128,940.903}{3.57}=36,117\frac{321}{357}\text{필}$$
$$=36,117\text{필}\ \frac{321\times40}{357}\text{자}=36,117\text{필 }3\text{장 }5.966386\text{자}$$

로 계산했다는 것인데, 답의 6자는 반올림한 것으로 드러난다.

今有粟一十二萬八千九百四十斛九斗三合, 出與人買絹, 一匹直粟三斛五斗七升. 問絹幾何?
答曰, 三萬六千一百一十七匹三丈六尺.
術曰, 置粟一十二萬八千九百四十斛九斗三合爲實. 以三斛五斗七升爲法, 除之, 得匹. 餘, 四十之, 所得, 又以法除之,卽得.

[下-17] 어떤 부인이 강에서 그릇을 씻고 있었는데, 나루터 관리가 물었다. 웬 그릇이 그리 많소? 부인이 대답하기를, 집에 손님들이 오셨습니다. 두 사람이 밥을 같이 들고, 세 사람이 국을 같이 마시며, 네 사람이 고기를 같이 먹는데, 모두 합해서 그릇 65개를 쓰고 있으나, 손님이 몇인지 모르오니, 모두 얼마나 되는지요?
답 : 60명.

풀이법에 따라서, 그릇 65개를 놓아 12로 곱하고, 13으로 나누면, 답이 나온다.

주해 1인당 사용하는 그릇 수는

$$\frac{1}{2}+\frac{1}{3}+\frac{1}{4}=\frac{13}{12}$$

인 셈인데, 그릇이 65개이므로, 손님 수는 자연히

$$65\div\left(\frac{1}{2}+\frac{1}{3}+\frac{1}{4}\right)=65\times\frac{12}{13}=60$$

이 된다.

「장구건산경」의 서문은 이 문제를 두고

"「하후양산경」의 방창, 「손자산경」의 그릇 씻기와 같은 것들의 풀이법은 모두 그 오묘함을 아직 얻지 못하고 있다. 그러므로 다시 새로운 풀이법을 만들고 그 이치를 알아내서 여기에 덧붙이게 되었다.(其夏侯陽之方倉, 孫子之蕩杯, 此等之術皆未得其妙. 故更造新術, 推盡其理, 附之于此.)"

고 언급하였으며, [下-37]에 싣고 다시 다루고 있다. 이 문제는 또한 「양휘산법」의 셋째 권인 「속고적기산법(續古摘奇算法)」에 38번째 문제로 인용되기도 하였다. 「양휘산법」은 이 문제의 이법에 대해서 다음과 같은 주석을 덧붙이고 있다.

"이 풀이법은 자세하지 못한데, 모름지기 합분을 먼저 적용하고, 그 다음에 호환을 이용하여야 할 것이며, 모두 자세한 계산(세초)을 참조하라.

계산에 따라서, 분모를 오른쪽에 늘어놓고, 분자를 왼쪽에 늘어놓는다.

좌	우
1 그릇	2명
1 그릇	3명
1 그릇	4명

분모를 분자와 호승하고, 더하여 나눗수로 삼는다.
(2명, 3명을 왼쪽 아래의 1과 곱하면, 6이 되고,
2명, 4명을 왼쪽 가운데의 1과 곱하면, 8이 되고,
3명, 4명을 왼쪽 위의 1과 곱하면, 12가 되어,
모두 26 그릇이 되는데, 반으로 나누면, 13이 된다.)
분모를 서로 곱해서 나뉨수로 삼아서(2명, 3명, 4명을 서로 곱하면, 24명이 됨), 반으로 나누면, 12가 된다.
앞서의 풀이법을 적용하여, 12를 65 그릇과 곱하고, 13으로 나눈다."

> 今有婦人河上蕩杯. 津吏問曰, 杯何以多? 婦人曰, 家有客. 津吏曰,客幾何? 婦人曰, 二人共飯, 三人共羹, 四人共肉, 凡用杯六十五, 不知客幾何?
> 答曰, 六十人.
> 術曰, 置六十五杯, 以一十二乘之, 得七百八十, 以十三除之, 卽得.

[下-18] 나무가 있는데, 길이를 몰라서, 줄을 잡아당겨 재보니, 남는 줄이 4자 5치였다. 줄을 구부려서 재니, 1자가 부족하다. 나무의 길이는 얼마인가?

답 : 6자 5치.

풀이법에 따라서, 남는 줄 4자 5치를 놓고, 부족한 1자를 더하면, 합계는 5자 5치가 된다. 두 배하면, 1장 1자가 되는데, 나머지 4자 5치를 빼면, 답이 나온다.

今有木, 不知長短, 引繩度之, 餘繩四尺五寸. 屈繩量之, 不足一尺. 問木長幾何?
答曰, 六尺五寸.
術曰, 置餘繩四尺五寸, 加不足一尺, 共五尺五寸. 倍之, 得一丈一尺. 減餘四尺五寸, 卽得.

[下-19] 그릇 속에 쌀이 있는데, 그 양을 모른다. 첫 번째 사람이 반을 갖고, 가운데 사람이 $\frac{1}{3}$을 갖고, 마지막 사람이 $\frac{1}{4}$을 가지니 남는 쌀이 1말 5되이다. 원래 쌀의 양은 얼마인가?

답 : 6말.

풀이법에 따라서, 남는 쌀 1말 5되를 놓고, 6을 곱하면, 9말이 되고, 둘로 나누면, 바로 4말 5되가 된다. 4를 곱하면, 1섬 8말이 되는데, 3으로 나누면, 답이 나온다.

今有器中米, 不知其數. 前人取半,中人三分取一,後人四分取一,餘米一斗五升. 問本米幾何?
答曰, 六斗.
術曰, 置餘米一斗五升, 以六乘之得九斗, 以二除之得四斗五升. 以四乘之得一斛八斗, 以三除之,卽得.

[下-20] 황금 한 근 값이 10만전이다. 한 냥 값은 얼마인가?
답 : 6,250전.

풀이법에 따라서, 10만전을 놓고, 16냥으로 나누면, 바로 답이 나온다.

주해 1근=16냥이므로

$$\frac{100,000}{16} = 6,250\text{전}.$$

今有黃金一斤, 直錢一十萬. 問兩直幾何?
答曰, 六千二百五十錢.
術曰, 置錢一十萬, 以一十六兩除之, 卽得.

[下-21] 비단 한 필 값이 18,000전이다. 장당, 자당, 치당 단가는 각각 얼마인가?
답 : 장당 4,500전, 자당 450전, 치당 45전.

풀이법에 따라서, 10만전을 놓고, 16냥으로 나누면, 바로 답이 나온다.

주해 1필 = 4장이므로, 장당 가격은 다음과 같다.

$$\frac{18,000}{4} = 4,500\text{전}.$$

今有錦一疋, 直錢一萬八千. 問丈, 尺, 寸各直幾何?
答曰, 丈, 四千五百錢. 尺, 四百五十錢. 寸, 四十五錢.
術曰, 置直錢一萬八千, 以四除之, 得一丈之直. 一退, 再退, 得尺, 寸之直.

[下-22] 길이가 1,000보, 너비가 500보인 땅이 있다. 한 자^{2}마다 순 메추리가 있고, 한 치^{2}마다 암 메추리가 있다.

답 : 순 메추리 1,800만 마리, 암 메추리 18억 마리.

풀이법에 따라서, 길이 1,000보를 놓고, 너비 500보와 곱하면, 50만 보^{2}가 된다. 36을 곱하면, 1,800만 자^{2}가 되는데, 곧 순 메추리의 수이며, 두 자리를 올려 100을 곱하면, 곧 암 메추리의 수가 된다.

주해 1보 = 6자임을 적용한 문제.

今有地長一千步, 廣五百步. 尺有鶉, 寸有鷃[50], 問鶉, 鷃各幾何?
答曰, 鶉一千八百萬, 鷃一十八億.
術曰, 置長一千步, 以廣五百步乘之, 得五十萬步. 以三十六乘之, 得一千八百萬尺, 卽得鶉數, 上百之,卽 得鷃數.

50) 순(鶉)과 암(鷃)은 모두 메추리(鴽)를 가리킨다. 「회남자(淮南子)」에 "田鼠化爲鶉"이라고 한 것이나 「하소정(夏小正)」에 "三月田鼠化爲鴽鴽鷃也"이라고

[下-23] 인구 6만 명 가운데 하루 식사량이 상류층(상구) 3만 명은 9되씩이고, 중류층(중구) 2만 명은 7되씩이고, 하류층(하구) 1만 명은 5되씩이다. 상, 중, 하류층이 함께 식사하면 얼마나 되는가?

답 : 4,600섬.

풀이법에 따라서 각각의 인구수를 놓고, 하루 식사량을 곱해서 얻어진 것들을 더하면 답이 나온다.

주해 (3만×9되)+(2만×7되)+(1만×5되)

= 46만되 = 4600섬.

今有六萬口, 上口三萬人, 日食九升, 中口二萬人, 日食七升, 下口一萬人, 日食五升. 問上, 中, 下口共食幾何?

答曰, 四千六百斛.

術曰, 各置口數, 以日食之數乘之, 所得幷之, 卽得.

[下-24] 물건 한 묶음이 정사각형을 이루고 있는데, 바깥 둘레에는 32매가 있다. 모두 몇 매나 되는가?

답 : 81매.

풀이법에 따라서, 두 자리의 수를 겹쳐 놓는다. 윗자리에서 8을 뺀 나머지를 아랫자리에 더한다. 빈곳을 끝까지 메우고 나서, 1을 더하면, 답이 나온다.

한 것을 보면, 우스꽝스럽게도 옛 중국인들은 들쥐가 메추리로 변한다고 여겼던 것 같다. 여기서는 번역의 편의상 전자를 순 메추리, 후자를 암 메추리라고 옮기기로 한다.

주해 이 문제는 묶음이나 "퇴타"에 관한 문제의 효시를 이룬다고 할 수 있으며, 이와 비슷한 것들은 「양휘산법」의 「전무비류승제첩법(田畝比類乘除捷法)」 등 수많은 후대의 문헌에 등장한다. 중앙에 놓여 있는 한 매로부터 출발하면, '동심방(同心方, concentric squares)' 들의 한 변의 개수는 3, 5, 7, … 하는 식으로 늘어나므로, 일반화하면, $2n+1$이 된다. 따라서 바깥 둘레에 32매가 있다는 것은 한 변에 9개가 있다는 것으로서 4번째 동심방에 해당된다. 또는 엇비슷한 얘기가 될는지 모르지만, n번째 동심방의 바깥 둘레의 개수는

$$(2n+1)^2-(2(n-1)+1)^2=(2n+1)^2-(2n-1)^2=8n$$

이므로 4번째임이 거듭 확인되기도 한다. 그리하여, n번째 동심방까지의 개수 S는 $i=1,\cdots,n$의 정수라고 할 때, 등차수열의 합을 내는 공식을 적용하여,

$$S=1+8\sum_{i=1}^{n} i=1+8\times\frac{n(n+1)}{2}=1+4n(n+1)$$

이라고 표시할 수 있다. 이 공식에 따라 계산하면,

$$S=1+(8+16+24+32)=1+4\times4(4+1)=81$$

로 나타난다. 물론 이 문제는, 여기서 말하는 묶음이 정사각형인 한, 소위 "방전법"을 이용하여 그냥 $9^2=81$로 풀 수도 있다. 그것은 바로

$$S=1+4n(n+1)=(2n+1)^2$$

이기 때문이다.

今有方物一束, 外周一匝有三十二枚. 問積幾何?
答曰, 八十一枚.
術曰, 重置二位. 上位減八, 餘加下位. 至盡虛加一, 卽得.

[下-25] 장대의 길이를 몰라서 그 그림자를 재보니 1장 5자였다. 따로 1자 5치 짜리 막대 하나를 세웠더니 그림자 길이가 5치이다. 장대의 길이는 얼마인가?

답 : 4장 5자.

풀이법에 따라서, 장대의 그림자 1장 5자를 놓고, 막대의 길이 1자 5치를 곱한 다음, 한 자리 올려서 10배하면, 22장 5자가 된다. 막대의 그림자 5치로 나눠주면, 답이 나온다.

주해 장대의 길이를 x라고 하면, $x : 15 = 1.5 : 0.5$의 비례가 성립된다. 이 관계는, 물론, 물체가 그림자의 3배라는 것을 뜻한다. 풀이법도 이 비례 관계를 계산한 것이다.

今有竿不知長短, 度其影得一丈五尺. 別立一表, 長一尺五寸, 影得五寸. 問竿長幾何?
答曰, 四丈五尺.
術曰, 置竿影一丈五尺, 以表長一尺五寸乘之, 上十之,得二十二丈五尺. 以表影五寸除之, 卽得.

[下-26] 물건의 개수를 모르는데, 3으로 나누면 2가 남고, 5로 나누면 3이 남고, 7로 나누면 2가 남는다. 물건은 모두 몇 개인가?
답 : 23.

풀이법에 따라서, 3으로 나눈 나머지 2에 대해서는 140을 놓고, 5로 나눈 나머지 3에 대해서는 63을 놓고, 7로 나눈 나머지 2에 대해서는 30을 놓는다. 모두 더하면, 233이 되는데, 210을 빼주면, 답이 나온다. 무릇 3으로 나눈 나머지 1에 대해서는 70을 놓고, 5로 나눈 나머지 1에 대해서는 21을 놓고, 7로 나눈 나머지 1에 대해서는 15를 놓는다. 106 이상은 105로 빼주면, 답이 나온다.

주해 이 문제는 '중국의 나머지문제' 또는 "중국의 나머지 정리(Chinese Remainder Theorem)"의 효시가 된 것으로 유명하다. 「양휘산법」은 이 문제를 제시하면서 나음과 같은 주석을 덧붙인 바 있다.

"해제(속칭 '진나라 왕의 비밀스러운 병력 점호법(진왕암점병),' 또는 '반복사격술(복사지술)'이라고 함. 만약 105가 넘으면, 반드시 문제 내에 적혀 있어야 함.) 관을 자르는 방법(전관술)에 따라서, 3으로 나누면 1이 남는 것에 대해서는 70을 놓는데, 문제에서의 나머지가 2이므로 140을 놓고, 5로 나누면 1이 남는 것에 대해서는 21을 놓는데, 문제에서의 나머지가 3이므로, 63을 놓고, 7로 나누면 1이 남는 것에 대해서는 15를 놓는데, 문제에서의 나머지가 2이므로, 30을 놓는다. 셋을 더하면 233이고, 105의 최대배수(highest common factor)인 2×105를 빼면, 나머지가 23으로서, 답의 숫자가 된다. (解

題(俗名秦王暗點兵, 尤覆射之術. 或過一百五數, 須于題內云知.) 塞塞管術曰, 三數剩一下七十, 題內剩二下百四十, 五數剩一下二十一,題內剩三下六十三, 七數剩一下十五, 題內剩二下三十. 三位幷之,得二百三十三, 滿一百五數去之(減兩 一百五), 餘二十三, 爲答數.)"

문제에서 "3으로 나누면 2가 남고, 5로 나누면 3이 남고, 7로 나누면 2가 남는다"는 것은, 현대적인 표기법을 쓴다면,

$$x = 2(\mathrm{mod}\,3) \equiv 3(\mathrm{mod}\,5) \equiv 2(\mathrm{mod}\,7)$$

로 표시될 수 있다. 이 문제의 답은 "전관술"이라는 풀이법에 따라

$$\begin{aligned} &70\times2 + 21\times3 + 15\times2 - 210 \\ &\quad = (140 + 63 + 30) - 210 = 233 - 210 = 23 \end{aligned}$$

이라는 계산을 통해서 도출되고 있는데, 21이나 15를 보면, 각각 3과 7, 3과 5의 최소공배수로서, 그 순서대로, 5와 7로 나눴을 때, 나머지가 1이 되게 하는 가장 작은 수들이며, 각각 3배와 2배 한 것은 나눗수를 제외한 두 숫자들의 영향을 통제하려고 한 것임을 알 수 있다. 그런데 이렇게 볼 때, 계산 가운데 발견되는 70이라는 숫자는 결코 원리에 충실한 선택이었다고 볼 수가 없다. 왜냐하면 애당초 그것 대신에 5와 7의 최소공배수인 35를 선택했더라면, 그 자체로서 3으로 나누어 2가 남는 숫자이기 때문에, 굳이 70의 2배인 140까지 고려해야 할 필요가 생기지 않기 때문이다. 즉, 보다 엄밀한 계산은

$$\begin{aligned} &35 + 21\times3 + 15\times2 - 105 \\ &\quad = (35 + 63 + 30) - 105 = 128 - 105 = 23 \end{aligned}$$

이라고 했어야 됐다는 얘기다. 따라서 이 문제에 대한 원래의 풀이법을 소개하는 맥락에서, 그것이 "완벽하게 정확한 규칙에 의해서 서술되었다"고 추켜세운 마츠로프(Martzloff, 1987 : 310)의 말은 다소 도를 넘어선 칭송으로서 적절히 새겨들어야 할 것이다.

한편, 23이 문제의 조건을 일반적 수준에서 충족시키는, 다시 말해서,

$$x = 23 + 105m \text{ (단, } m \geq 0\text{인 정수)}$$

으로 표시되는 일련의 정수들 가운데 가장 작은 수라는 점에 유념한다면, 우리는 문제가 바로 그와 같은 최소값을 찾는 것임을 어렵지 않게 확인하게 된다.

이런 종류의 부정방정식 문제들을 푸는 방법은 원래 "대연술(the superfluous art)"로 불리다가, 나중에 "대연구일술(the superfluous art of seeking unity)"로 알려지게 되었다(Lam, 1977 : 323을 참조).

今有物, 不知其數. 三, 三數之, 剩二, 五, 五數之, 剩三, 七, 七數之,剩二. 問物幾何?

答曰, 二十三.

術曰, 三, 三數之, 剩二, 置一百四十, 五, 五數之, 剩三, 置六十三, 七,七數之, 剩二, 置三十. 幷之, 得二百三十三. 以二百一十減之, 卽得. 凡三, 三數之, 剩一, 則置七十, 五, 五數之, 剩一, 則置二十一, 七, 七數之,剩一, 則置十五. 一百六以上, 以一百五減之, 卽得.

[下-27] 머리가 6개이고 다리가 넷인 짐승과 머리가 넷이고 다리가 둘인 새가 있다. 위에는 머리 76개가 있고, 아래에는 다리 46개가 있다. 짐승과 새는 각각 몇 마리씩이나 되는가?

답 : 짐승 8마리, 새 7마리.

풀이법에 따라서, 다리 수의 두 배에서 머리 수를 뺀 나머지를 반으로 나누면, 짐승의 마리수가 된다. 짐승 수를 4로 곱하여 다리 수에서 뺀 나머지를 반으로 나누면, 새의 마리수가 된다.

주해 이 문제는 짐승과 새의 마리 수를 각각 x, y라고 하면, 다음과 같은 연립방정식을 푸는 문제에 해당한다.

$$6x+4y=76 \qquad \text{-----①}$$
$$4x+2y=46 \qquad \text{-----②}$$

풀이법은 ②×2－①하면, $2x=16$이 되어서 x값이 나오고, 이어서 그 값을 식 ②에 대입하면, y값이 나온다는 것을 나타낸다.

今有獸六首四足, 禽四首二足. 上有七十六首, 下有四十六足. 問禽獸各幾何?

答曰, 八獸, 七禽.

術曰, 倍足以減首, 餘, 半之, 卽獸. 以四乘獸, 減足, 餘, 半之, 卽禽.

[下-28] 갑, 을 두 사람이 돈을 지니고 있는데, 얼마인지 몰랐다. 갑이 을의 반을 얻으면, 48이 되고, 을이 갑의 $\frac{2}{3}$를 얻어도, 역시 48이 되었다. 갑, 을 두 사람이 원래 지녔던 돈은 각각 얼마인가?

답 : 갑 36전, 을 24전.

풀이법에 따라서, 방정과 같이 구하도록 한다. 2배의 갑과 하나의 을의 합인 96전을 오른쪽에 놓는다. 2배의 갑과 3배의 을의 합인 144전을 왼쪽에 놓는다. 오른쪽의 2로 왼쪽을 곱하면, 위에는 4배의 갑, 가운데에는 6배의 을, 아래에는 288전을 얻는다. 왼쪽에서 오른쪽을 두 번 빼면, 왼쪽 위는 비는데, 가운데 남는 4배의 을을 나눗수로 삼고, 아래에 남는 96전을 나뉨수로 삼는다. 위를 나눗수, 아래를 나뉨수로 하면, 24가 되는데, 을의 돈으로 삼는다. 오른쪽 아래의 96에서 그것을 뺀 나머지 72를 나뉨수로 삼고, 오른쪽 위의 두 배의 갑을 나눗수로 삼는다. 위를 나눗수, 아래를 나뉨수로 하면, 36이 되는데, 갑의 돈으로 삼는다.

주해 풀이법에서 말하는 계산과정은

$$\begin{matrix}\text{갑}\\\text{을}\\\text{금액}\end{matrix}\begin{pmatrix}2&2\\3&1\\144&96\end{pmatrix}\xrightarrow{\text{“遍乘”}}\begin{pmatrix}4&2\\6&1\\288&96\end{pmatrix}\xrightarrow{\text{“直除”}}\begin{pmatrix}0&2\\4&1\\96&96\end{pmatrix}$$

$$\xrightarrow{\text{“得乙錢”}}\begin{pmatrix}0&2\\1&1\\24&96\end{pmatrix}\xrightarrow{\text{“得甲錢”}}\begin{pmatrix}0&1\\1&0\\24&36\end{pmatrix}$$

과 같이 진행된다.

한편, 이 문제는 갑과 을이 원래 지녔던 돈을 각각 $x_1,$ x_2라고

할 때, 다음과 같은 연립방정식을 푸는 문제에 해당하는데,

$$x_1 + \frac{x_2}{2} = 48$$

$$\frac{2}{3}x_1 + x_2 = 48$$

이 식들은 풀이법에서 산가지를 늘어놓은 방식으로 고쳐 적으면,

$$2x_1 + x_2 = 96 \qquad \text{-----①}$$

$$2x_1 + 3x_2 = 144 \qquad \text{-----②}$$

라고 할 수 있다. 이 때 손쉽게 계산해서 ② − ①하면, $2x_2 = 48$이 되어서 을의 돈 24전이 나오고, 이어서 그 값을 식 ①에 대입하면, 갑의 돈 36전이 나온다. 또한 이 연립방정식을 선형대수로 접근하여

$$A = \begin{bmatrix} 1 & \frac{1}{2} \\ \frac{2}{3} & 1 \end{bmatrix},\ X = \begin{bmatrix} x_1 \\ x_2 \end{bmatrix},\ B = \begin{bmatrix} 48 \\ 48 \end{bmatrix}$$

라고 각각 정의하면, 우리는 그것의 해를

$$X = A^{-1}B = \begin{bmatrix} \frac{3}{2} & -\frac{3}{4} \\ -1 & \frac{3}{2} \end{bmatrix} \begin{bmatrix} 48 \\ 48 \end{bmatrix} = \begin{bmatrix} 36 \\ 24 \end{bmatrix}$$

와 같이 구할 수도 있을 것이다. 그러나 정작 풀이법의 계산과정은 ①, ②식의 증대행렬(augmented matrix), 즉

$$\begin{bmatrix} 2 & 1 & 96 \\ 2 & 3 & 144 \end{bmatrix}$$

에 대하여 “기초적 행 조작(elementary row operations)”을 실시한 것을 나타낸다. 비록 오늘날의 선형대수 표기와는 행과 열이 서로 뒤바뀌었을 뿐, 이 풀이법은 분명 오늘날의 수학도들로부터도 애호받기에 충분한 일대 금자탑이라고 하지 않을 수 없다.

> 今有甲乙二人持錢, 各不知數. 甲得乙中半, 可滿四十八. 乙得甲大半, 亦滿四十八. 問甲, 乙二人元持錢各幾何?
> 答曰, 甲持錢三十六, 乙持錢二十四.
> 術曰, 如方程求之. 置二甲, 一乙, 錢九十六于右方. 置二甲三乙錢一百四十四于左方. 以右方二乘左方, 上得四甲, 中得六乙, 下得二百八十八錢. 以右行再減左行, 左上空, 中餘四乙爲法, 下餘九十六錢爲實. 上法下實得二十四錢爲乙錢. 以減右下九十六, 餘七十二爲實, 以右上二甲爲法. 上法下實得三十六爲甲錢也.

[下-29] 사슴 100마리가 성안에 들어왔는데, 집집마다 1마리씩 잡아도 남아서 다시 세 집에 한 마리씩 공유케 하니 맞아 떨어졌다. 성안에는 몇 집이나 있는가?

답 : 75집.

풀이법에 따라서 영부족을 써서 구하도록 한다. 가령 72집이라면, 사슴은 4마리 남는다. 가령 90집이라면, 사슴은 20마리가 모자란다. 72를 오른쪽 위에 놓고, 남는 4를 오른쪽 아래에 놓는다. 90을 왼쪽 위에 놓고, 모자라는 20을 왼쪽 아래에 놓는다. 잇달아 곱해서 얻어지는 것을 더하여 나뉨수로 삼는다. 남고 모자라는 것을 더하여 나눗수로 삼아서 나눠주면, 답이 나온다.

주해 성안의 집 수를 x라고 하면, $\frac{4x}{3}=100$이므로 $x=75$이다.

今有百鹿入城, 家取一鹿不盡,又三家共一鹿适盡. 問城中家幾何?
答曰, 七十五家.
術曰, 以盈不足取之. 假令七十二家, 鹿盈四. 令之九十家, 鹿不足二十. 置七十二于右上, 盈四于右下. 置九十于左上, 不足二十于左下. 維乘之, 所得, 并爲實. 并盈, 不足爲法, 除之, 卽得.

[下-30] 닭 세 마리가 좁쌀 1,001알을 함께 쪼았다. 병아리가 한 알을 쪼면, 암탉은 두 알, 수탉은 네 알을 쫀다. 주인들이 좁쌀을 물어내야 한다고 할 때, 세 닭 주인이 갚아야 할 몫은 각각 얼마인가?
답 : 병아리 주인 143, 암탉 주인 286, 수탉 주인 572알.

풀이법에 따라서, 좁쌀 1,001알을 놓아 나뉨수로 삼는다. 따로 세 닭이 쫀 좁쌀들의 비를 더한 7알을 나눗수로 삼아서 나눠주면, 143알이 되니, 병아리 주인의 부담으로 한다. 차례대로 두 배씩 하면, 암탉 주인과 수탉 주인의 부담이 된다.

今有三鷄共啄粟一千一粒. 雛啄一, 母啄二, 翁啄四. 主責本粟, 三鷄主各償[51]幾何?
答曰, 鷄雛主一百四十三, 鷄母主二百八十六, 鷄翁主五百七十二.
術曰, 置粟一千一粒爲實. 副幷三鷄所啄粟七粒爲法, 除之, 得一百四十三粒, 爲鷄雛主所償之數. (遞?)倍之, 卽得母, 翁所償之數.

[下-31] 닭과 토끼가 같은 조롱에 들어있는데, 위에는 머리가 35개 있고, 아래에는 다리가 94개 있다. 닭과 토끼는 각각 몇 마리씩이나 되는가?

답 : 닭 23마리, 토끼 12마리.

풀이법에 따라서, 위에는 머리 35개를 놓고, 아래에는 다리 94개를 놓는다. 다리를 반으로 나누면, 47이 된다. 많은 것에서 적은 것을 빼면서 다시 부르는데, 위의 3을 아래의 4에서 빼고 위의 5를 아래의 7에서 빼며, 아래의 1을 위의 3에서 빼고 아래의 2를 위의 5에서 빼면, 곧 답이 나온다.

주해 풀이법에서 말하는 계산과정은

$$\begin{matrix}\text{머리}\\\text{다리}\end{matrix}\begin{pmatrix}35\\94\end{pmatrix}\xrightarrow{\text{“半其足”}}\begin{pmatrix}35\\47\end{pmatrix}\xrightarrow{\text{“以上減下”}}\begin{pmatrix}35\\12\end{pmatrix}\xrightarrow{\text{“以下減下”}}\begin{pmatrix}23\\12\end{pmatrix}\begin{matrix}\text{닭의수}\\\text{토끼의수}\end{matrix}$$

와 같이 진행된다.

51) “상(償)”은 갚거나 상환, 또는 배상한다는 뜻이다.

한편, 이 문제는, 오늘날의 연립방정식으로 접근하면, 닭과 토끼의 마리 수를 각각 x_1, x_2라고 할 때,

$$x_1 + x_2 = 35 \qquad \text{-----①}$$
$$2x_1 + 4x_2 = 94 \qquad \text{-----②}$$

두 식을 푸는 문제에 해당하며, 풀이법의 계산은 ② − ①×2 하면, $2x_2 = 24$가 되어서 토끼의 수가 나오고, 이어서 그 값을 식 ①에 대입하면, 닭의 수가 나온다는 것을 나타낸다. 또한, 이 연립방정식을 선형대수로 접근하여

$$A=\begin{bmatrix} 1 & 1 \\ 2 & 4 \end{bmatrix},\ X=\begin{bmatrix} x_1 \\ x_2 \end{bmatrix},\ B=\begin{bmatrix} 35 \\ 94 \end{bmatrix}$$

라고 각각 정의하면, 그것의 해는

$$X = A^{-1}B = \begin{bmatrix} 2 & -\frac{1}{2} \\ -1 & \frac{1}{2} \end{bmatrix}\begin{bmatrix} 35 \\ 94 \end{bmatrix} = \begin{bmatrix} 23 \\ 12 \end{bmatrix}$$

와 같이 구해지는데, 이 때 토끼의 수를 구하는 계산은 정확히 풀이법의 그것을 드러내 준다고 할 수 있다.

今有雞兎同籠, 上有三十五頭, 下有九十四足. 問雞, 兎幾何?
答曰, 雞二十三, 兎一十二.
術曰, 上置三十五頭, 下置九十四足. 半其足得四十七. 以少減多, 再命之, 上三除下四, 上五除下七. 下有一除上三, 下有二除上五,卽得.

[下-32] 9리나 되는 도랑에 3치 길이의 고기들이 꼬리에 꼬리를 물고 늘어서 있다. 고기는 모두 몇 마리나 되는가?

답 : 5만 4천 마리.

풀이법에 따라서, 9리 도랑을 놓고, 300보로 곱하면, 2,700보가 된다. 다시 6자로 곱하면, 16,200자가 된다. 10을 곱해서 한 자리 올리면, 16만 2천치가 되는데. 고기 길이 3치로 나눠주면, 답이 나온다.

주해 이 문제는 1리 = 300보, 1보 = 6자임을 응용한 것이다.

今有九里渠, 三寸魚, 頭頭相次.問魚得幾何?

答曰, 五萬四千.

術曰, 置九里渠, 以三百步乘之, 得二千七百步. 又以六尺乘之, 得一萬六千二百尺. 上十之, 得一十六萬二千寸. 以魚三寸除之, 卽得.

[下-33] 장안과 낙양은 서로 900리나 떨어져 있다. 수레바퀴 둘레의 길이는 1장 8자이다. 낙양에서 장안까지 가려고 하면, 바퀴는 몇 번이나 굴러야 되는가?

답 : 9만 번.

풀이법에 따라서, 900리를 놓고, 300보로 곱하면, 27만 보가 된다. 다시 그것을 6자로 곱하면, 152만 자가 된다. 수레바퀴의 길이 1장 8자를 나눗수로 삼아서 그것을 나눠주면, 답이 나온다.

주해 수레바퀴의 둘레 길이가 1장 8자라고 하니, 고대의 조야한 π 값, 즉 "고율(古率)" 3을 적용하면, 지름은 6자인 셈이다. 당시의 열악했을 도로사정을 감안하면, 9만 번이나 굴러가야 할 장거리는 수학적 상상력을 자극하기에 충분했으리라. 청의 대진(戴震, 1724-1777)은 「사고전서(四庫全書)」 "손자산경제요(孫子算經提要)"에서 이 문제와 [下-4]의 불경 문제를 근거로 하여 「손자산경」이 한 명제(明帝) 이후에 이루어졌다고 주장한 바 있다.

今有長安, 洛陽相去九百里. 車輪一匝[52]一丈八尺. 欲自洛陽至長安, 問輪匝幾何?

答曰, 九萬匝.

術曰, 置九百里, 以三百步乘之, 得二十七萬步. 又以六尺乘之, 得一百六十二萬尺. 以車輪一丈八尺爲法, 除之, 卽得.

[下-34] 문을 나서서 바라보니, 9개의 제방이 있는데, 제방마다 나무 9그루가 있고, 나무마다 9가지가 있고, 가지마다 9개의 새집이 있고, 새집마다 새 9마리가 있고, 새마다 새끼가 9마리씩 있고, 새끼마다 털이 9개씩 나있고, 털마다 9가지 색으로 되어 있다. 각각 얼마씩이나 되는가?

답: 나무 81그루, 729가지, 새집 6,561개, 새 59,049마리, 새끼 531,441마리, 털 4,782,969개, 색 43,046,721가지.

풀이법에 따라서, 제방 9개를 놓고, 9를 곱하면, 나무의 그루수가

52) "잡(匝)"은 한 바퀴 돌았을 때의 둘레를 가리킨다.

되고, 다시 9를 곱하면, 가지수가 되고, 다시 9를 곱하면, 새집의 수가 되고, 다시 9를 곱하면, 새의 마리수가 되고, 다시 9를 곱하면, 새끼의 마리수가 되고, 다시 9를 곱하면, 털수가 되고, 다시 9를 곱하면, 색채의 가지수가 된다.

주해 이 문제는 9의 제곱부터 여덟 제곱(8승)까지 구해보라는 것이다.

나무 : $9^2 = 81$

가지 : $9^3 = 729$

새집 : $9^4 = 6,561$

새 : $9^5 = 59,049$

새끼 : $9^6 = 531,441$

털 : $9^7 = 4,782,969$

색 : $9^8 = 43,046,721$.

今有出門望見九堤, 堤有九木, 木有九枝, 枝有九巢, 巢有九禽, 禽有九雛, 雛有九毛, 毛有九色. 問各幾何?

答曰, 木八十一, 枝七百二十九,巢六千五百六十一, 禽五萬九千四十九, 雛五十三萬一千四百四十一, 毛四百七十八萬二千九百六十九, 色四千三百四萬六千七百二十一.

術曰, 置九堤,以九乘之, 得木之數, 又以九乘之, 得枝之數, 又以九乘之, 得巢之數. 又以九乘之, 得禽之數, 又以九乘之, 得雛之數. 又以九乘之, 得毛之數, 又以九乘之, 得色之數.

[下-35] 세 딸이 있는데, 맏딸은 5일에 한번 들리고, 가운데 딸은 4일에 한번 들리고, 막내딸은 3일에 한번 들린다. 세 딸은 며칠마다 한꺼번에 만나겠는가?

답 : 60일.

풀이법에 따라서, 맏딸 5일, 가운데 딸 4일, 막내딸 3일을 오른쪽에 놓는다. 각각 1산을 왼쪽에 늘어놓는다. 연이어 곱(유승)하면, 각각의 들리는 횟수(도수)를 얻는다. 맏딸은 12번, 가운데 딸은 15번, 막내딸은 10번 들린다. 각각 들리는 간격의 날수(귀일)로 들리는 횟수를 곱하면, 답이 나온다.

주해 풀이법에서 말하는 계산과정은

$$\begin{pmatrix} 1 & 5 \\ 1 & 4 \\ 1 & 3 \end{pmatrix} \rightarrow \begin{pmatrix} 4\times3 & 5 \\ 1 & 4 \\ 1 & 3 \end{pmatrix} \rightarrow \begin{pmatrix} 12 & 5 \\ 5\times3 & 4 \\ 1 & 3 \end{pmatrix} \rightarrow \begin{pmatrix} 12 & 5 \\ 15 & 4 \\ 5\times4 & 3 \end{pmatrix} \rightarrow \begin{pmatrix} 12 & 5 \\ 15 & 4 \\ 20 & 3 \end{pmatrix}$$

과 같이 진행된다.

이 문제와 비슷한 문제는 「장구건산경」 [上-10]의 "국유림 울타리 둘레를 도는(封山周棧)" 문제와 [上-11]의 "세 순찰병이 야간 순찰을 도는(三人直夜)" 문제, 그리고 「산법통종(算法統宗)」의 "난제(難題) 상공5(商功五)" 등에서도 찾아볼 수 있다.

장씨 집의 딸 셋이 있는데, 효성스럽게도 친정 집을 찾아와 일을 거드느라 자주 애쓴다. 동쪽 마을에 사는 큰딸과 서쪽 마을에 사는 딸은 각각 사흘씩 닷새씩 떨어져서 찾아오고, 막내딸은 멀리 남쪽 고을에 살기 때문에 그들과는 7일에 한 번 만나게 된다. 청컨대 묻

나니, 그들이 함께 찾아와 향기로운 술을 마시려면 며칠이나 걸리겠는가?

답 : 105일만에 같이 찾아와 서로 만나게 된다.(張家三女, 孝順,歸家頻望勤勞. 東村大女, 隔三朝五日, 西村女到, 小女, 南鄕路遠, 依然七日一遭. 何朝齊至飮香醪, 請問. 答曰, 一百零五日, 同到相會.)

今有三女, 長女五日一歸, 中女四日一歸, 少女三日一歸. 問三女幾何日相會?
答曰, 六十日.
術曰, 置長女五日, 中女四日, 少女三日于右方. 各列一算于左方. 維乘之, 各得所到數. 長女十二到, 中女十五到, 少女二十到. 又各以歸日乘到數, 卽得.

[下-36] 임신부가 있는데, 나이(행년)가 29세이고 출산예정 달(난월)은 9월이다. 무엇이 나오겠는가?

답 : 사내아이를 낳는다.

풀이법에 따라서, 49를 놓고, 출산예정 달을 더하고, 나이를 뺀다. 나머지로부터 하늘(천)의 1을 빼고, 땅(지)의 2를 빼고, 사람(인)의 3을 빼고, 사시의 4를 빼고, 오행의 5를 빼고, 육률의 6을 빼고, 칠성의 7을 빼고, 팔풍의 8을 빼고, 구주의 9를 뺀다. 그 나머지가 홀수면, 사내아이가 되고, 짝수면, 계집아이가 된다.

주해 이 문제는 고대중국사회에서 남아선호사상이 어떻게 수학 속까지 깊숙이 침투해 들어갔는지를 보여주는 하나의 좋은 예이다. 풀이 자체도, 현대적 기준으로 보면, 합리적 근거가 철저하게 결여된, 그야말로 점치는 식으로 되어 있다. 하기야 조선시대의 대표적 명의로 널리 추앙 받고 있는 허준(許浚)이 선조 41년(1608)에 펴낸 「언해태산집요(諺解胎産集要)」와 같은 천년도 훨씬 넘는 후대에 나온 의서조차 "임부가 화장실에 들어간 것을 봤을 때 남편이 뒤에서 급히 불러서 머리를 왼쪽으로 돌리면 사내아이요, 오른쪽으로 돌리면 계집아이[53]"라는 식의 태아 성감별법들을 열거하는 정도이니, 어쩌면 우리로서는 동양 전통의학에 대하여 보다 애정 어린 눈으로 바라보면서 그들의 세계를 충실히 이해하는데 주력해야 할는지 모른다. 성감별 문제도 일단 우주, 삼라만상, 시공간을 포함한 동원 가능한 주요 요인들과의 관련 속에서 좋은 수를 발견하려고 시도한 자체는 긍정적인 점이 없지 않다. 이러한 요인들에 대한 의학적 내지 철학적인 고려는, 예컨대, 「황제내경 · 소문(黃帝內經 · 素問)」 "침해(鍼解)"편에 "대저 1은 하늘, 2는 땅, 3은 사람, 4는 때, 5는 소리, 6은 율법, 7은 별, 8은 바람, 9는 들을 가리키는데, 몸의 생김새도 역시 그것들과 조응하고, 침도 마땅히 놓아야 할 바가 있으므로 따라서 아홉 가지 침(구침)을 일컫는다(夫一天, 二地, 三人, 四時, 五音, 六律, 七星, 八風, 九野, 身形亦應之, 鍼各有所宜, 故曰九鍼)"고 한 것과 맥을 같이 한다. 그러나 이 문제에 대한 역자의 입장은 여전히 그것을 두고 손자의 원문이 아니라 후대에 점쟁이나 돌

53) 이 현대어역의 한문 원문은 다음과 같다(韓國學文獻硏究所, 1973: 458). "看姙婦上圊時,夫從後急呼之,左回首者是男,右回首者是女."

팔이 의사와 같은 자들의 손에 의해서 오염된 텍스트(術數之書, 類多附益, 如卷末推孕婦所生男女, 鄙陋荒誕, 必非孫子原文)라고 지적한 완원(阮元)의 평가에 공감하는 쪽이다(紀志剛, 1999 : 105에서 재인용). 한편, 현재로서는 풀이법의 공식이 이 문제에 정확히 어떻게 적용되어서 홀수 값에 귀결되었으며, 그 값이 과연 무엇인지도 분명치 않다. 역자는 그 한 가지 가능성으로 산월(産月)이 완전히 차지 않는다는 점에서 그 자체가 아닌 한 달 적은 값을 더하여

$$(49\times12+8-29\times12)-(1+2+3+4+5+6+7+8+9)$$
$$=248-45=203$$

으로 계산한 것일 수 있다고 보았으나, 물론 이에 관해서는 다른 여러 가지 각도에서의 추측이나 해석도 배제될 수는 없을 것으로 여겨진다.

今有孕婦行年二十九, 難九月. 未知所生?

答曰, 生男.

術曰, 置四十九[54], 加難月,減行年. 所餘, 以天除一, 地除二, 人除參,四時除四, 五行除五,六律除六, 七星除七, 八風除八, 九州除九. 其不盡者, 奇則爲男, 偶則爲女.

54) "四十九"라는 숫자가 왜 여기 등장하는지에 관해서는 무어라 확언할 길이 없다. 그러나 혹시 그것을 가임 연령의 하한선으로 여긴 것은 아닌가 하는 추측을 가설적으로 제기해볼 수는 있을 것이다.

『손자산경』 해설

「손자산경」은 상・중・하 세 권으로 이루어져 있으며, 상권은 전반적으로 개설적인 안내에 할당된 반면, 중권과 하권은 문제로 채워져 있다. 중권과 하권의 문제 수는 각각 28개와 36개로서 도합 64개이다.

이 책의 구성을 좀 더 구체적으로 살펴보자면, 우선 상권에서는 도량형의 단위, 큰 수, 무리수 π와 $\sqrt{2}$에 대한 분수 근사값, 물질의 비중, 곡식의 환산비율, 곱셈과 나눗셈 계산법 등에 대한 개관을 거쳐서 9×9에서 1×1 조까지의 "구구표(九九表)"를 늘어놓고, 총합과 그것의 제곱 및 제곱평균을 산출하고 있는 것으로 나타난다. 예를 들어, 9×9에서 1×1 조까지의 총합은 1,155로서, 그것을 조금 다른 각도에서 1×1에서 $k \times k$조까지의 합으로 나타낸다면,

$$1\times1 + 2(1+2) + 3(1+2+3) + \cdots + k(1+2+3\cdots+k)$$
$$= \frac{1}{4!}k(k+1)(k+2)(3k+1)$$

로 표시할 수도 있는데, 이것이 바로 후일 원의 주세걸(朱世傑)이 「사원옥감(四元玉鑑)」에서 "남봉형타(嵐峰形垜)"로 개념화한 내용인 것이다. 아무튼 「손자산경」의 구구표에 대한 논의는 [下-24]의 정사각형 묶음(方束) 문제와 함께 퇴타(堆垜) 계열의 수학적 전통의 효시를 이루는 것으로서 크게 주목할 만하다.

이제 중・하권의 64개 문제를 구구표가지 포함시켜서 종류별로 분류해보면, 다음과 같이 나타난다.

종류	문제번호
분수/비례/평균	[中-1]-[中-4], [中-16], [下-1]-[下-2], [下-6]-[下-10], [下-20]-[下-22], [下-25], [下-29], [下-32](魚頭相次)
속미(粟米)	[中-5]-[中-8], [下-11], [下-16]
넓이	[中-13]-[中-14], [中-19], [中-21](丘田)
부피	[中-9]-[中-12], [中-17]-[中-18], [中-22]-[中-23], [下-3]
제곱셈	[下-5](佛書計字), [下-34]
묶음/퇴타(堆垛)	구구표(嵐峰形垛), [下-24](方束)
쇠분(衰分)	[中-24]-[中-25], [中-27](女子善織), [下-30]
소광(少廣)	[中-19]-[中-20](開方)
상공(商功)	[中-17]-[中-18], [中-22]-[中-23], [下-3](平地聚粟)
영부족(盈不足)	[中-28], [下-15], [下-29]
방정(方程)	[中-26], [下-27]-[下-28], [下-31](雞兎同籠)
응용문제	[下-17](河婦蕩杯), [下-26](중국의 나머지정리), [下-35](三女歸家)

아마도 이 리스트에서 가장 현저하게 드러나는 특징은 구고(句股)나 해도(海島) 계열의 문제들이 빠져 있다는 점일 것이다. 이 점은 이 책이 처음부터 기존의 수학서들을 대체하기보나는 그것들에 대한 보완 목적으로 쓰여진 것이 아닐까라는 의구심을 자아내는 측면이 아닐 수 없다. 또한 리스트에 올리지도 않았지만, 마지막 문제인 [下-36]에서 보듯이, 수학적 엄밀성과는 전혀 무관하게 점치는 식으로 이뤄지는 태아 성감별 문제까지 발견된다는 사실은 이 책의 텍스트가 세월의 흐름에 따라 크게 오염되었을 가능성을 시사해준다. 그러나 이미 언급한 퇴타술과 더불어 “중국의 나머지정리”와 같은 의미 있는 주제들이 다루어져 있다든지, “같은 조롱 속에 든 닭과 토끼들(雞兎同籠)”이나 “강에서 아낙네가 씻는 그릇(河婦蕩杯)”

문제들과 같이 유명한 문제들의 출처라든지, 개방술에 있어서 "가차산명분(加借算命分)"이나 "불가차산명분(不加借算命分)"--이 방법들에 대한 설명은 [中-19]와 [中-20]의 주해를 통하여 밝힌 바 있으므로, 여기서는 구차스러운 중복 설명을 피하기로 한다--을 이용하여 분수 제곱근을 구하고 있다든지 하는 점등은 한결같이 「손자산경」이 왜 여전히 "산경십서" 가운데에서도 보다 중요한 고전으로 간주되는지를 잘 말해준다.

「손자산경」이 누구에 의해 언제 쓰여졌느냐에 대해서는 여러 가지 이설들이 존재한다. 이 주장들은 크게 나누자면, 각각 선진(先秦)시대, 한·위(漢·魏)시대, 서진(西晋)시대, 남북조(南北朝)시대와 결부시키는 것이다(紀志剛, 2000 : 46-49를 참조).

이 책의 연대를 가장 높이 올려 잡는 선진시대에 이루어졌다는 주장은 청대 학자 주이존(朱彝尊)의 「폭서정집(曝書亭集)」 55권 "손자산경발"에서 제기되어 필이순(畢以珣)이 동조한 것으로서 이 책이 「손자병법」의 저자 손무(孫武)에 의해 지어졌다는 것이다.

한·위시대에 이루어졌다는 주장은 청의 대진(戴震), 완원(阮元)에 의하여 제기되었으며, 근래에는 양종거(梁宗巨, 1924-1995)가 지지한 바 있다. 특히 대진의 주장은 「사고전서(四庫全書)」 "손자산경제요(孫子算經提要)"에서 불경의 글자 수 계산 문제([下-4])와 장안-낙양간 거리 문제([下-33])를 근거로 하여 이 책이 이루어진 시기를 한 명제(明帝) 이후로 잡은 것이다. 양종거는 이 주장을 받아들이면서 "오조와 손자가 저술하고 만든 것이 풍부하고 다양하며, 견란과 유휘는 그것들에 주석을 가하였다"는 「하후양산경」 서문의 말을 근거로 하여 대략 A.D. 67-270년 사이에 이루어졌을 것으로 보았다.

서진시대에 이루어졌다는 설은 전보종(錢寶琮, 1892-1974), 엄돈걸(嚴敦杰, 1917-1988), 이적(李迪) 등과 같은 주류 중국산학사가들에 의해 제기된 것으로서, 예컨대, 엄돈걸은 [下-9]에 나타나는 "호당 솜 2근 8냥을 바친(戶輸綿二斤八兩)" 제도가 진 무제(280)때 실시되었고, [中-10]-[中-12]에 보이는 "섬의 크기 1자 6치 2푼(斛法一尺六寸二分)"이 위·진시대에 통용되었다는 점 등의 역사적 근거를 토대로 서진시대 소작으로 볼 것을 주장하였다(嚴敦杰, 1937).

한편, 남북조(南北朝)시대로 가장 내려 잡는 주장은 고진유(高振儒, 1982)의 "關于孫子算經編纂年代的考證"이라는 논문을 통하여 제기되었는데, [下-5]에 보이는 19줄 바둑의 정착시기를 420년 이후로 본 것이다.

결국 「손자산경」이 쓰여진 연대에 관해서는 기원전으로부터 5세기에 이르기까지 커다란 편차를 보인다는 것을 알 수 있는데, 아무튼 특히 "산경십서"의 다른 책들과 더불어 동양 3국의 역사를 통하여 미친 그것의 영향력에 관해서 만큼은 이의가 있을 수 없을 것이다. 끝으로 이 역주를 위해서는 기본적으로 靖玉樹 編, 「中國歷代算學集成」 上卷에 수록된 영인본과 郭書春·劉鈍 교점본 「算經十書」의 해당 부분을 대본으로 삼았음을 밝히는 바이다.

참고문헌

「九章算術」.

「金剛經」(최대림 역해, 홍신문화사, 1990).

「算數書」.

「商君書」.

「荀子」.

「楊輝算法」.

「五曹算經」.

「張邱建算經」.

「周髀算經」.

「夏小正」.

「夏侯陽算經」.

「黃帝內經・素問」.

「淮南子」.

李籍.「九章算術音義」.

程大位.「算法統宗」.

朱世傑.「四元玉鑑」.

高振儒. 1982. "關于孫子算經編纂年代的考證."「山西大學學報(哲社判)」4.

郭書春・劉鈍 校點. 1998.「算經十書」. 遼寧教育出版社.

紀志剛 編. 1999.「孫子算經・張邱建算經・夏侯陽算經導讀」. 湖北教育出版社.

紀志剛. 2000.「南北朝隋唐數學」. 河北科學技術出版社.

宋應星. 1997.「天工開物」. 江蘇廣陵古籍出版社.

嚴敦杰. 1937. "孫子算經硏究."「學藝」16(3): 15-32.

吳文俊 編. 1999.「中國數學史大系」. 北京師範大學出版社.

靖玉樹 編. 1994.「中國歷代算學集成」. 上卷. 山東人民出版社.

차종천. 2000.「九章算術・周髀算經」. 범양사출판부.

韓國學文獻硏究所 편. 1973.「諺解痘瘡經驗方・諺解痘瘡集要・諺解胎産集要・諺解臘藥症治方・諺解救急方・附錄辟疫神方合本」. 亞細亞文化社.

Ifrah, Georges. 2000. *The Universal History of Numbers: From Prehistory to the Invention of the Computer*. Wiley.

Lam, Lay Yong. 1977. *A Critical Study of the Yang Hui Suan Fa*. Singapore University Press.

Martzloff, 1987. *A History of Chinese Mathematics*. Springer.

오조산경 五曹算經

[북주] 견란 지음 (北周 甄鸞 撰)

제1권 전조(田曹)

생명이 인간의 기본이므로 위로는 하늘의 도를 이용하고, 아래로는 지리를 나누니, 따라서 전조를 으뜸으로 삼는다(生人之本, 上用天道, 下分地理, 故田曹爲首.).

[田曹-1] 정사각형 밭이 있는데, 너비와 길이가 각각 56보씩이다. 넓이는 얼마나 되는가?

답 : 13무 나머지 16보.

풀이법에 따라서, 56보를 놓고, 제곱하면, 3,136보가 되는데, 무의 값으로 나눠주면, 곧 답이 나온다.

주해 넓이를 S라고 하면, 다음과 같이 계산된다.

$$S=\frac{56^2}{240}=\frac{3136}{240}\text{무}=13\text{무 } 16\text{보}^2.$$

今有方田, 廣, 縱各五十六步. 問爲田幾何?

答曰, 一十三畝奇一十六步.

術曰, 列, 田五十六步, 自相乘, 得三千一百三十六步. 以畝法除之,卽得.

[田曹-2] 정사각형 밭(방전)이 있는데, 너비와 길이가 각각 68보씩이다. 넓이는 얼마나 되는가?

답 : 19무 나머지 64보.

풀이법에 따라서, 68보를 놓고, 제곱하면, 4,624보가 되는데, 무의 값으로 나눠주면, 곧 답이 나온다.

今有方田, 廣, 縱各六十八步. 問爲田幾何?
答曰, 一十九畝奇六十四步.
術曰, 列, 田六十八步, 自相乘, 得四千六百二十四步. 以畝法除之,卽得.

[田曹-3] 직사각형 밭(직전)이 있는데, 너비가 80보, 길이가 190보이다. 넓이는 얼마나 되는가?

답 : 63무 나머지 80보.

풀이법에 따라서, 너비 80보를 놓고, 길이 190보를 곱하면, 15,200보가 되는데, 무의 값으로 나눠주면, 곧 답이 나온다.

今有直田, 廣八十步, 縱一百九十步. 問爲田幾何?
答曰, 六十三畝奇八十步.
術曰, 列廣八十步, 以縱一百九十步乘之, 得一萬五千二百步. 以畝法除之, 卽得.

[田曹-4] 이등변삼각형 밭(규전)이 있는데, 길이가 30보, 한쪽 너비가 24보이며, 다른 쪽 너비는 없다. 넓이는 얼마나 되는가?

답 : 1무 나머지 120보.

풀이법에 따라서, 한쪽 너비 24보를 놓고, 반으로 나누면, 12보가 되며, 길이 30보를 곱하면, 360보가 되는데, 무의 값으로 나눠주면, 곧 답이 나온다.

> 今有圭田, 縱三十步, 一頭廣二十四步, 一頭無步. 問爲田幾何?
> 答曰, 一畝奇一百二十步.
> 術曰, 列一頭廣二十四步, 半之, 得一十二步. 以縱三十步乘之, 得三百六十步. 以畝法除之, 卽得.

[田曹-5] 장구 모양의 밭(요고전)이 있는데, 길이가 82보, 양쪽 너비는 각각 30보이며, 가운데 너비는 12보이다. 넓이는 얼마나 되는가?

답 : 8무 나머지 48보.

풀이법에 따라서, 세 너비를 더하면, 72보가 되는데, 3으로 나누면, 24보가 되며, 길이 82보를 곱하면, 1,968보가 되는데, 무의 값으로 나눠주면, 곧 답이 나온다.

주해 풀이법에 제시된 공식은 기본적으로

$$S=\frac{1}{3}(\text{윗 너비}+\text{가운데 너비}+\text{아래 너비})\times\text{높이}$$

라고 표시될 수 있는 것이며, 「하후양산경」의 "보수가 같지 않음에 대한 논의(論步數不同)"에서도 발견된다. 그러나 "요고전"을 포함한 "삼광전"--평행을 이루는 세 너비에 의해 생겨나는 두 사다리꼴의 결합--계열의 문제에 대한 공식을 「양휘산법」 "전무비류승제첩법"의 [28]이나 명 정대위의 「산법찬요(算法纂要)」에서는

$$S' = \frac{1}{4}(\text{윗 너비} + 2\times\text{가운데 너비} + \text{아래 너비})\times\text{높이}$$

라고 표시하고 있어서 대조를 이룬다. 그리하여 양자간 불일치에 대해서 따져보면, 전자의 공식은 일종의 어림셈에 불과하고, 후자도--그것이 흡사 일반적으로 맞는 것처럼 간주한 紀志剛(1999 : 288)의 지적과는 달리--가운데 너비가 높이를 정확히 양분할 경우에만 성립된다는 점이 드러난다. 특히 「양휘산법」이나 「산법찬요」의 공식을 적용하여 계산하면, 넓이는

$$S' = \frac{1}{4}(60 + 2\times 12)\times 82 = 1722\text{보}^2 = 7\text{무 } 42\text{보}^2$$

로 나와서 원문의 답보다 작게 나타난다. 이어서, 양자간의 차이를 $\delta = \frac{S' - S}{S'}$ 라는 비교오차로 나타내면, 그 값은 $\delta = .14286$ 으로 드러나는데, 이것은 곧 제대로 된 값을 기준으로 할 때, 원문의 답이 14.286%만큼 과다 추정되었다는 것을 뜻한다.

한편, 이 문제에 대한 양자간의 차이는 다음과 같은 그래프들을 통해서 살펴보면, 보다 자세히 음미할 수 있을 것이다.

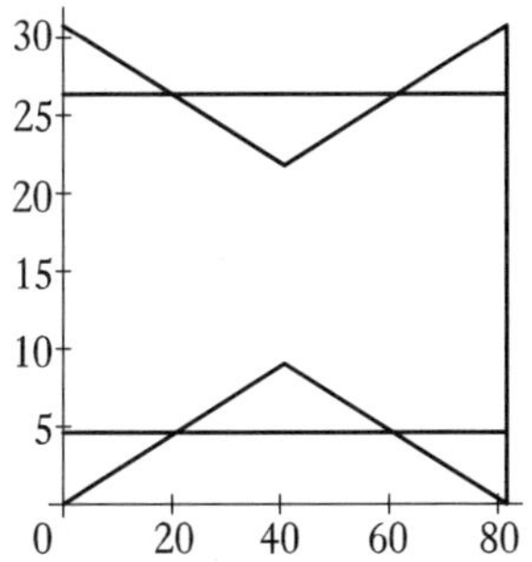

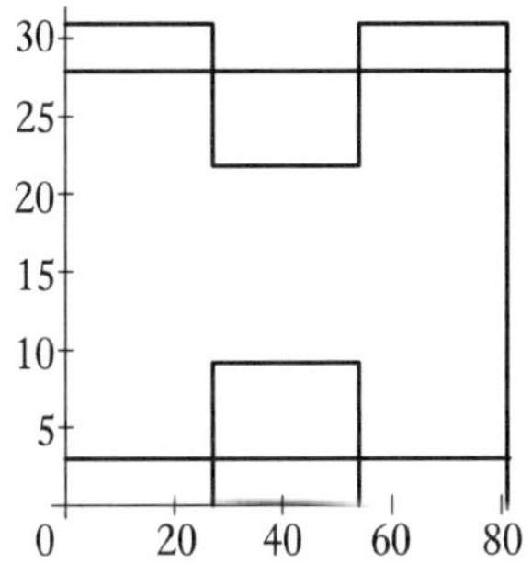

첫 번째 그래프는 여기서 말하는 공식에 따라 산출된 넓이를 직사각형으로 표시하여 문제에서 말하는 요고전을 「양휘산법」, 「산법찬요」의 공식을 통해 산출된 넓이(S')에 해당되는 직사각형과 겹쳐놓은 것이며, 두 번째 그래프는 「오조산경」, 「하후양산경」의 공식이 기본적으로 세 너비들의 평균이라는 생각을 반영한다고 보아서 H자 모양으로 작도한 직사각형들을 그 공식에 따라 산출된 넓이(S)에 해당되는 하나의 직사각형과 겹쳐놓은 것이다.

今有腰鼓田, 縱八十二步, 兩頭各廣三十步, 中央廣十二步. 問爲田幾何?
答曰, 八畝奇四十八步.
術曰, 幷三廣, 得七十二步, 以三除之, 得二十四步. 以縱八十二步乘之, 得一千九百六十八步. 以畝法除之, 卽得.

[田曹-6] 북 모양의 밭(고전)이 있는데, 양쪽 머리 너비가 각각 40보, 가운데 너비가 52보, 길이가 85보이다. 넓이는 얼마나 되는가?
답 : 15무 나머지 140보.

풀이법에 따라서, 세 너비를 더하면, 132보가 되는데, 3으로 나누면, 44보가 되며, 길이 85보를 곱하면, 3,740보가 되는데, 무의 값으로 나눠주면, 곧 답이 나온다.

주해 이 문제의 풀이법은 앞 문제([田曹-5])나 곧 이어 나올 [田曹-8]의 "사전"의 그것들과 마찬가지로 제시되어 있으며, 역시 잘못된 것이다. 그것은 "고전," "요고전," "사전" 등의 도형들이 모두 일반적인 "삼광전"의 특수한 형태에 지나지 않기 때문이다.

今有鼓田, 兩頭各廣四十步, 中央廣五十二步, 縱八十五步. 問爲田幾何?
答曰, 一十五畝奇一百四十步.
術曰, 并三廣, 得一百三十二步, 以三除之, 得四十四步. 以縱八十五步乘之, 得三千七百四十步. 以畝法除之, 卽得.

[田曹-7] 활 모양의 밭(호전)이 있는데, 현이 80보, 시(화살)가 5보이다. 넓이는 얼마나 되는가?
답 : 200보.

풀이법에 따라서, 현 80보를 놓고, 반으로 나누면, 40보가 되고, 시 5보를 곱하면, 곧 답이 나온다.

주해 이 문제는 「구장산술」의 "방전"장의 "호전" 문제들([1-35]와 [1-36])과 유사한 내용을 가리키고 있다. 이 종류의 문제에 대한 자세한 논의를 위해서는 "완전" 문제들에 대한 역자의 논의(차종천, 2000 : 39-41)를 참조하면 될 것이다.

今有弧田, 弦八十步, 矢五步. 問爲田幾何?
答曰, 二百步.
術曰, 列弦八十步, 半之, 得四十步. 以矢五步乘之, 卽得.

[田曹-8] 뱀 모양의 밭(사전)이 있는데, 머리 너비가 33보, 가슴 너비가 57보, 꼬리 너비가 18보이며, 길이가 92보이다. 넓이는 얼마나 되는가?

답 : 13무 나머지 192보.

풀이법에 따라서, 세 너비를 더하면, 108보가 되는데, 3으로 나누면, 36보가 되며, 길이 92보를 곱하면, 3,312보가 되는데, 무의 값으로 나눠주면, 곧 답이 나온다.

주해 풀이법에 비춰보면, "사전"도 "삼광전"의 일종임을 알 수 있다. 이 문제의 풀이를 위해서는 [田曹-5]와 [田曹-6]의 주해를 참조하면 좋을 것이다.

今有蛇田, 頭廣三十三步, 胸廣五十七步, 尾廣十八步, 縱九十二步. 問爲田幾何?

答曰, 一十三畝奇一百九十二步.

術曰, 幷三廣, 得一百八步, 以三除之, 得三十六步. 以縱九十二步乘之, 得三千三百一十二步. 以畝法除之, 卽得.

[田曹-9] 담 모양의 밭(장전)이 있는데, 사방 둘레가 1,000보이다. 넓이는 얼마나 되는가?

답 : 2경 60무 나머지 100보.

풀이법에 따라서, 먼저 사방 둘레 1,000보를 놓고, 4로 나누면, 250보가 되며, 제곱하면, 62,500보가 되는데, 무의 값으로 나눠주면, 곧 답이 나온다.

> 今有墻田[55], 方周一千步. 問爲田幾何?
> 答曰, 二頃六十畝奇一百步.
> 術曰, 先列田方周一千步, 以四除之, 得二百五十步. 自相乘, 得六萬二千五百步. 以畝法除之, 卽得.

[田曹-10] 피리 모양의 밭(소전)이 있는데, 길이가 48보, 한 쪽 너비가 25보, 다른 쪽 너비가 35보이다. 넓이는 얼마나 되는가?

답 : 6무.

풀이법에 따라서, 두 너비를 더하면, 60보가 되고, 반으로 나누면, 30보가 되며, 길이 48보로 곱하면, 1,440보가 되는데, 무의 값으로 나눠주면, 곧 답이 나온다.

주해 문제의 "소전"을 도해하면, 다음과 같다.

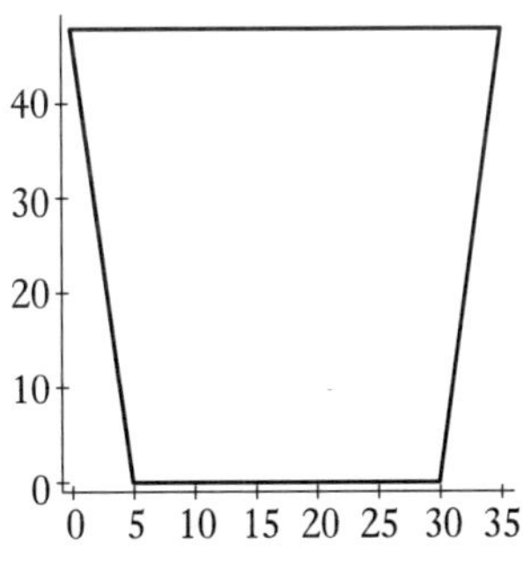

55) 여기서의 "장전"은 담으로 둘러싸인 정사각형 밭을 뜻하는 것으로 드러나서, 사다리꼴의 일종인 직각부등변사각형(half-trapezium)을 가리키는 「양휘산법」에서의 용법과 구별된다.

今有簫田[56], 縱四十八步, 一頭廣二十五步, 一頭廣三十五步. 問爲田幾何?
答曰, 六畝.
術曰, 并二廣, 得六十步. 半之, 得三十步. 以縱四十八步乘之,得一千四百四十步. 以畝法除之, 卽得.

[田曹-11] 밭 한 가운데에 뽕나무가 자라나고 있는데, 모서리에서 뽕나무까지의 거리가 147보이다. 밭의 넓이는 얼마인가?
답 : 1경 83무 나머지 180보.

풀이법에 따라서, 147보를 놓아 2를 곱하면, 294보가 되고, 5를 곱하면, 1,470보가 되고, 7로 나누면, 210보가 되며, 제곱하면, 44,100보가 되는데, 무의 값으로 나눠주면, 곧 답이 나온다.

주해 이것은「손자산경」[中-14]와 같은 문제이다. 아마도 가장 큰 차이는 모서리를 가리켜「손자산경」에서 "角"이라고 표시한 데 대해 여기서는 "隅"라고 표시한 정도이다. 이 문제는 정사각형의 대각선이 변의 $\sqrt{2}$배라는 사실에 대하여 이른 바 "방오사칠(方五斜七)"이라는 $\frac{7}{5}$의 비율을 적용한 것으로서 넓이(S)를 다음과 같이 계산하고 있다.

$$S = \left(2\times147\times\frac{5}{7}\right)^2 \div 240 = \frac{44100}{240} \text{무} = 1\text{경 } 83\text{무 } 180\text{ 보}^2$$

56) "소전(簫田)"은 문자 그대로 팬파이프(pan-pipe) 같다고 해서 붙여진 이름으로 윗변이 길고, 아랫변이 짧은 사다리꼴을 가리키며, 따라서 뒤집혀진 사다리꼴이라는 뜻의 "도제전(倒梯田, inverted trapezium)"이라고도 불렸다.

양휘는 이 값이 "방오사칠"의 어림셈을 적용하여 빗어진 결과라고 비판하면서 참값을

$$2\times 147^2 = 43218\text{보}^2 = 180\frac{18}{240}\text{무}$$

로 제시하고 있다. 그가 특히 지름길 풀이법으로 지칭한 "대각선의 반인 147보를 제곱하고 2배하여 밭의 넓이로 삼는 것"은 다음 그래프와 같이 도해할 수 있다. 그것은 바로 이 그래프에서 왼쪽에 상하로 쌓아올린 듯한 작은 정사각형 2개가 마름모꼴로 세워놓은 큰 정사각형과 넓이가 같아지도록 보조선을 그어 표시한 것이기 때문이다.

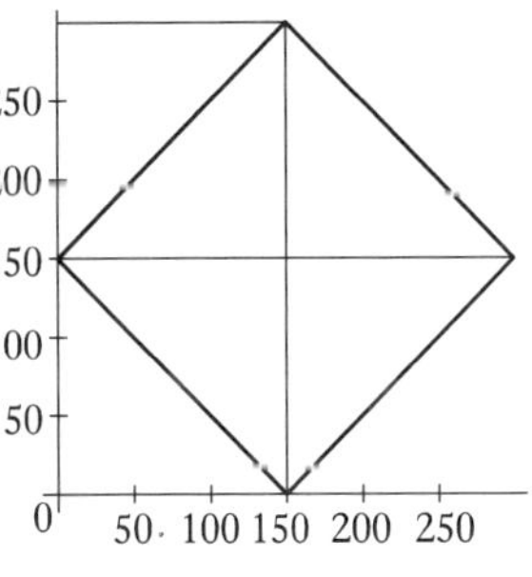

今有田57), 桑生中央, 從隅至桑一百四十七步. 問爲田幾何?
答曰,一頃八十三畝,奇一百八十步.
術曰, 列一百四十七步, 以二乘之,得二百九十四步. 以五乘之,得一千四百七十步. 以七除之, 得二百一十步. 自相乘,得四萬四千一百步. 以畝法除之,卽得.

[田曹-12] 언덕 모양의 밭(구전)이 있는데, 둘레가 640보, 정점을 지나는 호가 380보이다. 넓이는 얼마나 되는가?

답 : 2경 53무 나머지 80보.

풀이법에 따라서, 둘레 보수를 놓아 반으로 나누면, 320보가 되고, 또 호 380보를 놓아 반으로 나누면, 190보가 되며, 두 자리의 수들을 서로 곱하면, 60,800보가 되는데, 무의 값으로 나눠주면, 곧 답이 나온다.

주해 이 문제는「구장산술」"방전"장의 "완전" 문제와 유사한 내용을 가리키고 있으며, 호를 지름이라고 지칭한 것까지 동일하다. 이 종류의 문제에 대한 자세한 논의를 위해서는 "완전" 문제들에 대한 역자의 논의(차종천, 2000 : 37-39)를 참조하면 될 것이다.

今有丘田, 周六百四十步, 徑[58]三百八十步. 問爲田幾何?
答曰, 二頃五十三畝奇八十步.
術曰, 列周步, 半之, 得三百二十步. 又列徑三百八十步, 半之, 得一百九十步. 二位相乘, 六萬八百步. 以畝法除之, 卽得.

[田曹-13] 체 모양의 밭(기전)이 있는데, 한 쪽 너비가 86보, 다른 쪽 너비가 40보, 길이가 90보이다. 넓이는 얼마나 되는가?

---

57) 여기서 "田"은, 맥락에 비춰볼 때, 정사각형 밭을 가리킨다.
58) "구전" 내지 "완전"의 맥락에서 쓰인 "경(徑)"이라는 용어는 액면 그대로의 지름이 아니라 실제로는 정점을 지나는 호를 뜻한다.

답 : 23무 나머지 150보.

풀이법에 따라서, 두 너비를 더하면, 126보가 되고, 반으로 나누면, 63보가 되며, 길이 90보를 곱하면, 5,670보가 되는데, 무의 값으로 나눠주면, 곧 답이 나온다.

> 今有箕田[59], 一頭廣八十六步, 一頭廣四十步, 縱九十步. 問爲田幾何?
>
> 答曰, 二十三畝奇一百五十步.
>
> 術曰, 幷二廣, 得一百二十六步. 半之, 得六十三步. 以縱九十步乘之,得五千六百七十步. 以畝法除之, 卽得.

[田曹-14] 네 변의 길이가 같지 않은 밭(사부등전)이 있는데, 동쪽 변은 35보, 서쪽 변은 45보, 남쪽 변은 25보, 북쪽 변은 15보이다. 넓이는 얼마인가?

답 : 3무 나머지 80보.

풀이법에 따라서 동서 변을 더하면, 80보가 되고, 반으로 나누면, 40보가 되며, 다시 남북 변을 더하면, 40보가 되고, 반으로 나누면, 20보가 되는데, 두 자리의 수를 서로 곱하면, 800보가 되어 무의 값으로 나눠주면, 곧 답이 나온다.

---

59) "기전(箕田)"은 등변사다리꼴을 가리킨다. 「구장산술」 "방전"장의 29, 30번째 문제에서는 이것의 넓게 펼쳐진 부분을 "혀(舌)," 좁게 줄여진 부분을 "무릎(踵)"으로 각각 부르고 있으나, 여기서는 모두 "머리 너비(頭廣)"라고 부르고 있어서 대조가 된다.

주해 여기서는 "사부등전"의 넓이(S)를 동서 변을 a, b, 남북 변을 c, d라고 할 때, $S=\frac{a+b}{2}\times\frac{c+d}{2}$라고 밝히고 있고, 같은 공식이 「하후양산경」의 "보수가 같지 않음에 대한 논의(論步數不同)"에서도 발견되지만, 사실상 정확한 값은 $p=\frac{a+b+c+d}{2}$, $\alpha=$ 마주보는 두 각의 평균이라고 할 때, 다음과 같은 공식으로 표시된다 (Gullberg, 1997 : 445를 참조).

$$S=\sqrt{(p-a)(p-b)(p-c)(p-d)-abcd\cos^2\alpha}$$

이제 이 공식에 구체적인 a, b, c, d 값을 대입하면,

$$S=f(\alpha)=\sqrt{590625(1-\cos^2\alpha)}$$

라는 함수를 얻게 되며, 그것을 그래프로 나타내면 다음과 같다.

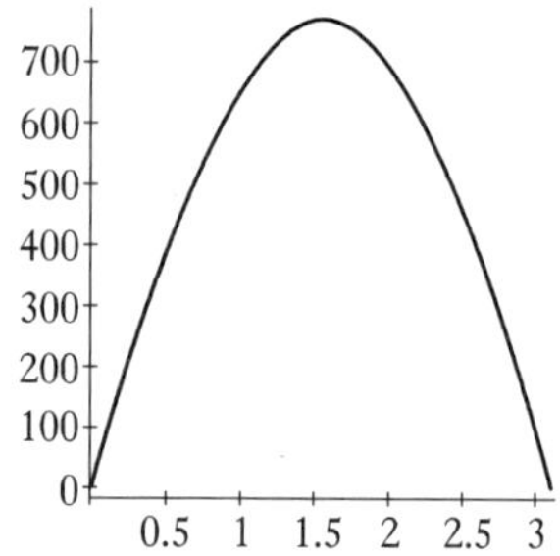

이 함수의 최대값은 $f(\pi/2)=75\sqrt{105}\simeq768.5213$ 보^{2}로 나타나 답과 풀이법에서 말하는 800 보^{2}가 과다추정된 것임을 시사해준

다. 한편, 여현정리를 이용하여 이 때의 남서쪽 꼭지점과 남동쪽 꼭지점의 내각을 알아보면, 각각 1.19863, 1.70019호도(radian)로 나타나며, 더 나아가 편의상 남쪽 변을 x축에 붙인 채 남서쪽 꼭지점을 원점에 맞추면, 전체적으로 도형의 모습은 다음과 같이 나타난다.

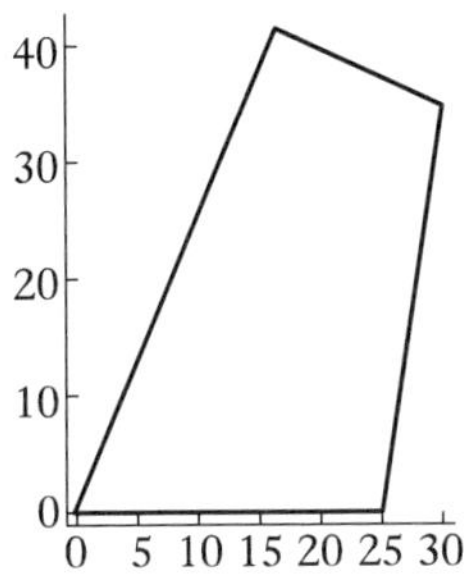

今有四不等田, 東三十五步, 西四十五步, 南二十五步, 北一十五步. 問爲田幾何?

答曰, 三畝奇八十步.

術曰, 幷東西, 得八十步. 半之, 得四十步. 又幷南北, 得四十步. 半之, 得二十步. 二位相乘, 得八百步. 以畝法除之, 卽得.

[田曹-15] 초승달 모양의 밭(복월전)이 있는데, 길이가 30보, 너비가 10보이다. 넓이는 얼마나 되는가?

답 : 150보.

풀이법에 따라서 너비 10보를 놓고, 반으로 나누면, 5보가 되는데, 길이 30보를 곱하면, 곧 답이 나온다.

주해 "복월전"과 그것의 반을 의미하는, 다음 문제([田曹-16])의 "우각전"은 모두 삼각형의 넓이를 구하는 공식이 적용된 것으로 드러난다.

今有覆月田, 縱[60] 三十步, 徑[61] 十步. 問爲田幾何?
答曰, 一百五十步.
術曰, 列徑十步, 半之,得五步. 以縱三十步乘之, 卽得.

[田曹-16] 쇠뿔 모양의 밭(우각전)이 있는데, 길이가 50보, 주둥이 너비(구광)가 20보이다. 넓이는 얼마나 되는가?
답 : 2무 나머지 20보.

풀이법에 따라서, 주둥이 너비 20보를 놓고, 반으로 나누면, 10보가 되며, 길이 50보를 곱하면, 500보가 되는데, 무의 값으로 나눠주면, 곧 답이 나온다.

今有田形如牛角, 縱五十步, 口廣二十步. 問爲田幾何?
答曰, 二畝奇二十步.
術曰, 列口廣二十步, 半之, 得十步. 以縱五十步乘之, 得五百步. 以畝法除之, 卽得.

60) "복월전"과 다음 문제([田曹-16])의 "우각전"에서 말하는 "종(縱)"은 모두 두 호의 한 가운데를 관통하는 호의 길이를 가리킨다.
61) "복월전"의 "경(徑)"은 초승달 중앙의 가장 두꺼운 너비를 가리킨다.

[田曹-17] 원 모양의 밭(원전)이 있는데, 둘레가 78보, 지름이 26보이다. 넓이는 얼마나 되는가?

답 : 2무 나머지 27보.

풀이법에 따라서 먼저 둘레 78보를 놓아 반으로 나누면, 39보가 되고, 또 지름 26보를 놓아 반으로 나누면, 13보가 되며, 두 자리의 수들을 서로 곱하면, 507보가 되는데, 무의 값으로 나눠주면, 곧 답이 나온다.

주해 이 문제는 「손자산경」 [中-14]와 유사하다. 그러나 여기서는 풀이법이 「손자산경」에 보이는 세 가지 가운데 첫째만 제시되어 있다.

今有圓田, 周七十八步, 徑二十六步. 問爲田幾何?
答曰, 二畝奇二十七步.
術曰, 先列周七十八步, 半之, 得三十九步. 又列徑二十六步, 半之,得一十三步. 二位相乘, 得五百七步. 以畝法除之, 卽得.

[田曹-18] 고리 모양의 밭(환전)이 있는데, 바깥 둘레가 30보, 안 둘레가 12보, 두께가 3보이다. 넓이는 얼마나 되는가?

답 : 63보.

풀이법에 따라서, 안팎 둘레를 더하면, 42보가 되고, 반으로 나누면, 21보가 되는데, 지름 3보를 곱하면, 곧 답이 나온다.

주해 문제의 환전을 그래프로 표시하면 다음과 같다.

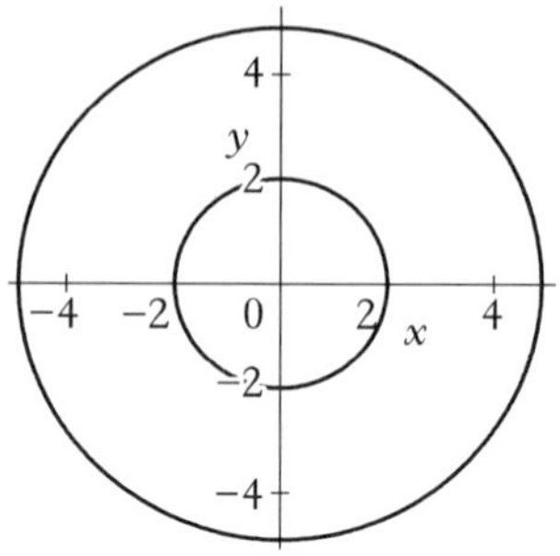

그리고 풀이법에 따라 넓이(S)를 계산하면, 다음과 같다.

$$S=\pi(5^2-2^2)\simeq 3\times(5^2-2^2)=63\text{보}^2.$$

今有環田[62], 外周三十步, 內周一十二步, 徑[63]三步. 問爲田幾何?

答曰, 六十三步.

術曰, 幷內, 外周, 得四十二步. 半之, 得二十一步. 以徑三步乘之, 卽得.

[田曹-19] 밭이 있는데, 길이가 100보, 너비가 42보이다. 한 가운데

---

62) "환전(環田)"은 고리 모양의 밭(annulus)을 가리킨다.

63) "환전"의 맥락에서 쓰인 "경(徑)"이라는 용어는 두 동심원 사이의 거리, 즉 두께를 뜻한다.

에 둥근 연못이 있는데, 둘레가 30보, 지름이 10보이다. 연못이 차지한 부분을 제외한 밭의 넓이는 얼마인가?

답 : 17무 나머지 45보.

풀이법에 따라서, 길이 100보를 놓고, 너비 42보를 곱하면, 4,200보가 되는데, 밭의 전체 넓이로 삼는다. 다시 연못 둘레 30보를 놓고, 반으로 나누면, 15보가 되며, 지름 10보를 놓고, 반으로 나누면, 5보가 된다. 두 자리의 수를 서로 곱하면, 75보가 되는데, 연못의 넓이로 삼는다. 밭의 넓이에서 빼면, 4,125보가 되는데, 무의 값으로 나눠주면, 곧 답이 나온다.

주해 한 가운데 연못이 있는 밭을 그래프로 표시하면 다음과 같다.

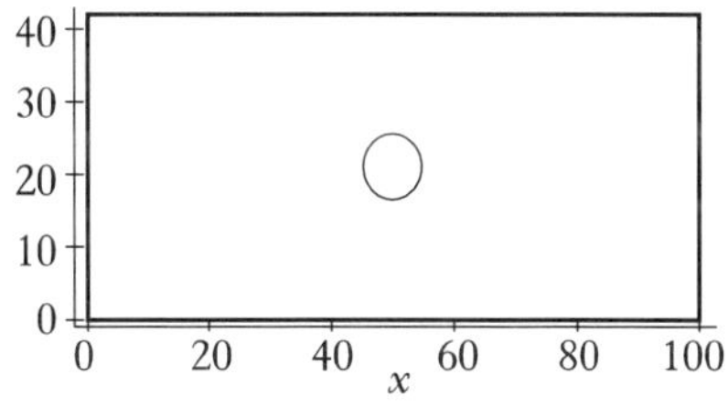

그리고 풀이법에 따라 넓이(S)를 계산하면, 다음과 같다.

$$S = \frac{100\times42 - 5^2\pi}{240} \simeq \frac{100\times42 - 3\times5^2}{240} = \frac{4125}{240}\text{무}$$

$$= 17\text{무}\ \ 45\text{보}^2.$$

今有田, 縱一百步, 廣四十二步. 中有圓池, 周三十步, 徑一十步. 問池占外, 爲田幾何?
答曰, 一十七畝奇四十五步.
術曰, 列縱一百步, 以廣四十二步乘之, 得四千二百步,爲田積. 又列池周三十步, 半之, 得一十五步. 列徑一十步, 半之, 得五步. 二位相乘, 得七十五步, 爲池積. 以減田積, 餘四千一百二十五步. 以畝法除之, 卽得.

제 2 권 병조(兵曹)

이미 전답이 갖춰졌으면, 사람의 공을 반드시 취해야 할 것이므로 따라서 병조가 그 다음 자리를 잇는다(旣有田疇, 必資人功. 故以兵曹次之.).

[兵曹-1] 성인 남자 23,692인이 있는데, 병사 5,923인을 차출한다면, 성인 몇 명마다 병사 1인을 차출한 것인가?
답 : 성인 4명당 병사 1인을 차출한 것이다.
풀이법에 따라서, 23,692인을 놓고, 5,923인으로 나누면, 곧 답이 나온다.

주해 이 문제는 「손자산경」 [下-2]와 유사하다.

今有丁二萬三千六百九十二人, 責兵五千九百二十三人. 問幾何丁出一兵?
答曰, 四丁出一兵.
術曰, 列二萬三千六百九十二人, 以五千九百二十三除之, 卽得.

[兵曹-2] 성인 남자 8,958인이 있는데, 일반적으로 성인 3명당 병사 1명을 차출한다면, 모두 몇 명이나 차출할 수 있겠는가?
답 : 2,986인.
풀이법에 따라서 8,950인을 놓고, 3으로 나누면, 곧 답이 나온다.

주해 이 문제는 「손자산경」 [下-7]과 유사하다.

今有丁八千九百五十八人, 凡三丁出一兵. 問出兵幾何?
答曰, 二千九百八十六人.
術曰, 列八千九百五十八人, 以三除之, 卽得.

[兵曹-3] 병사 970인이 있는데, 1인당 쌀 7되씩 지급한다면, 모두 얼마나 되는가?

답 : 67섬 9말.

풀이법에 따라서, 병사 970인을 놓고, 7되를 곱하면, 곧 답이 나온다.

주해 「하후양산경」[中-10]도 이와 비슷한 문제이다.

今有兵九百七十人, 人給米七升. 問計幾何?
答曰, 六十七斛九斗.
術曰, 列兵九百七十人, 以七升乘之, 卽得.

[兵曹-4] 병사 3,837인이 있는데, 1인당 돈 556문씩 지급한다면, 모두 얼마나 되는가?

답 : 2,132관 372문.

풀이법에 따라서, 병사 3,837인을 놓고, 556문을 곱하면, 곧 답이 나온다.

주해 「하후양산경」[下-41]도 이와 비슷한 문제이다.

今有兵三千八百三十七人, 人給錢五百五十六文. 問計幾何?
答曰, 二千一百三十二貫三百七十二文.
術曰, 列兵三千八百三十七人, 以五百五十六文乘之, 卽得.

[兵曹-5] 병사 3,148인이 있는데, 1인당 베 1장 2자 3치씩 지급한다면, 베는 모두 얼마나 되는가?

답 : 774단 2장 4치.

풀이법에 따라서, 병사 3,148인을 놓고, 1장 2자 3치를 곱하면, 38,720자 4치가 된다. 50자로 나눠주면, 곧 답이 나온다.

주해 베 1단=50자라는 환산율을 적용하면, 풀이법에 따른 계산은 다음과 같이 나타난다.

$$\frac{3148\times 12.3}{50}=\frac{38720.4}{50}\text{단}=774\text{단 }2\text{장 }4\text{치}.$$

今有兵三千一百四十八人, 人給布一丈二尺三寸. 問計幾何?
答曰, 七百七十四端二丈四寸.
術曰, 列兵三千一百四十八人, 以一丈二尺三寸乘之得三萬八千七百二十尺四寸. 以五十尺除之, 卽得.

[兵曹-6] 병사 1,362인이 있는데, 1인당 비단 2장 8자 5치씩 지급한다면, 비단은 모두 얼마나 되는가?

답 : 970필 1장 7자.

풀이법에 따라서 병사 1,362인을 놓고, 비단 2장 8자 5치를 곱하면, 38,817자가 된다. 40자로 나눠주면, 곧 답이 나온다.

주해 「하후양산경」 [中-9], [下-42]도 이와 비슷한 문제이다. 풀이법은 1필 = 40자라는 점을 강조하는 다음과 같은 계산과정을 보여주고 있다.

$$1362 \times 28.5 \div 40 = 38817 \div 40 = 970.425\text{필} = 970\text{필 } 1\text{장 } 7\text{자}.$$

今有兵一千三百六十二人, 人給絹二丈八尺五寸. 問計幾何?
答曰, 九百七十四一丈七尺.
術曰, 列兵一千三百六十二人, 以絹二十八尺五寸乘之得三萬八千八百一十七尺. 以四十尺除之, 卽得.

[兵曹-7] (군인) 1만명이 있는데, 대장 10인, 비장 20인, 대대장 100인, 산병 9,870인으로 이루어져 있다. 비단을 계급별로 차등을 두어 지급하는데, 1인당 대장은 3장씩, 비장은 2장씩, 대대장은 1장 5자씩, 그리고 산병은 9자씩 지급한다면, 모두 얼마나 되겠는가?
답 : 2,275필 나머지 3장.

풀이법에 따라서, 대장 10인을 놓고, 30자를 곱하면, 300자가 되고, 다시 비장 20인을 놓고, 20자를 곱하면, 400자가 되고, 다시 대대장 100인을 놓고, 1자 5치를 곱하면, 1,500자가 되며, 다시 산병 9,870인을 놓고, 9자를 곱하면, 88,830자가 된다. 네 자리의 수를 더하면, 91,030자가 되고, 필의 값으로 나눠주면, 곧 답이 나온다.

今有一萬人, 大將十人, 裨將二十人,隊長一百人, 散兵九千八百七十人. 給絹有差, 大將人給三丈, 裨將人給二丈,隊長人給一丈五尺, 散兵人給九尺. 問計幾何?
答曰, 二千二百七十五匹奇三丈.
術曰, 列大將十人, 以三十尺乘之, 得三百尺. 又列裨將二十人,以二十尺乘之, 得四百尺. 又列隊長一百人, 以一丈五尺乘之, 得一千五百尺. 又列散兵九千八百七十人, 以九尺乘之, 得八萬八千八百三十尺. 幷四位, 得九萬一千三十尺. 以匹法除之, 卽得.

[兵曹-8] 성이 있는데, 둘레가 48리이다. 적군을 제압하기 위하여 매 3보당 병사 1인을 배치한다면, 모두 몇 명을 써야 하는가?
답 : 4,800인.

풀이법에 따라서 성 둘레 48리를 놓고, 300보를 곱하면, 14,400보가 되는데, 3보로 나눠주면, 곧 답이 나온다.

주해 이 문제는 1리=300보라는 환산율을 적용하는 것이 핵심이다.

今有城周四十八里. 欲令御賊, 每三步置一兵. 問用兵幾何?
答曰, 四千八百人.
術曰, 列城周四十八里, 以三百步乘之, 得一萬四千四百步. , 以三步除之, 卽得.

[兵曹-9] 군량미 3,246섬 8말 7되가 있는데, 1섬당 482문씩 한다면, 모두 얼마나 되는가?

답 : 1,564관 991문 3푼 4리.

풀이법에 따라서, 쌀 3,246섬 8말 7되를 놓고, 482문을 곱하면, 곧 답이 나온다.

今有軍糧米三千二百四十六斛八斗七升, 每斛直錢四百八十二文. 問計幾何?

答曰, 一千五百六十四貫九百九十一文三分四釐.

術曰, 列米三千二百四十六斛八斗七升, 以四百八十二文乘之, 卽得.

[兵曹-10] 수레 23,900대로 정사각형의 군영을 만들려고 하는데, 1대당 3보씩의 땅을 차지한다면, 모두 얼마나 되는가?

답 : 71,700보.

풀이법에 따라서, 수레 23,900대를 놓고, 3보를 곱하면, 곧 답이 나온다.

今有車二萬三千九百乘, 欲作方營, 每乘占地三步. 問計幾何?

答曰, 七萬一千七百步.

術曰, 列車二萬三千九百乘, 以三步乘之, 卽得.

[兵曹-11] 말 6,243필이 있는데, 1필당 겉곡식을 5되 3홉씩 지급한다면, 모두 얼마나 되는가?

답 : 330섬 8말 7되 9홉.

풀이법에 따라서 말 6,243필을 놓고, 5되 3홉을 곱하면, 곧 답이 나온다.

주해 「하후양산경」 [中-11]도 이와 비슷한 문제이다.

$$6243 \times 5.3\text{되} = 33087.9\text{되} = 330\text{섬 } 8\text{말 } 7\text{되 } 9\text{홉}.$$

今有馬六千二百四十三匹, 匹給粟五升三合. 問計幾何?
答曰, 三百三十斛八斗七升九合.
術曰, 列馬六千二百四十三匹, 以粟五升三合乘之, 卽得.

[兵曹-12] 소 6,500두가 있는데, 1두당 꼴을 7묶음씩 지급한다면, 모두 얼마나 되는가?

답 : 45,500묶음.

풀이법에 따라서, 소 6,500두를 놓고, 7묶음을 곱하면, 곧 답이 나온다.

今有牛六千五百頭, 頭給芻七束. 問計幾何?
答曰, 四萬五千五百束.
術曰, 列牛六千五百頭, 以七束乘之, 卽得.

제 3 권 집조(集曹)

이미 사람이 무리를 이루었으면, 반드시 음식물을 사용해야 할 것이므로 따라서 집조가 그 다음 자리를 잇는다(旣有人衆,必用食飮. 故以集曹次之.).

[集曹-1] 겉곡식 750섬이 있는데, 여미로 바꾸면, 모두 얼마나 되는가?
답 : 450섬.

풀이법에 따라서, 겉곡식 750섬을 놓고, 30을 곱하면, 22,500섬이 되는데, 50으로 나누면, 곧 답이 나온다.

주해 이 문제부터 [集曹-4]까지의 네 문제는 적어도 「구장산술」 "속미"장 첫머리에 제시되어 있는 교환비율과 동일한 비율을 적용한 것들인데, 유사한 문제들은 「손자산경」에서도 찾아볼 수 있다. 「구장산술」에 제시된 관련 교환비율은 겉곡식 50, 여미 30, 패미 27, 착미 24, 어미 21로서 특히 겉곡식을 제외한 네 가지 도정 수준의 쌀 사이의 비율은 10:9:8:7이다(차종천, 2000: 43의 주 36)을 참조).

今有粟七百五十斛, 問爲糲米幾何?
答曰, 四百五十斛.
術曰, 列粟七百五十斛, 以三十乘之, 得二萬二千五百斛. 以五十除之, 卽得.

[集曹-2] 겉곡식 290섬이 있는데, 패미로 바꾸면, 모두 얼마나 되는가?

답 : 156섬 6말.

풀이법에 따라서 겉곡식 290섬을 놓고, 27을 곱하면, 7,830섬이 되는데, 50으로 나누면, 곧 답이 나온다.

今有粟二百九十斛, 問爲粺米幾何?

答曰, 一百五十六斛六斗.

術曰, 列粟二百九十斛, 以二十七乘之, 得七千八百三十斛. 以五十除之, 卽得.

[集曹-3] 겉곡식 560섬이 있는데, 착미로 바꾸면, 모두 얼마나 되는가?

답 : 268섬 8말.

풀이법에 따라서 겉곡식 560섬을 놓고, 24를 곱하면, 13,440섬이 되는데, 50으로 나누면, 곧 답이 나온다.

今有粟五百六十斛, 問爲鑿米幾何?

答曰, 二百六十八斛八斗.

術曰, 列粟五百六十斛, 以二十四乘之, 得一萬三千四百四十斛. 以五十除之, 卽得.

[集曹-4] 겉곡식 362섬이 있는데, 어미로 바꾸면, 모두 얼마나 되는가?

답 : 152섬 4말.

풀이법에 따라서 겉곡식 362섬을 놓고, 21을 곱하면, 7,602섬이 되는데, 50으로 나누면, 곧 답이 나온다.

今有粟三百六十二斛, 問爲御米幾何?
答曰, 一百五十二斛四升.
術曰, 列粟三百六十二斛, 以二十一乘之, 得七千六百二斛. 以五十除之, 卽得.

[集曹-5] 겉곡식 560섬이 있는데, 일반적으로 겉곡식 8말이 보리 5말과 교환된다면, 보리는 모두 얼마나 되는가?

답 : 350섬.

풀이법에 따라서, 겉곡식 560섬을 놓고, 50을 곱하면, 28,000섬이 되는데, 80으로 나누면, 곧 답이 나온다.

今有粟五百六十斛, 凡粟八斗易麥五斗. 問得麥幾何?
答曰, 三百五十斛.
術曰, 列粟五百六十斛, 以五十乘之, 得二萬八千斛. 以八十除之,卽得.

[集曹-6] 콩 849섬이 있는데, 일반적으로 콩 9말이 깨 7말과 교환된다면, 깨는 모두 얼마나 되는가?

답 : 660섬 3말 3되 $3\frac{1}{3}$ 홉.

풀이법에 따라서 콩 849섬을 놓고 70을 곱하면, 59,430섬이 되는데, 90으로 나누면, 곧 답이 나온다.

> 今有豆八百四十九斛, 凡豆九斗易麻七斗, 問得麻幾何?
> 答曰, 六百六十斛三斗三升三合奇三升[64].
> 術曰, 列豆八百四十九斛, 以七十乘之, 得五萬九千四百三十斛. 以九十除之, 卽得.

[集曹-7] 돈 27관 833문이 있는데, 일반적으로 5문으로 배 3개를 살 수 있다면, 배는 모두 몇 개나 되는가?

답 : 16,699개 나머지 4문.

풀이법에 따라서 돈 27관 833문을 놓고, 3을 곱하면, 83,499가 되는데, 5로 나누면, 곧 답이 나온다.

> 今有錢二十七貫八百三十三文, 凡五文買梨三枚. 問得梨幾何?
> 答曰, 一萬六千六百九十九枚奇四文.
> 術曰, 列錢二十七貫八百三十三文, 以 三乘之, 得八萬三千四百九十九. 以五除之, 卽得.

---

64) "기삼승(奇三升)"은 소수점 이하 끝자리가 3으로 계속 이어지는 무한소수를 뜻한다고 여겨진다.

[集曹-8] 쌀 1,577섬이 있는데, 1섬당 별도로 8말 3되를 덧붙인다면, 모두 얼마나 되는가?

답 : 2,885섬 9말 1되.

풀이법에 따라서, 쌀 1,577섬을 놓고, 덧붙여진 쌀 1섬 8말 3되를 곱하면, 곧 답이 나온다.

주해 $1577 \times 1.83 = 2885.91$섬.

今有米一千五百七十七斛, 斛別加八斗三升, 問計幾何?
答曰, 二千八百八十五斛九斗一升.
術曰, 列米一千五百七十七斛, 以加米一斛八斗三升乘之, 卽得.

[集曹-9] 멍석 1자리에 손님이 12인씩 앉는데, 멍석 1,538자리가 찼다면, 손님은 모두 얼마나 되는가?

답 : 18,456인.

풀이법에 따라서, 멍석 1,538자리를 놓고, 12인을 곱하면, 곧 답이 나온다.

今有席一領, 坐客一十二人. 有席一千五百三十八領, 問客幾何?
答曰, 一萬八千四百五十六人.
術曰, 列席一千五百三十八領, 以一十二人乘之, 卽得.

[集曹-10] 멍석 1자리에 손님이 23인씩 앉는데, 멍석 1,500자리가 찼다면, 손님은 모두 얼마나 되는가?

답 : 34,500인.

풀이법에 따라서 멍석 1,500자리를 놓고, 23인을 곱하면, 곧 답이 나온다.

又有席一領, 坐客二十三人. 有席一千五百領, 問客幾何?

答曰, 三萬四千五百人.

術曰, 列席數一千五百領, 以二十三人乘之, 卽得.

[集曹-11] 멍석 1자리에 손님이 23인씩 앉는데, 손님이 533,680인이면, 멍석은 모두 얼마나 되는가?

답 : 23,203자리 나머지 11인.

풀이법에 따라서 533,680인을 놓고, 23인으로 나눠주면, 곧 답이 나온다.

今有席一領, 坐客二十三人. 有客五十三萬三千六百八十人, 問席幾何?

答曰, 二萬三千二百三領奇十一人.

術曰, 列五十三萬三千六百八十人, 以二十三人除之, 卽得.

[集曹-12] 멍석 1자리에 손님이 15인씩 앉는데 손님이 44,625인이면 멍석은 모두 얼마나 되는가?

답 : 2,975자리.

풀이법에 따라서 44,625인을 놓고 15인으로 나눠주면 곧 답이 나온다.

又有席一領, 坐客一十五人. 有客四萬四千六百二十五人, 問席幾何?

答曰, 二千九百七十五領.

術曰, 列四萬四千六百二十五人, 以一十五人除之, 卽得.

[集曹-13] 일반적으로 장 2되로 5인의 식사에 쓸 수가 있는데, 장 320섬이 있다면 모두 몇 사람에게 쓸 수 있겠는가?

답 : 8만인.

풀이법에 따라서 320섬을 놓고 한 자리 올려서 10배 하기를 두 번 하면 32,000되가 되며 5인으로 나눠주면 16만되가 되는데 2되로 나눠주면 곧 답이 나온다.

今有凡醬二升飼五人. 有醬三百二十斛. 問人幾何?

答曰, 八萬人.

術曰, 列三百二十斛, 再上十之, 得三萬二千升. 以五人乘之, 得一十六萬升. 以二升除之, 卽得.

[集曹-14] 대체로 돈 5문으로 꿩 3마리를 살 수 있는데 돈 17,525문이 있다면 꿩을 모두 얼마나 살 수 있는가?

답 : 10,515마리.

풀이법에 따라서 돈 17,525문을 놓고 꿩 3마리를 곱하면 52,575문이 되는데 5문으로 나눠주면 곧 답이 나온다.

주해 풀이법에서 말하는 계산은 다음과 같다.

$$17525\times3\div5=52575\div5=10515.$$

今有凡錢五文買雉三只. 有錢一萬七千五百二十五文, 問得雉幾何?

答曰, 一萬五百一十五只.

術曰, 列錢數一萬七千五百二十五文, 以雉三只乘之, 得五萬二千五百七十五文. 以五文除之, 卽得.

제 4 권 창조(倉曹)

이미 무리가 모였으면, 반드시 비축하는데 힘 써야 할 것이므로, 따라서 창조가 그 다음 자리를 잇는다(衆旣會集,必務儲蓄,故倉曹次之.).

[倉曹-1] 2,700호가 있는데, 1호당 쌀 15섬을 납부하도록 책임 지운다면, 모두 얼마나 되겠는가?

답 : 40,500섬.

풀이법에 따라서 2,700호를 놓고, 15섬으로 곱하면, 곧 답이 나온다.

> 今有二千七百戶, 戶責租米一十五斛, 問計幾何?
> 答曰, 四萬五百斛.
> 術曰, 列二千七百戶, 以一十五斛乘之, 卽得.

[倉曹-2] 관에 딸린 밭이 900무가 있는데, 대체로 1보당 겉곡식 3되 3홉을 거둔다면, 모두 얼마나 되겠는가?

답 : 6,912섬.

풀이법에 따라서 밭 900무를 놓고, 240보를 곱하면, 216,000보가 되는데, 3되 3홉을 곱하면, 곧 답이 나온다.

> 今有官田九百畝, 凡一步收粟三升三合. 問計幾何?
> 答曰, 六千九百一十二斛.
> 術曰, 列田九百畝, 以二百四十步乘之, 得二十一萬六千步. 以三升二合乘之, 卽得.

[倉曹-3] 겉곡식 700섬을 수레를 고용하여 운반하려고 하는데, 1섬

당 고용료가 7되라면, 수레 주인과 곡식 주인의 몫은 각각 얼마인가?

답 : 수레 주인 49섬, 곡식 주인 651섬.

풀이법에 따라서, 700섬을 놓고, 고용료 7되를 곱하면, 49섬이 되는데, 수레 주인의 몫을 삼는다. 원래의 곡식 700섬에서 뺀 나머지를 곡식 주인의 몫으로 삼는다.

> 今有粟七百斛, 欲雇車運之, 每一斛雇七升. 問車主, 粟主各幾何?
> 答曰, 車主四十九斛, 粟主六百五十一斛.
> 術曰, 列粟七百斛, 以雇粟七升乘之, 得四十九斛, 爲車粟. 以減本粟七百斛, 餘爲主粟.

[倉曹-4] 겉곡식 900섬이 있는데, 1섬당 별도로 2말 5되를 덧붙인다면, 모두 얼마나 되겠는가?

답 : 225섬.

풀이법에 따라서, 900섬을 놓고, 25되를 곱하면, 곧 답이 나온다.

> 今有粟九百斛, 粟別加二斗五升. 問加幾何?
> 答曰, 二百二十五斛.
> 術曰, 列九百斛, 以二十五升乘之, 卽得.

[倉曹-5] 원통형의 곳간(원균)이 있는데, 둘레가 3장, 높이가 1장 6자이다. 저장량은 얼마인가?

답 : 740섬 나머지 1자 2치.

풀이법에 따라서, 둘레 3장을 놓고, 제곱하면, 900보가 되고, 높이 1장 6자를 곱하면, 14,400자가 되며, 12로 나누면, 1,200자가 된다. 섬의 비율 1자 6치 2푼으로 나눠주면, 곧 답이 나온다.

주해 문제의 "원균"을 도해하면, 다음과 같다.

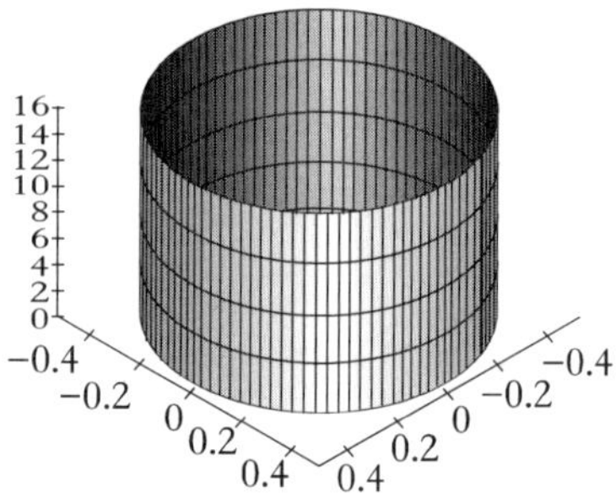

今有圓囷周三丈, 高一丈六尺. 問受粟幾何?
答曰, 七百四十斛, 奇一尺二寸.
術曰, 列周三丈, 自相乘, 得九百尺. 以高一丈六尺乘之, 得一萬四千四百尺. 以十二除之, 得一千二百尺. 以斛法一尺六寸二分除之, 卽得.

[倉曹-6] 정사각형의 움(방교)이 있는데, 길이가 1장 3자, 너비가 6자, 깊이가 1장이다. 저장량은 얼마인가?

답 : 481섬 4말 나머지 1치 3푼.

풀이법에 따라서, 길이 1장 3자를 놓고, 너비 6자를 곱하면, 78자가 되고, 다시 깊이 1장을 곱하면, 780자가 되는데, 섬의 비율로 나눠주면, 곧 답이 나온다.

今有方窖, 縱一丈三尺, 廣六尺, 深一丈. 問受粟幾何?
答曰, 四百八十一斛四斗, 奇一寸三分.
術曰, 列縱一丈三尺, 以‘廣六尺乘之, 得七十八尺, 以深一丈乘之, 得七百八十尺. 以斛法除之, 卽得.

[倉曹-7] 창고가 있는데, 길이가 1장 3자, 너비가 6자, 높이가 1장이다. 그 가운데에 사방 5치, 길이 1장 3자 짜리 길이 버팀목 2개, 사방 4치, 길이 6자 짜리 너비 버팀목 3개, 둘레 3치, 높이 1장 짜리 기둥 1개가 있다. 저장량은 얼마인가?

답 : 471섬 나머지 100치.

풀이법에 따라서, 길이 1장 3자를 놓고, 자리를 올려서 10배 하면, 130치가 되고, 너비 60치를 곱하면, 7,800치가 되고, 다시 높이 1장을 한 자리 올려서 10배한 100치를 곱하면, 78만치가 되는데, 전체 부피로 삼는다. 다시 길이 버팀목 2개를 놓아 한 변 5치를 제곱하면, 25치가 되고, 길이 130치를 곱하면, 3,250치가 되는데, 길이 버팀목 2개를 곱하면, 6,500치가 된다. 다시 너비 버팀목 3개를 놓아 한 변 4치를 제곱하면, 16치가 되고, 길이 60치를 곱하면, 960치가 되는데, 너비 버팀목 3개를 곱하면, 2,880치가 된다. 다시 기둥 1개를 놓아 둘레 3자를 자리를 올려서 10배 한 30치를 제곱하면, 900치가 되고, 높이 100치를 곱하면, 90,000치가 되는데, 12로 나눠주면, 7,500치가 된다. 길이 버팀목, 너비 버팀목, 그리고 기둥의 세 종류 부피를 더하면, 16,880치가 된다. 전체 부피에서 뺀 나머지 763,120치를 나눔수로 삼아서, 섬의 비율 1자 6치 2푼으로 나눠주면, 곧 답이 나온다.

今有倉, 縱一丈三尺, 廣六尺, 高一丈. 中有縱牽二枚, 方五寸, 縱一丈三尺. 又橫牽三枚, 方四寸, 縱六尺. 又柱一枚, 周三尺, 高一丈. 問受粟幾何?

答曰, 四百七十一斛,奇一百寸.

術曰, 列縱一丈三尺, 上十之, 得一百三十寸. 以廣六十寸乘之, 得七千八百寸. 又列, 高一丈, 上十之,爲一百寸. 以乘之, 得七十八萬寸,爲都積. 又列縱牽二枚, 方五寸自相乘得二十五寸. 以, 縱一百三十寸乘之,得三千二百五十寸. 以縱牽二枚乘之, 得六千五百寸. 又列橫牽三枚,方四寸自相乘得十六寸. 以,縱六十寸乘之, 得九百六十寸. 以橫牽三枚乘之,得二千八百八十寸. 又列柱一枚, 周三尺, 上十之, 得三十寸. 自相乘得九百寸. 以高一百寸乘之, 得九萬寸. 以十二除之, 得七千五百寸. 幷縱, 橫牽及柱等三位, 得一萬六千八百八十寸. 以減都積, 餘七十六萬三千一百二十寸, 爲實. 以斛法一尺六寸二分除之,卽得.

[倉曹-8] 창고가 있는데, 길이가 1장 9자, 너비가 1장 5자, 높이가 1장 3자이다. 저장량은 얼마인가?

답 : 2,287섬 3되 나머지 1푼 1리 4호.

풀이법에 따라서, 길이 1장 9자를 놓고, 너비 15자를 곱하면, 285자가 되고, 다시 높이 13자를 곱하면, 3,705자가 되는데, 섬의 비율 1자 6치 2푼으로 나눠주면, 곧 답이 나온다.

> 今有倉, 縱一丈九尺, 廣一丈五尺, 高一丈三尺. 問受粟幾何?
> 答曰, 二千二百八十七斛三升, 奇一分一釐四毫.
> 術曰, 列縱一丈九尺, 以'廣一十五尺乘之, 得二百八十五尺. 又以高一十三尺乘之, 得三千七百五尺. 以斛法一尺六寸二分除之, 卽得.

[倉曹-9] 평지에 겉곡식을 쌓았는데(평지취속), 아래 둘레가 3장, 높이가 4자이다. 겉곡식의 양은 얼마인가?

답 : 61섬 7말 2되 나머지 1푼 3리 6호.

풀이법에 따라서, 아래 둘레 30자를 놓고, 제곱하면, 900자가 되는데, 높이 4자를 곱하면 3,600자가 되며, 36으로 나눠주면, 100자가 된다. 섬의 비율 1자 6치 2푼으로 나눠주면, 곧 답이 나온다.

주해 이 문제는 「하후양산경」 [上-3]과 같고, 「구장산술」 "상공"장의 23번째 문제나 「손자산경」 [下-3]과도 유사하며, 풀이법이 일치한다. 풀이법의 계산은 기본적으로 「구장산술」 "상공"장의

$$V = \frac{\text{아래 둘레}^2 \times \text{높이}}{36}$$

라는 공식을 적용한 데다 덧붙여 1섬=1자 6치 2푼이라는 비율을 반영한 것이다.

今有平地聚粟, 下周三丈, 高四尺. 問粟幾何?
答曰, 六十一斛七斗二升, 奇一分三釐六毫.
術曰, 列下周三十尺, 自相乘, 得九百尺. 以高四尺乘之, 得三千六百尺. 以三十六除之, 得一百尺. 以斛法一尺六寸二分除之, 卽得.

[倉曹-10] 벽 모퉁이 안쪽에 곁곡식을 쌓았는데(내각취속), 아래 둘레가 54자, 높이가 5자이다. 곁곡식의 양은 얼마인가?

답 : 1,000섬.

풀이법에 따라서, 아래 둘레 54자를 놓고, 제곱하면, 2,916자가 되는데, 높이 5자를 곱하면, 14,580자가 되며, 9로 나눠주면, 1,620자가 된다. 섬의 비율 1자 6치 2푼으로 나눠주면, 곧 답이 나온다.

주해 이와 같은 "내각취속(內角聚粟)" 문제는 「구장산술」 "상공"장의 25번째 문제와 비슷하며, 풀이법이 일치한다. 풀이법의 계산은 기본적으로 [倉曹-9]와 같은 "평지취속(平地聚粟)"의 $\frac{1}{4}$로 간주해서

$$V = \frac{\text{아래 둘레}^2 \times \text{높이}}{9} = \frac{(4 \times \text{아래 둘레})^2 \times \text{높이}}{36} \times \frac{1}{4}$$

이라는 공식을 적용한 데다 덧붙여 1섬=1자 6치 2푼이라는 비율을 반영한 것이다.

$$V = \frac{54^2 \times 5}{9} = 1620\text{자}^3.$$

그러나 문제의 곡식 더미를 반영하는 함수를 세워서 적분하고, 보다 정밀한 π 값을 적용하면, 다음과 같은 대안적인 답에 도달하게 된다.

$$V = \frac{1}{4}\int_0^5 \pi\left(\frac{36}{5}y - 36\right)^2 dy = 540\pi = 1696.46\text{자}^3.$$

今有內角聚粟, 下周五十四尺, 高五尺. 問粟幾何?
答曰, 一千斛.
術曰, 列下周五十四尺, 自相乘, 得二千九白一十六尺. 以高五尺乘之, 得一萬四千五百八十尺. 以九除之, 得一千六百二十尺. 以斛法一尺六寸二分除之, 卽得.

[倉曹-11] 벽에 기대어 겉곡식을 쌓았는데(반벽취속), 아래 둘레가 36자, 높이가 4자 5치이다. 겉곡식의 양은 얼마인가?

답 : 200섬.

풀이법에 따라서, 아래 둘레 36자를 놓고, 제곱하면, 1,296자가 되는데, 높이 4자 5치를 곱하면, 5,832자가 되며, 18로 나눠주면, 324자가 된다. 섬의 비율 1자 6치 2푼으로 나눠주면, 곧 답이 나온다.

주해 이와 같은 "반벽취속(半壁聚粟)" 문제는 「구장산술」 "상공"장의 24번째 문제와 비슷하며, 풀이법이 일치한다. 풀이법의 계산은 기본적으로 [倉曹-9]와 같은 "평지취속(平地聚粟)"의 반으로 간주해서

$$V=\frac{\text{아래 둘레}^2\times\text{높이}}{18}=\frac{(2\times\text{아래 둘레})^2\times\text{높이}}{36}\times\frac{1}{2}$$

이라는 공식을 적용한데다 덧붙여 1섬 = 1자 6치 2푼이라는 비율을 반영한 것이다.

今有半壁聚粟, 下周三十六尺, 高四尺五寸. 問粟幾何?
答曰, 二百斛.
術曰, 列下周三十六尺, 自相乘, 得一千二百九十六尺. 以高四尺五寸乘之, 得五千八百三十二尺. 以十八除之, 得三百二十四尺. 以斛法一尺六寸二分除之, 卽得.

[倉曹-12] 벽 모퉁이 바깥쪽에 곁곡식을 쌓았는데(외각취속), 아래 둘레가 48자, 높이가 6자이다. 곁곡식의 양은 얼마인가?

답 : 316섬 나머지 8푼.

풀이법에 따라서, 아래 둘레 48자를 놓고, 제곱하면, 2,304자가 되는데, 높이 6자를 곱하면, 13,824자가 되며, 27로 나눠주면, 512자가 된다. 섬의 비율 1자 6치 2푼으로 나눠주면, 곧 답이 나온다.

今有外角聚粟, 下周四十八尺, 高六尺. 問粟幾何?
答曰, 三百一十六斛, 奇八分.
術曰, 列下周四十八尺, 自相乘, 得二千三百四尺. 以高六尺乘之, 得一萬三千八百二十四尺. 以二十七除之, 得五百一十二尺. 以斛法一尺六寸二分除之, 即得.

주해 이와 같은 "외각취속(外角聚粟)" 문제에 대한 풀이법의 계산은 기본적으로 [倉曹-9]와 같은 "평지취속(平地聚粟)"의 $\frac{3}{4}$으로 간주해서

$$V=\frac{\text{아래 둘레}^2\times\text{높이}}{27}=\frac{\left(\frac{4}{3}\times\text{아래 둘레}\right)^2\times\text{높이}}{36}\times\frac{3}{4}$$

이라는 공식을 적용한 데다 덧붙여 1섬 = 1자 6치 2푼이라는 비율을 반영한 것이다.

제 5권 금조(金曹)

창고, 화폐로 물물교환이나 거래를 하니, 따라서 금조가 그 다음 자리를 잇는다(倉廩貨幣交質交易, 故金曹次之.).

[金曹-1] 565호가 있는데, 1호당 11냥 8수의 책임을 지운다면, 모두 얼마나 내야 되는가?

답 : 8석 5근 3냥 8수.

풀이법에 따라서 1근을 놓는데, 16냥이 되니, 11냥을 불러들이면, 27냥이 되고, 24수를 곱하고, 8수를 불러들이면, 656수가 된다. 565호를 곱하면, 370,640수가 되는데, 24수로 나누면, 15,443냥 나머지 8수가 된다. 다시 16냥으로 나누면, 965근 나머지 3냥이 되는데, 30근으로 나눠주면, 32균 나머지 5근이 된다. 다시 4균으로 나눠주면, 곧 답이 된다.

주해 이 문제와 이것의 역산을 다룬 다음 [2]번 문제는 모두 병조 [1], [2]나 창조 [1]과 마찬가지로 국가가 인민에게 부과한 조세 · 노역 · 공물의 징발에 관한 것이다.

今有五百六十五戶, 戶責絲一斤十一兩八銖. 問計幾何?
答曰, 八石五斤三兩八銖.
術曰, 列一斤, 通作十六兩, 內十一兩, 得二十七兩, 以二十四銖乘之, 內八銖, 得六百五十六銖. 以乘戶五百六十五, 得三十七萬六百四十銖. 以二十四銖除之, 得一萬五千四百四十三兩, 奇八銖. 又以十六兩除之, 得九百六十五斤, 奇三兩. 以三十斤除之, 得三十二鈞, 奇五斤. 又以四鈞除之, 卽得.

[金曹-2] 565호가 있는데, 실 8석 5근 3냥 8수를 공동 책임으로 지운다면, 1호당 실을 얼마나 내야 되는가?

답 : 1근 11냥 8수.

풀이법에 따라서, 실 8석 5근 3냥 8수를 놓고, 4×8석인 32균과 30근을 곱하여 5근을 불러들인 965근에 16냥을 곱하고, 3냥을 불러들이면, 15,443냥이 되는데, 24수를 곱하고, 8수를 불러들이면, 370,640수가 되는네, 565호로 나누면, 1호당 656수가 되며, 24수로 나눠주면, 27냥 나머지 8수가 되어 곧 답이 된다.

주해 이 문제는 앞의 [1]번 문제의 역산이다.

今有五百六十五戶, 共責絲八石五斤三兩八銖. 問戶出絲幾何?
答曰, 一斤十一兩八銖.
術曰, 列絲八石五斤三兩八銖, 以四乘八石得三十二鈞, 以三十斤乘之, 內五斤, 得九百六十五斤, 以十六兩乘之, 內三兩, 得一萬五千四百四十三兩, 以二十四銖乘之, 內八銖, 得三十七萬六百四十銖. 以五百六十五戶除之, 得一戶六百五十六銖. 以二十四銖除之, 得二十七兩, 奇八銖, 又以十六除之, 卽得.

[金曹-3] 738호가 있는데, 공동으로 실 27근 5냥을 달라고 했다면, 1호당 얼마나 되는가?

답 : 14수 2루 1서 나머지 1수 2서.

풀이법에 따라서 실 27근을 놓고, 16냥을 곱하고, 5냥을 불러들이면, 437냥이 되는데, 다시 24수를 곱하면, 10,488수가 되는데, 738호로 나눠주면, 곧 답이 나온다.

주해 풀이법에서 말하는 계산은 다음과 같다.

$$\frac{27\text{근 }5\text{냥}}{738}=\frac{((27\times16)+5)\times24\text{수}}{738}$$

$$=\frac{10488}{738}=14\text{수 }6\text{냥}\cdots12\text{수}=14\text{수 }2\text{루 }1\text{서}\cdots1\text{수 }2\text{서}.$$

今有七百三十八戶, 共請絲二十七斤五兩. 問戶得幾何?
答曰, 一十四銖二絫一黍, 奇一銖二黍.
術曰, 列絲二十七斤, 以十六兩乘之, 內五兩, 得四百三十七兩. 又以二十四銖乘之, 得一萬四百八十八銖. 以七百三十八戶除之, 卽得.

[金曹-4] 실 1냥당 5문씩 하는데, 188근 10냥이 있다면, 모두 얼마나 되는가?

답 : 15관 90문.

풀이법에 따라서 실 188근을 놓고, 16냥을 곱하고, 10냥을 불러들이면, 3,018냥이 되는데, 5문을 곱하면, 곧 답이 나온다.

주해 이 문제는 「하후양산경」 [下-24]와 유사하다.

今有絲一兩, 直錢五文. 有絲一百八十八斤一十兩. 問計直幾何?
答曰, 一十五貫九十文.
術曰, 列絲一百八十八斤, 以十六兩乘之, 內十兩, 得三千一十八兩. 以五文乘之, 卽得.

[五曹-5] 실 9냥으로 비단 1필을 얻는다고 할 때, 실 324근이 있다면, 비단은 얼마나 되겠는가?

답 : 576필.

풀이법에 따라서, 324근을 놓고, 16냥을 곱하면, 5,184냥이 되는데, 9냥으로 나눠주면, 곧 답이 나온다.

주해 이 문제는 「하후양산경」 [下-6]과 일치한다.

今有絲九兩, 得絹一匹. 有絲三百二十四斤. 問計得幾何?
答曰, 五百七十六匹.
術曰, 列三百二十四斤, 以十六兩乘之, 得五千一百八十四兩. 以九兩除之, 卽得.

[金曹-6] 생사 1근으로 연사 12냥을 얻는다고 할 때, 연사 1,587냥을 얻었다면, 생사는 얼마나 있었겠는가?

답 : 2,116필.

풀이법에 따라서 연사 1,587냥을 놓고, 16냥을 곱하면, 25,392냥이 되는데, 12냥으로 나눠주면, 곧 답이 나온다.

今有生絲一斤爲練絲一十二兩. 有練絲一千五百八十七兩. 問生絲幾何?
答曰, 二千一百一十六匹.
術曰, 列練絲一千五百八十七兩, 以十六兩乘之, 得二萬五千三百九十二兩. 以十二兩除之, 卽得.

[金曹-7] 품질이 좋은 실은 1냥 값이 56문이고, 좋지 않은 실은 42문이라고 할 때, 돈 131관 810문으로 (같은 양을) 산다면, 각각 얼마나 되겠는가?

답 : 각각 2균 24근 1냥.

풀이법에 따라서 돈 131관 810문을 놓아 나뉨수로 삼고, 좋은 실과 좋지 않은 실의 값을 더한 98문을 나눗수로 삼아서, 나뉨수를 나눗수로 나누면, 1,345냥이 되는데, 16냥으로 나눠주면, 84근 나머지 1냥이 된다. 다음에 그것을 놓고, 30근으로 나눠주면, 곧 답이 나온다.

주해 이 문제는 1균 = 30근, 1근 = 16냥이라는 환산율을 적용하라는 것이다.

今有貴絲一兩直錢五十六文, 賤絲一兩直錢四十二文. 有錢一百三十一貫八百一十文. 問各得幾何?
答曰, 各二鈞二十四斤一兩.
術曰, 列錢一百三十一貫八百一十文爲實. 并絲貴, 賤價得九十八文,爲法. 以法除實, 得絲一千三百四十五兩. 以十六兩除之, 得八十四斤,餘一兩. 次置之, 以三十斤除之, 卽得.

[金曹-8] 비단 1필이 있는데, 8관의 값이 나간다. 장, 자, 치로 치자면, 얼마나 되는가?

답 : 1장 2관, 1자 200문, 1치 20문.

풀이법에 따라서, 8관을 놓고, 40자로 나누면, 1자 값이 된다. 한 자리 올리면, 곧 1장 값이 되고, 한 자리 물리면, 곧 1치 값이 된다.

주해 이 문제는 「하후양산경」 [下-3], [下-13]과 거의 비슷한 문제이다.

今有錦一匹直錢八貫文. 問一丈, 一尺, 一寸各直幾何?
答曰, 一丈, 二貫文, 一尺, 二百文, 一寸, 二十文.
術曰, 列錢八貫, 以四十尺除之, 得尺價. 進位, 卽丈價, 退位, 卽寸價.

[金曹-9] 금 2근이 있는데, 96인으로 하여금 그것을 나누게 하였다. 1인당 몫은 얼마인가?

답 : 8수.

풀이법에 따라서 금 2근을 놓고, 16을 곱하면, 32냥이 되고, 다시 24수를 곱하면, 768수가 되는데, 96인으로 나눠주면, 답이 나온다.

주해 「하후양산경」[下-5]도 이와 비슷한 문제이다. 풀이법에서 말하는 계산은 다음과 같다.

$$\frac{2\text{근}}{96}=\frac{2\times16\times24}{96}=\frac{768}{96}=8\text{수}.$$

今有金二斤, 令九十六人分之. 問人得幾何?

答曰, 八銖.

術曰, 列金二斤, 以十六兩乘之, 得三十二兩. 又以二十四銖乘之, 得七百六十八銖. 以九十六人除之, 卽得.

[金曹-10] 돈 238관 573문이 있는데, 얻고자 하는 금액의 92퍼센트가 되게 하려고 한다. 전체 액수는 얼마나 되겠는가?

답 : 259관 318문 나머지 족전 4푼 4리.

풀이법에 따라서, 238관 573문을 놓고, 92로 나눠주(고 100을 곱하)면, 답이 나온다.

주해 $238.573 \times \frac{100}{92} = 259.318$관 나머지 .00044관

$= 259$관 318문 나머지 4푼 4리.

今有錢二百三十八貫五百七十三文足, 欲爲九十二陌, 問得幾何?

答曰, 二百五十九貫三百一十八文, 奇足錢四分四釐.

術曰, 列錢二百三十八貫五百七十三文足, 以九十二除之卽得.

「오조산경」 해설

“산경십서”의 하나로서 산학사상 중요한 위치를 차지하고 있는 「오조산경」은 6세기 중엽 북주(北周)에서 사예대부(司隸大夫), 무극백(毋極伯) 등의 관직을 지낸 견란(甄鸞)이 직접 지은 것이다. 그는 북주(北周) 중산(中山) 무극(毋極)(오늘날의 하북성 무극) 출신으로 자는 숙준(叔遵)이라고 하며, 「오조산경」 외에도 「오경산술」을 짓고, 「주비산경」, 「장구건산경」, 「손자산경」, 「수술기유」 등을 주해한 것으로 알려지는 등 산학사상 최대의 저술가/편찬자 가운데 1인임과 동시에 천문・역산에도 밝아서 천화(天和) 원년(566)에 반포된 “천화력”은 바로 그의 주도로 만들어진 것이었다.

“오조”는 전조(田曹), 병조(兵曹), 집조(集曹), 창조(倉曹), 금조(金曹)라는 지방관청의 다섯 부서를 지칭하는 것으로서 기본적으로 이 책은 지방 행정관리들의 실제적 업무처리와 관련된 응용산술서로 집필되었다고 할 수 있다. 이러한 책의 성격은 수학이 현실 문제와 얼마나 직결되어 있으며, 고대 사회에 있어서 수학의 정치경제적 토대가 과연 무엇인지를 다시 한번 절실히 일깨워주는 바가 있다. 이 책은 전조부터 금조까지의 다섯 조에 한 권씩을 할당하여 총 5권으로 이루어져 있으며, 포함된 문제 수는 전조 19, 병조 12, 집조 14, 창조 12, 금조 10 등 도합 67개이다.

전조는 주로 넓이 계산 위주로 되어 있는데, 특히 「구장산술」에서 다루어지지 않은 요고전([田曹-5]), 고전([田曹-6]), 사전([田曹-8]), 사부등전([田曹-14]), 복월전([田曹-15]), 우각전([田曹-16]) 등을 선보이면서, 그것들의 넓이를 구하는 공식들을 제시한 것이 이채

롭게 드러난다. 이것들 가운데 요고전, 고전, 사전은 실제로는 사다리꼴 두 개가 맞붙은 형태의 "삼광전"을 가리키며, 그것들에 대한 풀이법의 공식이 기본적으로

$$S=\frac{1}{3}(\text{윗 너비}+\text{가운데 너비}+\text{아래 너비})\times\text{높이}$$

로 나타나는데, 같은 도형에 대하여 「양휘산법」 "전무비류승제첩법"의 [28]이나 명 정대위의 「산법찬요(算法纂要)」에서 사용하는 공식

$$S'=\frac{1}{4}(\text{윗 너비}+2\times\text{가운데 너비}+\text{아래 너비})\times\text{높이}$$

와 명백한 대조를 보인다는 것을 알 수 있다. 이것들 자세히 살펴보면, 후자의 공식은 그것이 흡사 일반적으로 맞는 것처럼 간주한 紀志剛(1999: 288)의 지적과는 달리 가운데 너비가 높이를 정확히 양분할 경우에만 성립되며, 전자 즉, 「오조산경」의 삼광전 공식은 전혀 엄밀한 논리에 근거를 두지 않은 어림셈에 불과하다는 것이 드러난다(양자간의 차이에 대해서는 특히 [田曹-5]의 주해에서 그래프로 비교한 것을 참조할 것).

「오조산경」은 또한, 사부등전에 대해서도 부정확한 공식을 제시한 것으로 밝혀진다. 그것은 「오조산경」이 「하후양산경」과 더불어, 넓이를 S, 동서 변을 각각 a, b, 남북 변을 각각 c, d라고 할 때, $S=\frac{a+b}{2}\times\frac{c+d}{2}$라고 간주하는데, 실제로는 $p=\frac{a+b+c+d}{2}$, α=마주보는 두 각의 평균이라고 할 때,

$$S=\sqrt{(p-a)(p-b)(p-c)(p-d)-abcd\cos^2\alpha}$$

라고 표시되어야 마땅하기 때문이다(Gullberg, 1997: 445를 참조).

복월전, 우각전과 같은 도형에 대해서도, 비록 부정확하다고는 하나 그것과 명백히 관련 있는 호시전의 넓이 공식에 비추어 접근하지를 않고, 겨우 구부러진 삼각형으로 취급하는데 그치고 있어서 여간 허술하게 보이지 않는다.

아무튼 기하문제들에 대한 이상과 같은 느슨한 접근들은 견란의 수리적 추론 능력의 수준과 정체가 과연 무엇인지, 또 그것들이 그의 명성과 어떻게 양립 가능할지, 그리고 그러한 지침들이 관리들의 실제 행정업무 수행에 얼마나 도움이 되었을지 여러 가지로 의구심을 갖게 하기에 충분하다고 여겨진다.

한편, 병조는 군역 부과와 병사들에 대한 물자 지급에 관한 문제를 다루고 있고, 집조에는「구장산술」"속미"장에 제시되어 있는 교환비율--특히 곁곡식 50, 여미 30, 패미 27, 착미 24, 어미 21--이 그대로 적용된 문제들이 등장하며, 창조에는 운송, 창고에 관한 문제들과 함께「구장산술」"상공"장의 "위속술(委粟術)" 문제들과 기본적으로 같은 것들이 실려 있다. 그리고 금조의 문제들은 대부분 조세, 재료가공, 물물교환, 거래와 관련된 것이다.

끝으로, 이 역주 작업은 주로 靖玉樹 編,「中國歷代算學集成」上卷에 수록된 영인본을 기초로 하고, 郭書春·劉鈍 교점본「算經十書」의 해당 부분을 크게 참조하면서 이루어졌음을 밝힌다.

참고문헌

「九章算術」.

「算數書」.

「楊輝算法」.

「五曹算經」.

「張邱建算經」.

郭書春・劉鈍 校點. 1998.「算經十書」. 遼寧教育出版社.

靖玉樹 編. 1994.「中國歷代算學集成」. 上卷. 山東人民出版社.

차종천. 2000.「九章算術・周髀算經」. 범양사출판부.

Gullberg, Jan. 1997. *Mathematics : From the Birth of Numbers.* New York : W. W. Norton & Co.

장구건산경 張丘建算經

[북위] 장구건 지음 (北魏 張丘建 撰)

[당] 이순풍 등 주석 (唐 李淳風 等 注釋)

장구건산경 서문(張丘建算經序)

산학을 공부하는 사람은 대개 곱셈·나눗셈하기의 어려움을 염려하지는 않으나, 통분하기의 어려움은 염려한다. 그러므로 서문에서 여러 분수들의 기본을 열거하고, 약분과 통분하는데 필요한 법을 널리 밝히고자 한다. 위의 나뉨수에 있는 나머지는 분자로 삼고, 아래의 법은 그대로 두고 분모로 삼아서, 약분이 되는 것은 약분해서 부르고, 약분이 되지 않는 것은 그대로 몇 분의 몇이라고 부른다. 무릇 약분하는 법에서는 높은 자리를 줄이고, 짝수는 반으로 하고, 홀수는 약수로 나눌 수 있는지를 헤아린다. 분자와 분모를 따로 놓고, 큰 수에서 작은 수를 빼서, 같은 수를 구하여 그것을 이용한다. 또한 통분하는 법으로 말할 것 같으면, 먼저 분모를 정수와 곱하고, 그 다음에 분자를 불러들인다. 분모들이 같지 않은 경우, 분모들을 분자와 서로 교대로 곱하고, 분모들도 서로 곱해서 하나의 분모로 만든 다음, 여러 분자들을 합해서 약분한다. 통분하여 분모를 불러들인 것은 밖으로 내면 곧 정해진다. 「하후양산경」의 직육면체 창고(방창), 「손자산경」의 그릇 씻기(탕배)와 같은 것들의 풀이법은 모두 그 오묘함을 아직 얻지 못하고 있다. 그러므로 다시 새로운 풀이법을 만들고 그 이치를 알아내서 여기에 덧붙이게 되었다. 틈틈이 후생 가운데 공부하기 좋아하는 사람이 있거나 해서 그로 말미암아 이르게 되는 것을 위해서 그 큰 줄거리를 들어 그렇게 한 것이다. 풀이법은 번잡스럽게 되풀이하지 않았으니, 대체로 그 평이함이 터득될 것이다.

청하 장구건이 삼가 서문을 쓰다.

夫學算者不患乘除之爲難, 而患通分之爲難. 是以序列諸分之本元,宣明約通之要法. 上實有餘爲分子, 下法從而爲分母, 可約者約以命之,不可約者因以命之. 凡約法,高者下之[65], 耦者半之, 奇者商之. 副置其子及其母, 以少減多, 求等數而用之[66]. 乃若其通分之法, 先以其母乘其全[67], 然後內子. 母不同者母互乘子, 母亦相乘爲一母, 諸子共之約之. 通分而母入者, 出之則定. 其夏侯陽之方倉[68], 孫子之蕩杯[69], 此等之術皆未得其妙. 故更造新術, 推盡其理, 附之於此. 餘爲後生好學有無由以至者, 故擧其大概而爲之. 法不復煩重, 庶其易曉云耳. 淸河張丘建謹序.

장구건산경 상권(張丘建算經卷上)

[上-1] $9\times 21\frac{3}{5}$ 는 얼마인가?

답 : $194\frac{2}{5}$.

---

65) "고자하지(高者下之)"는 자리수를 줄일 수 있으면 줄이라는 뜻이다.

66) "등수(等數)"는 유클리드 호제법으로 구한 최대공약수를 가리키는데, 「구장산술」 "방전"장의 [6]과 「손자산경」의 [中-1]에서도 같은 표현이 발견된다.

67) "全"은 대분수의 정수부분을 가리킨다.

68) "夏侯陽之方倉"은 「하후양산경(夏侯陽算經)」 상권의 4-6번째 문제들에서 다루어진 창고--실제로는 가로, 세로가 같지 않아서 방창이 아니라 장창(長倉)이다--들을 가리키는데, 장구건은 특히 [上-5], [上-6]을 보다 "오묘하다"고 여긴 듯하다.

69) "孫子之蕩杯"는 「손자산경(孫子算經)」의 [下-17] 문제를 가리킨다.

계산법에 따라서, 21을 놓고, 분모 5를 곱한 다음, 분자 3을 불러들이면, 108이 된다. 그리고 나서 9를 곱하면, 972가 된다. 분모 5로 나눠주면, 문제에 맞는 답이 나온다.

以九乘二十一, 五分之三. 問得幾何?
答曰, 一百九十四, 五分之二.
草曰, 置二十一, 以分母五乘之, 內子三, 得一百八. 然以九乘之, 得九百七十二. 却[70]以分母五而一. 得合所問.

[上-2] $21\frac{3}{7} \times 37\frac{5}{9}$ 는 얼마인가?

답 : $804\frac{16}{21}$.

계산법에 따라서, 21을 놓고, 분모 7을 곱한 다음, 분자 3을 불러들이면, 150이 된다. 다시 37을 놓고, 분모 9를 곱한 다음, 분자 5를 불러들이면, 338이 된다. 두 자리를 서로 곱하면, 50,700이 되는데, 나뉨수로 삼는다. 두 분모 7, 9를 곱한 63으로 나눠주면, 804와 나머지 $\frac{48}{63}$ 이 된다. 각각을 3으로 약분하면, $\frac{16}{21}$ 이 되어 앞서의 문제에 들어맞는다.

70) "却"은 "도리어, 거꾸로"의 뜻을 나타내는 접속사인데, 현대 국어로 옮기자니 다소 어색한 느낌을 주는 것이 사실이다.

以二十一, 七分之三乘三十七,九分之五. 問得幾何?
答曰, 八百四, 二十一分之十六.
草曰, 置二十一, 以分母七乘之, 內子三, 得一百五十. 又置三十七,以分母九乘之, 內子五, 得三百三十八. 二位相乘得五萬七百爲實. 以二分母七, 九相乘得六十三而一, 得八百四,餘六十三分之四十八. 各以三約之, 得二十一分之十六. 合前問.

[上-3] $37\frac{2}{3}\times(49+\frac{3}{5}+\frac{4}{7})$는 얼마인가?

답 : $1889\frac{83}{105}$.

계산법에 따라서, 37을 놓고, 분모 3으로 곱하고, 분자 2를 불러들이면, 113이 된다. 또 49를 아래에 두고, 별도로 5분을 아래 오른쪽, 3을 왼쪽에 놓고, 다시 5분 아래에 별도로 7분을, 3 아래, 4를 놓는다. 이어서 곱하기(유승)를 하여 오른쪽 위의 5로 왼쪽 아래의 4를 곱하면, 20이 되고, 오른쪽 아래의 7로 왼쪽 위의 3을 곱하면, 21이 되어, 더하면, 41이 된다. 분모를 서로 곱하면, 35가 되고, 35로 41을 나누면, 1 나머지 6이 된다. 윗자리의 49에 1을 더하면, 50이 된다. 다시 분모 35를 곱한 다음, 분자 6을 불러들이면, 1,756이 된다. 윗자리의 113을 곱하면, 198,428이 되는데, 나뉨수로 삼는다. 또 분모 3으로 서로 곱하면, 105가 되는데, 나눗수로 삼는다. 나뉨수를 나눠주면, $1889\frac{83}{105}$이 되어 문제에 들어맞는다.(신 이순풍 등이 삼가 살펴보건대, 이전의 세 문제가 비록 문제 제기는 되었으나, 풀이법을 이루지 못한 것으로 증거할 수 있다. 의당 다음과 같이 말해야 할 것이다 : 분모를 대분수의 정수 부분과 곱하고 분자를 불러들여서, 서로 곱한 것을 나뉨수로 삼는다. 분모를 서로 곱해서 나눗수로 삼는다. 만약 양쪽 다 분수가 있으면, 분모를 대분수의 정수 부분과 곱하고 분자를 불러들여서, 서로 곱한 것을 나뉨수로 삼는다. 분모를 서로 곱해서 나눗수로 삼아, 나뉨수를 나눗수로 나눠주면, 답이 된다.)

주해 계산법이 가리키는 절차를 수식으로 표시하면 다음과 같다.

$$37\frac{2}{3}\times\left(49+\frac{3}{5}+\frac{4}{7}\right)$$

$$=\frac{113}{3}\times\left(49+\frac{3\times7+4\times5}{5\times7}\right)$$

$$=\frac{113}{3}\times\left(49+\frac{41}{35}\right)$$

$$=\frac{113}{3}\times\left(49+\frac{41}{35}\right)$$

$$=\frac{113}{3}\times\left(50+\frac{6}{35}\right)$$

$$=\frac{113}{3}\times\frac{1756}{35}$$

$$=\frac{198428}{105}$$

$$=1889\frac{83}{105}$$

以三十七, 三分之二乘四十九, 五分之三, 七分之四[71]. 問得幾何?

答曰, 一千八百八十九, 一百五分之八十三.

草曰, 置三十七, 以分母三乘之, 內子二, 得一百一十三. 又置四十九於下, 別置五分於下右, 之三在左. 又於五分之下別置七分, 之三之下置四. 維乘之, 以右上五乘左下四得二十, 以右下七乘左上三得二十一, 幷之得四十一. 以分母相乘, 得三十五. 以三十五除四十一, 得一, 餘六. 以一加上四十九得五十. 又以分母三十五乘之, 內子六, 得一千七百五十六. 以乘上位一百一十三, 得一十九萬八千四百二十八爲實. 又以分母三相乘, 得一百五爲法. 除實得一千八百八十九, 一百五分之八十三. 合所問. (臣淳風[72]等按, 以前三條, 雖有設問而無成術可憑. 宜云,分母乘全內子, 令相乘爲實. 分母相乘爲法. 若兩有分, 母各乘其全內子, 令相乘爲實. 分母相乘爲法. 實如法而得一.)

[上-4] $256\frac{8}{9}\div 12$는 얼마인가?

---

71) "四十九,五分之三,七分之四"는 대분수의 분수 부분이 둘이나 되는 요즘 쓰지 않는 종류의 표현이며, 뜻하는 바는 $49+\frac{3}{5}+\frac{4}{7}$이다. 다음 [上-6]에도 비슷한 표현이 등장한다.

72) "신순풍(臣淳風)"은 "십부산경"의 편찬자로서 산학사상 가장 영향력이 컸던 인물 가운데 하나인 이순풍을 말한다. 그는 당 태종의 깊은 신임을 받았고, 장사랑(將士郞)을 제수 받아 시작한 관직은 태사령(太史令)까지 이르렀는데, 수학 외에도 천문, 역법, 성점(星占), 기상 등 여러 방면으로 조예가 깊어서 「진서(晋書)」, 「수서(隋書)」의 천문지, 율력지, 오행지는 모두 그의 손을 거쳤으며, 「태평광기(太平廣記)」는 그의 일식 예측이 "털끝만큼도 틀림이 없었다(不差毫發)"고 전하고 있다.

답 : $12\frac{11}{27}$.

계산법에 따라서, 256을 놓고, 분모 9를 곱한 다음, 분자 8을 불러들여서 얻은 2,312를 나뉨수로 삼는다. 또한 나누는 수 12를 놓고, 9를 곱하면, 108이 되는데, 나눗수로 삼는다. 나뉨수를 나눠주면, 21이 되며, 나눗수와 나머지 모두를 반으로 나누면, $\frac{11}{27}$이 되어 문제에 들어맞는다.

以十二除二百五十六, 九分之八. 問得幾何?
答曰, 二十一,, 二十七分之十一.
草曰, 置二百五十六, 以分母九乘之, 內子八, 得二千三百一十二爲實. 又置除數十二, 以九乘之, 得一百八爲法. 除實得二十一. 法與餘俱半之, 得二十七分之十一. 合所問.

[上-5] $1768\frac{4}{7} \div 27\frac{3}{5}$ 는 얼마인가?

답 : $64\frac{38}{483}$.

계산법에 따라서, 1768을 놓고, 분모 7을 곱한 다음, 분자 4를 불러들이면, 12,380이 된다. 다시 나누는 수의 분모에 5를 곱하면, 61,900이 되는데, 나뉨수로 삼는다. 또한 나누는 수 27을 놓고, 분모 5를 곱한 다음, 분자 3을 불러들이면, 138이 된다. 또한 분모에 7을 곱하면, 966이 되는데, 나눗수로 삼는다. 그것을 나눠주면, 64가 되며, 나눗수와 나머지 모두를 반으로 나누면, $\frac{38}{483}$이 되어 앞서의 문제에 들어맞는다.

以二十七, 五分之三除一千七百六十八,七分之四. 問得幾何?
答曰, 六十四, 四百八十三分之三十八.
草曰, 置一千七百六十八,以分母七乘之,內子四,得一萬二千三百八十. 又以除數分母五乘之,得六萬一千九百爲實. 又置除數二十七,以分母五乘之,內子三,得一百三十八. 又以分母七乘之,得九百六十六爲法. 除之,得六十四. 法與餘各折半, 得四百八十三分之三十八. 得合前問.

[上-6] $(6587+\frac{2}{3}+\frac{3}{4})\div 58\frac{1}{2}$ 는 얼마인가?

답 : $112\frac{437}{702}$.

계산법에 따라서, 6587을 위에 놓고, 또 별도로 3분을 아래 오른쪽, 2를 왼쪽에 놓고, 다시 별도로 4분을 3 아래, 3을 왼쪽에 놓는다. 이어서 곱하기(유승)를 하면, 분모는 12, 분자는 17이 된다. 분자를 분모로 나누면, 1 나머지 5가 된다. 윗자리에 1을 더하면, 6,588이 되고, 분모 12를 곱한 다음, 분자 5를 불러들이면, 79,061이 된다. 다시 나눌 수의 분모를 2배하면, 158,122가 된다. 다시 나눌 수 58을 아래에 놓고, 2를 곱한 다음, 1을 불러들이면, 117이 된다. 또 곱할 수의 분모 12를 곱하면, 1,404가 되는데, 나눗수로 삼는다. 나뉨수를 나눠주면, 112가 되며, 나눗수와 나머지 모두를 반으로 나누면, $\frac{437}{702}$ 이 된다.(신 이순풍 등이 삼가 살펴보건대, 이 풀이법은 이전의 세 문제와 마찬가지로 문제만 있을 뿐 풀이법이 없는 경우입니다. 의당 다음과 같이 말해야 할 것입니다 : 주어진 값을 통분하여 분자를 불러들여서 나뉨수로 삼는다. 나눌 수를 놓고, 분모를 곱해서 나눗수로 삼는다. 나뉨수를 나눗수로 나눠주면, 답이 된다. 만약 나눗수와 나뉨수 모두에 분수가 있거나, 분수들이 겹쳐져 있으면, 같은 것들을 통분한다.)

주해 계산법이 가리키는 절차를 수식으로 표시하면 다음과 같다.

$$
\begin{aligned}
(6587+\frac{2}{3}+\frac{3}{4})\div 58\frac{1}{2}
&=(6587+\frac{2\times4+3\times3}{3\times4})\div 58\frac{1}{2}\\
&=(6587+\frac{17}{12})\div 58\frac{1}{2}\\
&=6588\frac{5}{12}\div 58\frac{1}{2}\\
&=\frac{79061}{12}\div 58\frac{1}{2}\\
&=\frac{79061}{12}\times\frac{2}{117}\\
&=\frac{79061\times2}{1404}\\
&=112\frac{437}{702}
\end{aligned}
$$

以五十八, 二分之一除六千五百八十七, 三分之二, 四分之三[73]. 問得幾何?

答曰, 一百一十二, 七百二分之四百三十七.

草曰, 置六千五百八十七於上. 又別置三分於下右, 之二於左. 又置四分於三下, 之三於左. 維乘之,分母得十二, 子得一十七. 以分母除子得一, 餘五. 加一上位, 得六千五百八十八. 以分母十二乘之, 內子五, 得七萬九千六十一. 又以除數分母二因之, 得一十五萬八千一百二十二. 又置除數五十八於下. 以二因之, 內之一, 得一百一十七. 又以乘數分母十二乘之, 得一千四百四爲法. 以除實得一百一十二. 法與餘俱半之, 得七百二分之四百三十七.(臣淳風等謹按, 此術以前三條亦有問而無術. 宜云, 置所有之數通分內子爲實. 置所除之數以分母乘之爲法. 實如法得一. 若法實俱有分, 及重有分者, 同而通之.)

[上-7] 관 주최로 수렵을 실시한 끝에 잡은 사슴을 포위병들에게 나눠줬다. 처음 포위망은 3인마다 사슴 5마리를 하사하고, 다음 포위망은 5인마다 사슴 7마리를 하사하고, 그 다음 포위망은 7인마다 사슴 9마리를 하사하니, 세 포위망을 합해서 사슴 $152,333\frac{1}{3}$마리를 하사하게 되었다. 포위병은 얼마나 되는가?

답 : 35,000인.

풀이법에 따라서 세 포위망의 사람 수와 하사한 사슴 수를 교대로 곱해서, 더하여 나눗수로 삼는다. 세 포위망의 하사한 사슴과 사람 수를 하사한 사슴 수의 합과 서로 곱하여 나뉨수로 삼는다. 나뉨수를 나눗수로 나눠주면, 답이 나온다.

계산법에 따라서, 3인을 오른쪽 위, 사슴 5마리를 왼쪽 위, 5인을 오른쪽 가운데, 사슴 7마리를 왼쪽 가운데, 7인을 오른쪽 아래, 사슴 9마리를 왼쪽 아래에 놓는다. 오른쪽 가운데 5를 왼쪽 위 5와 곱하면, 25가 되고, 오른쪽 아래 7을 왼쪽 위 25와 곱하면, 175가 된다. 다시 오른쪽 위 3을 왼쪽 가운데 7과 곱하면, 21이 되고, 다시 오른쪽 아래 7을 왼쪽 가운데 21과 곱하면, 147이 된다. 또다시 오른쪽 위 3을 왼쪽 위 9와 곱하면, 27이 되고, 다시 오른쪽 가운데 5를 왼쪽 가운데 27과 곱하면, 135가 된다. 왼쪽 세 자리 수를 더한 457을 나눗수로 삼는다. 오른쪽의 세 자리 수를 서로 곱하면, 105가 된다. 별도로 $152,333\frac{1}{3}$마리를 위에 놓고, 먼저 3을 곱하고, 분자의 1을 불러들이면, 457,000이 된다. 105를 곱하면, 47,985,000이 된다. 제법

73) "六千五百八十七,三分之二,四分之三"는 대분수의 분수 부분이 둘이나 되는 요즘 쓰지 않는 종류의 표현이며, 뜻하는 바는 $6587+\frac{2}{3}+\frac{3}{4}$이다. 앞서 [上-3]에도 비슷한 표현이 등장한 바 있다.

457을 놓고, 3을 곱한 1,371을 나눗수로 삼아 나눠주면, 35,000인이 되어 문제에 들어맞는다.

주해 문제에서 전제하는 바는 삼중 포위망 각각에 동일한 인원수를 배치했다는 것이다. 따라서 다음과 같은 계산이 나온다.

$$\left(\frac{5}{3}+\frac{7}{5}+\frac{9}{7}\right)\times x=\frac{175+147+135}{105}x=152333\frac{1}{3}=\frac{457000}{3},$$

$$\therefore\ x=35000$$

今有官獵得鹿, 賜圍兵. 初圍三人中賜鹿五頭. 次圍五人中賜鹿七頭. 次圍七人中賜鹿九頭. 幷三圍賜鹿一十五萬二千三百三十三頭,少半頭. 問圍兵幾何?

答曰, 三萬五千人.

術曰, 以三賜人數互乘三賜鹿數, 幷以爲法. 三賜鹿人數相乘幷賜鹿數爲實. 實如法而得一.

草曰, 置三人於右上, 五鹿於左上, 五人於右中, 七鹿於左中, 七人於右下, 九鹿於左下. 以右中五乘左上五得二十五, 以右下七乘左上二十五得一百七十五. 又以右上三乘左中七得二十一, 又以右下七乘左中二十一得一百四十七. 又以右上三乘左下九得二十七, 又以右中五乘左下二十七得一百三十五. 將左三位幷之, 得四百五十七爲法. 以右三位相乘得一百五. 別置一十五萬二千三百三十三頭, 少半頭位於上,先以三乘之, 內子一, 得四十五萬七千. 以一百五乘之, 得四千七百九十八萬五千. 置除法四百五十七, 以三因之, 得一千三百七十一爲法, 除之, 得三萬五千人. 合問.

[上-8] 수렵장이 있고, 둘레가 452리 180보인데, 포위병을 10보마다 1인씩 배치하였다. 이제 포위망을 좁혀서 한 사람마다 4자의 땅을 확보하게 하려고 한다. 포위망은 얼마로 압축되겠는가?

답 : 30리 52보.

풀이법에 따라서, 포위망의 리수와 보수를 놓고, 한 자리 물린 뒤, 4를 곱하여 자 단위로 만든다. 보의 크기(보법)로 나눠주면, 곧 축의 수가 된다.

계산법에 따라서, 452리를 놓고, 리의 환산율(리법) 300보로 곱한 다음, 딸린 보수 180을 불러들이면, 135,780보가 되는데, 한 자리 물리면, 13,578인이 된다. 4를 곱하면, 9,052보가 되는데, 리의 크기(리법) 300으로 나눠주면, 30리 52보가 되어 문제에 들어맞는다.

주해 문제에서 말하는 바는 포위병들이 10보, 즉 60자씩이던 간격을 4자로 줄인다는 것이다. 따라서 계산은 다음과 같이 나온다.

$$450\text{리 } 180\text{보} \div 10\text{보} \times 4\text{자} = (450 \times 300 + 180) \times \frac{4}{60}$$
$$= \frac{135780}{15}\text{보} = 9052\text{보} = 30\text{리 } 52\text{보}.$$

今有獵圍, 周四百五十二里一百八十步, 布圍兵十步一人. 今欲縮令通身得地四尺. 問圍內縮幾何?
答曰, 三十里五十二步.
術曰, 置圍里步數, 一退, 以四因之爲尺, 以步法除之, 卽得縮數.
草曰, 置四百五十二里, 以里法三百步乘之, 內子一百八十, 得一十三萬五千七百八十步.退一等, 得一萬三千五百七十八人. 四因之, 得九千五十二步. 以里法三百除之, 得三十里五十二步. 合問.

[上-9] 포위병 23,400인으로 하여금 포위망을 둘러치게 하였는데, 인접한 사람 사이의 거리는 5보이다. 이제 포위망을 압축하여 19리 150보를 줄이려고 한다. 병사들 사이의 거리는 얼마나 되겠는가?

답 : $4\frac{3}{4}$ 보.

풀이법에 따라서, 사람 수를 놓고, 5를 곱한 다음, 다시 19리 150보를 뺀 나머지를 사람수로 나눈다. 미처 떨어지지 않는 것은 평·약분한다.

계산법에 따라서, 포위병 23,400인을 놓고, 5를 곱하면, 117,000보가 된다. 19리를 놓고, 300보를 곱해서 보로 환산한 다음, 딸린 150보를 불러들이면, 5,850보가 되고, 앞자리 수에서 빼면, 111,150보가 되는데, 포위병 23,400으로 나눠주면, 4보가 나온다. 나머지를 포위병 수로 다시 나누면, 3이 되고, 나눗수는 4가 된다.

주해 풀이법의 계산은 다음과 같다.

$$\frac{(23400\times5)-(19\times300+150)}{23400\times5}\times5=\frac{117000-5850}{117000}\times5$$

$$=\frac{111150}{117000}\times5=\frac{55750}{117000}=4\frac{3}{4}\text{ 보}$$

今有圍兵二萬三千四百人以布圍周, 各相去五步. 今圍內縮除一十九里一百五十步而止. 問兵相去幾何?

答曰, 四步, 四分步之三.

術曰, 置人數, 以五乘之, 又以一十九里一百五十步減之, 餘, 以人數除之. 不盡, 平約之.
草曰, 置圍兵二萬三千四百人, 以五乘之, 得一十一萬七千步. 置一十九里, 以三百通之, 內子一百五十步, 得五千八百五十步, 以減上位,得一十一萬一千一百五十步, 以圍兵二萬三千四百除之, 得四步. 餘以圍兵數再析除, 餘得三, 除法得四.

[上-10] 국유림으로 봉해진 어떤 산의 나무 울타리 둘레가 325리이다. 갑, 을, 병 3인이 나무 울타리 둘레를 함께 도는데, 하루에 갑은 150리, 을은 120리, 병은 90리를 간다. 돌다가 며칠만에 만나게 되겠는가?

답 : $10\frac{5}{6}$ 일.

풀이법에 따라서 갑, 을, 병이 가는 리 수를 놓고, 최대공약수를 나눗수로 삼는다. 나무 울타리 둘레의 리 수를 나뉨수로 삼아서, 나뉨수를 나눗수로 나눈다.

계산법에 따라서 갑, 을, 병이 가는 리 수인 갑 150, 을 120, 병 90을 놓고, 최대공약수를 구하면, 30이 되는데, 나눗수로 삼는다. 나무 울타리 둘레의 리 수를 나누면, 11이 되고, 나눗수 30에 나머지 25가 되는데, 각각 5로 나눠주면, 나눗수 6에 나머지 5가 된다. 각각 30으로 갑, 을, 병이 가는 리 수를 나눠주면, 갑은 5바퀴, 을은 4바퀴, 병은 3바퀴가 나와, 앞서의 문제에 들어맞는다.

주해 이 문제는 하루에 갑이 $\frac{325}{150}$ 바퀴, 을이 $\frac{325}{120}$ 바퀴, 병이 $\frac{325}{90}$ 바퀴를 돌 때, 셋이 함께 만나게 되는 주기를 계산하라는 것이다. 구하려는 주기는 이 세 분수의 최소공배수로서 분자가 모두 같으므로 실제로는 분모의 최대공약수로 분자를 나눠준 값이 되어 $\frac{325}{30} = 10\frac{5}{6}$일이 된다. 이 문제와 다음 문제([上-11])는 모두 「손자산경」 [下-35]의 "친정 집을 찾아오는 세 딸(三女歸家)" 문제를 상기시키는 것들이다.

今有封山[74]周棧三百二十五里. 甲, 乙, 丙三人同繞周棧行, 甲日行一百五十里, 乙日行一百二十里, 丙日行九十里, 問周行幾何日會?
答曰, 十日, 六分日之五.
術曰, 置甲, 乙, 丙行里數, 求等數爲法. 以周棧里數爲實. 實如法而得一.
草曰, 置甲, 乙, 丙行里數, 甲行一百五十, 乙行一百二十, 丙行九十, 各求等數, 得三十, 爲法. 除周棧數得十一, 法三十, 餘二十五, 各以五除之, 法得六, 餘得五. 各以三十約甲, 乙, 丙行數, 乃甲得五周, 乙得四周, 丙得三周, 合前問.

[上-11] 안쪽 병영 둘레는 720보, 가운데 병영 둘레는 960보, 바깥쪽 병영 둘레는 1,200보이다. 갑, 을, 병 3인이 밤에 경계근무를 서게 되어, 갑은 안쪽 병영을 돌고, 을은 가운데 병영을 돌고, 병은 바깥쪽 병영을 돌았는데, 함께 남문에서 출발했다. 갑, 을, 병의 단위시간당 속도(행률)는 각각 9, 7, 5이다. 몇 바퀴를 돌아야 모두 남문에 도

74) 여기서 "봉산(封山)"은 울타리를 둘러친 통행금지 구역으로 묘사되고 있어서 고유명사로 취급하기보다 어떤 "국유림으로 봉해진 산"이라고 보았다.

달하겠는가?

답 : 갑 12바퀴, 을 7바퀴, 병 4바퀴.

풀이법에 따라서 안쪽, 가운데, 바깥쪽 둘레 보수를 갑, 을, 병의 단위시간당 속도와 곱한 다음, 최대공약수로 나눠주면, 각각 돌아야 하는 바퀴 수가 나온다.

계산법에 따라서 안쪽 병영 둘레 720보를 왼쪽 위, 가운데 병영 둘레 960보를 가운데, 바깥쪽 병영 둘레 720보를 아래에 놓는다. 다시 각각을 240으로 나눠주면, 안쪽 병영은 3, 가운데 병영은 4, 바깥쪽 병영은 5가 된다. 별도로 갑의 단위시간당 속도 9를 오른쪽 위, 을의 속도 7을 오른쪽 가운데, 병의 속도 5를 오른쪽 아래에 놓는다. 조정된 수(정수)를 구하기 위해서, 오른쪽 자리 수들을 4배하면, 위는 36, 가운데는 28, 아래는 20이 되고, 오른쪽 위의 36을 왼쪽 위의 3으로 나누면, 12바퀴가 된다. 오른쪽 가운데의 28을 왼쪽 가운데의 4로 나누면, 7바퀴가 된다. 오른쪽 아래의 20을 왼쪽 아래의 5로 나누면, 4바퀴가 된다. 이것들이 갑, 을, 병이 돌아야 되는 바퀴 수로서 앞서의 문제에 들어맞는다.

주해 이 문제는 좀더 명시적으로 크기가 다른 세 궤도를 가정하고 있지만, 앞 문제와 마찬가지로 여전히 행성주기에 대한 천문학적 계산을 연상시키는 종류로 나타난다. 세 순찰병들이 자신의 병영을 일주하는데 걸리는 시간이 갑 $\frac{720}{9}$, 을 $\frac{960}{7}$, 병 $\frac{1200}{5}$ 이라는 것은, 곧, 단위시간당 그들이 움직이는 바퀴 수가 갑 $\frac{9}{720}$, 을 $\frac{7}{960}$, 병 $\frac{5}{1200}$ 라는 것을 뜻하며, 이 세 값을 통분하면, 각각

$\frac{180}{14400}$, $\frac{105}{14400}$, $\frac{60}{14400}$이 된다. 이 세 값 사이의 비례는 그들이 함께 출발한 뒤 다시 만날 때까지의 바퀴 수에도 그대로 적용되며, 그 값은 12:7:4이다. 즉, 갑이 12바퀴(8,640보), 을이 7바퀴(6,720보), 병이 4바퀴(4,800보) 돌면, 셋이 다시 출발점에서 만날 수 있는 것이다.

今有內營周七百二十步, 中營周九百六十步, 外營周一千二百步. 甲, 乙, 丙三人直夜, 甲行內營, 乙行中營, 丙行外營, 俱發南門. 甲行九, 乙行七, 丙行五. 問行幾何周, 俱到南門?
答曰, 甲行十二周, 乙行七周, 丙行四周.

術曰, 以內, 中, 外周步數互乘甲, 乙, 丙行率. 求等數, 約之. 各得行周.

草曰, 置內營七百二十步於左上, 中營周九百六十步於中, 外營周一千二百步於下. 又各以二百四十約之, 內營得三, 中營得四, 外營得五. 別置甲行九於右上, 乙行七於右中, 丙行五於右下. 以求整數, 以右位再倍, 上得三十六, 中得二十八, 下得二十. 以左上三除右上三十六得十二周. 以左中四除右中二十八得七周. 以左下五除右下二十得四周. 是甲, 乙, 丙行周數. 合前問.

[上-12] 나루가 있는데, 넓이는 모르며, 동쪽 둑의 높이는 1장이다. 둑과 50보 떨어진 둑의 동쪽 지점에 앉아서 둑 위와 나루의 서쪽 물가를 바라보니, 눈과 셋이 일치했다. 사람의 눈은 땅에서 2자 4치 떨어져 있다. 나루의 넓이는 얼마인가?

답 : $208\frac{1}{3}$ 보.

풀이법에 따라서 둑의 높이를 사람과 둑 사이의 거리에 곱해서 나뉨수로 삼는다. 사람의 눈과 땅 사이의 간격을 나눗수로 삼아서, 나뉨수를 나눗수로 나눠준다.

계산법에 따라서, 둑의 높이 1장을 놓고, 또 따로 50보를 위에 놓고, 6을 곱하면, 300자가 된다. 또 10자를 곱한 3,000자를 나뉨수로 삼는다. 사람의 눈과 땅 사이의 간격 2자 4치를 나눗수로 삼아서 3,000자를 나누면, 1,250자가 된다. 다시 6자를 보로 삼아서 나누면, 208이 되며, 보의 비율(보법) 6과 나머지 2 각각을 반으로 나누면, $\frac{1}{3}$이 되어서 앞서의 문제에 들어맞는다.

今有津不知其廣. 東岸高一丈. 坐岸東去岸五十步, 遙望岸上, 及津西畔, 适與人目參合. 人目去地二尺四寸. 問津廣幾何?

答曰, 二百八步,三分步之一.

術曰, 以岸高乘人去岸爲實. 以人目去地爲法. 實如法而一.

草曰, 置岸高一丈. 又別置五十步於上, 以六乘之, 得三百尺. 又以十尺乘之, 得三千尺爲實. 以人眼去地二尺四寸爲法. 除三千尺得一千二百五十尺. 又以六尺爲步除之, 得二百八. 步法六, 餘二, 各折半, 得三分之一. 合前問.

[上-13] 연못 한 가운데에 갈대가 자라나 물위로 3자나 올라왔는데, 연못 둑까지의 거리는 1장이다. 갈대를 잡아당겨 둑에 닿게 하려고 했

으나, 1자가 모자랐다. 갈대의 길이와 수심은 각각 얼마인가?

답 : 갈대의 길이 1장 5자, 수심 1장 2자.

풀이법에 따라서, 갈대와 둑 사이의 거리 자수를 놓고, 미치지 못한 자수를 뺀 나머지를 제곱한다. 물위로 올라온 자수로 나누고, 그 값에 물위로 올라온 자수를 더한 다음, 반으로 나눠주면, 갈대의 길이가 된다. 물위로 올라온 자수를 빼면, 곧 수심이 된다.

계산법에 따라서 갈대와 둑 사이의 거리 1장을 놓고, 미치지 못한 1자를 빼면, 나머지는 9자이다. 제곱하면, 81자가 된다. 물위로 올라온 3자로 나누면, 2장 7자가 된다. 물위로 올라온 3자를 더하면, 모두 3장이 되는데, 반으로 나눠주면, 갈대의 길이는 1장 5자가 된다. 물위로 올라온 3자를 빼면, 나머지는 수심 1장 2자가 되어, 문제에 들어맞는다.

주해 이 문제는 다음과 같은 「구장산술」 "구고"장의 문제와 비슷하다.

[9-6] 지금 연못이 있는데, 정사각형의 한 변이 1장이다. 연못 한가운데서 갈대가 자라나 물위로 1자나 올라왔는데, 갈대를 잡아당겨 연못 둑에 닿게 하니, 둑과 가지런히 되었다. 수심과 갈대의 길이는 각각 얼마인가?

답 : 수심 1장 2자, 갈대의 길이 1장 3자.

풀이법에 따라서 못 한 변의 반을 제곱하고, 물위로 올라온 1자의 제곱을 빼서, 그 나머지를 물 위 길이의 2배로 나눠주면, 곧 수심을 얻으며, (그것에다) 물위로 올라온 길이를 더해주면, 갈대의 길이가 된다.

[그림 9-1]「구장산술」"구고"장 6번째 문제에 대한 양휘(楊輝),「상해구장산법(詳解九章算法)」의 삽화

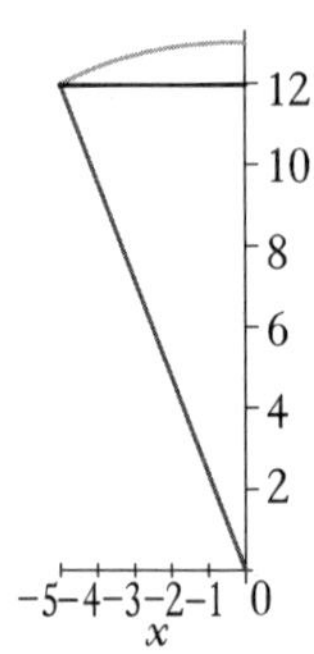

주해 9.6 못 한 변의 길이를 x, 갈대의 길이를 y, 그리고 수심을 z라고 하면, 물위로 올라온 길이는 $y-z=1$자이며,

$$\frac{\left(\frac{x}{2}\right)^2-(y-z)^2}{2(y-z)}=\frac{5^2-1^2}{2}=12$$

라는 계산이 성립된다.

今有池方一丈, 葭生其中央, 出水一尺. 引葭赴岸, 適與岸齊. 問水深, 葭長各幾何? 答曰, 水深一丈二尺, 葭長一丈三尺.
術曰, 半池方自乘, 以出水一尺自乘, 減之, 餘, 倍出水除之, 卽得水深. 加出水數, 得葭長.

今有葭生於池中, 出水三尺, 去岸一丈. 引葭趨岸, 不及一尺. 問葭長及水深各幾何?
答曰, 葭長一丈五尺, 水深一丈二尺.
術曰, 置葭去岸尺數, 以不及尺數減之, 餘自相乘. 以出水尺數而一. 所得加出水而半之, 得葭長. 減出水尺數, 卽得水深.
草曰, 置去岸一丈, 減不及一尺,餘有九尺. 自乘之,得八十一尺. 以出水三尺除之, 得二丈七尺. 加出水三尺共得三丈, 半之, 得葭長一丈五尺. 減出水三尺, 餘水深一丈二尺. 合問.

[上-14] 나무가 있는데, 거리와 높이를 모른다. 길이 7자 짜리 막대 하나를 세우고, 막대로부터 9자 떨어진 곳에 사람이 서서 막대 끝과 나무 끝을 바라보니, 기울어진 채로 일치했다. 사람의 눈과 땅 사이의 간격은 7자 2치이다. 또한 막대로부터 30보 떨어져서 땅에 엎드려 막대 끝을 바라보니, 역시 나무 끝과 기울어진 채로 일치했다. 나무와 막대 사이의 거리와 높이는 얼마인가?

답 : 나무와 막대 사이의 거리 315보, 나무 높이 8장 5치.

풀이법에 따라서 막대 높이를 사람이 막대로부터 떨어져서 서 있는 거리를 곱하여 나뉨수로 삼는다. 막대 높이를 사람의 눈과 막대 사이의 간격에서 뺀 값을 나눗수로 삼아 나눠주면, 나무와 막대 사이의 거리가 나온다. 막대 높이를 나무와 막대 사이의 거리와 곱하여 나뉨수로 삼고, 땅에 엎드렸을 때의 사람의 눈과 막대 사이의 거리를 나눗수로 삼는다. 나뉨수를 나눗수로 나눈 값에 막대 높이를 더하면, 곧 나무의 높이가 된다.

계산법에 따라서, 막대 높이 7자를 놓고, 막대와의 거리 9보를 곱하면, 63이 되는데, 나뉨수로 삼는다. 막대 높이 7자를 사람의 눈과 막대 사이의 간격 7자 2치에서 뺀 나머지 2치를 나눗수로 삼는다. 나뉨수를 나눠주면, 막대와의 거리 315보가 나온다. 또한 막대 높이 7자를 막대와의 거리 315보와 곱하면, 2,205가 된다. 막대와의 거리 30보로 나누면, 7장 3자 5치가 되는데, 막대 높이 7자를 더하면, 나무의 높이는 8장 5치가 되어 문제에 들어맞는다.

주해 이 문제는 다음 [上-15]와 더불어 유휘, 「해도산경」류의 "중차술(重差術)"에 관한 것이다.

今有木, 不知遠近, 高下. 立一表高七尺,人去表九步立,望表頭适與木端斜平. 人目去地七尺二寸. 又去表三十步,薄地遙望表頭,亦與木端斜平. 問木去表及高幾何?
答曰, 去表三百一十五步,木高八丈五寸.
術曰, 以表高乘人立去表爲實. 以表高減人目去地爲法而一, 得木去表. 以表高乘木去表爲實. 以人目薄地去表爲法. 實如法得一, 所得加表高, 卽木高.
草曰, 置表高七尺, 以去表九步乘之, 得六十三爲實. 以表高七尺減人目去地七尺二寸, 餘有二寸爲法. 除實得去表三百一十五步. 又以表高七尺乘去表三百一十五步, 得二千二百五. 以去表三十步除之, 得七丈三尺五寸. 加入表高七尺, 得木高八丈五寸. 合問.

[上-15] 성이 있는데, 크기나 (바라보는) 사람과의 거리를 모른다. 성의 북서쪽 모서리에 막대 4개를 세웠는데, 서로의 거리는 6장이며, 왼쪽의 두 막대와 성의 북서쪽 모서리가 남북을 볼 때 셋이 서로 일치했다. 오른쪽 뒷 막대로부터 성의 북서쪽 모서리를 바라보니, 오른쪽 앞 막대를 1자 2치 지나게 된다. 또한 남서쪽 모서리를 바라보니, 역시 오른쪽 앞 막대를 4치 지나게 된다. 다시 북동쪽 모서리를 바라보니, 역시 왼쪽 뒷 막대를 2장 4자 지나게 된다. 성과 왼쪽 뒷 막대 사이의 거리와 크기는 각각 얼마인가?

답 : 성과 왼쪽 뒷 막대 사이의 거리 1리 200보, 동서 4리 40보, 남북 3리 100보.

풀이법에 따라서 막대 사이의 거리를 놓고, 제곱하여 성의 북서쪽 모서리를 바라봤을 때 통과한 점까지의 길이로 나눠주면, 성과 막대 사이의 거리가 나온다. 다시 성의 남서쪽 모서리를 바라봤을 때 통과한 점까지의 길이로 나눠서 얻은 값에서 성과 막대 사이의 거리를 뺀 나머지가 성의 남북 길이가 되고, 성의 북동쪽 모서리를 바라봤을 때 왼쪽 뒷 막대를 통과한 점까지의 길이로 나눠서 얻은 값을 성과 막대 사이의 거리에서 뺀 나머지를 표 사이의 거리와 곱한 다음, 다시 왼쪽 뒷 막대를 통과한 점까지의 길이로 나눠주면, 곧 성의 동서 길이가 된다.

계산법에 따라서, 막대 사이의 거리 6장을 놓고, 제곱하면, 3,600자가 된다. 성의 북서쪽 모서리를 바라봤을 때 통과한 점까지의 길이 1자 2치로 나누면, 3,000자가 된다. 6자로 나눠주면, 500보가 되고, 다시 리의 환산율(리법)인 300보로 나누면, 1리 나머지 200보가 되어 성과 막대 사이의 거리가 나온다. 또 별도로 3,600자를 놓고 성의 남서쪽 모서리를 바라봤을 때 통과한 점까지의 길이 4치로 나누면, 9,000자가 되는데 성과 막대 사이의 거리 3,000자를 빼면, 나머지가 6,000자가 되고, 6으로 나눠주면, 1,000보가 되는데, 리의 환산율로 나눠주면, 1리 나머지 100보가 되어 성의 남북 길이가 나온다. 다시 성의 북동쪽 모서리를 바라봤을 때 왼쪽 뒷 막대를 통과한 점까지의 길이 2장 4자를 놓고, 성과 막대 사이의 거리 3,000자에서 빼면, 나머지는 2,976자가 된다. 표 사이의 거리 6장을 곱하면, 178,560자가 되는데, 왼쪽 뒷 막대를 통과한 점까지의 길이 2장 4자로 나눠주면, 7,440자가 된다. 6으로 나눠주면, 1,240보가 되고, 리의 환산율로 나눠주면, 성의 동서 길이 4리 나머지 40보가 되어 문제에 들어맞는다.

주해 이 문제는 앞서 [上-14]와 더불어 「해도산경」 계열의 "중차술"에 관한 것이다.

今有城, 不知大小, 去人遠近. 於城西北隅而立四表, 相去各六丈, 令左兩表與城西北隅南北望參相直. 從右後表望城西北隅, 入右前表一尺二寸. 又望西南隅, 亦入右前表四寸. 又望東北隅, 亦入左後表二丈四尺. 問城去左後表及大, 小各幾何?
答曰, 城去左後表一里二百步, 동西四里四十步, 南北三里一百步.
術曰, 置表相去自乘, 以望城西北隅入數而一, 得城去表. 又以望城西南隅入數而一, 所得減城去表, 餘爲城之南北, 以望城東北隅入左後表數, 減城去表, 餘以乘表相去, 又以入左後表數而一, 卽得城之東西.
草曰, 置表相去六丈, 自乘之, 得三千六百尺. 以西北隅人表一尺二寸除之, 得三千尺. 以六尺除之, 得五百步. 又以里法三百步除之, 得一里,餘二百步, 爲城去表步數. 又別置三千六百尺, 以望城西南隅入表四寸除之, 得九千尺,, 以減城去表二千尺, 餘有六千尺. 以六除之, 得一千步. 里法而一, 得三里, 餘有一百步, 爲城南北步數. 又置望城東北隅入左後表二丈四尺, 以減城去表三千尺, 餘有二千九百七十六尺. 以乘表相去六丈乘之, 得一十七萬八千五百六十尺. 以入左後表二丈四尺除之, 得七千四百四十尺. 以六除之, 得一千二百四十步. 里法而一, 得四里, 餘四十步, 爲城東西步. 合問.

[上-16] 갑은 을보다 하루에 25리를 더 가는데, 갑이 낙양을 출발하여 7일 걸려서 업에 도착하고, 을이 업을 출발하여 9일 걸려서 낙양에 도착했다. 업과 낙양 사이의 거리는 얼마인가?

답 : $787\frac{1}{2}$리.

풀이법에 따라서 갑과 을이 도착하기까지 걸린 날을 서로 곱하고, 다시 갑이 하루에 더 가는 릿수를 곱하여 나뉨수로 삼는다. 갑이 도착하기까지 걸린 날을 을이 도착하기까지 걸린 날에서 빼서 나눗수로 삼는다. 나뉨수를 나눗수로 나눠주면, 답이 된다.

계산법에 따라서, 갑과 을이 도착하기까지 걸린 날 7일과 9일을 서로 곱하면, 63이 된다. 다시 갑이 하루에 더 가는 25리를 곱하면, 1,575리가 되는데 나뉨수로 삼는다. 갑이 도착하기까지 걸린 날 7일을 을이 도착하기까지 걸린 날 9일에서 뺀 나머지 2일을 나눗수로 삼는다. 나뉨수를 (나눗수로) 나눠주면, $787\frac{1}{2}$리가 되어 문제에 들어맞는다.

주해 을이 하루에 가는 거리를 x라고 하면, $7(x+25)=9x$라는 식을 만족시켜야 하므로, 그 값은 $87\frac{1}{2}$이다. 따라서 업과 낙양 사이의 거리는 $9x=9\times87\frac{1}{2}=787\frac{1}{2}$리가 된다. 이와 같이 두 지점 사이의 거리를 왕래하는 것에 관련된 문제는 「구장산술」 "균수"장 20, 21번째 문제, "영부족"장의 19번째 문제 그리고 「손자산경」 [下-33] 등에서 찾아볼 수 있다.

今有甲日行疾於乙日行二十五里, 而甲發洛陽七日至鄴, 乙發鄴九日至洛陽. 問鄴, 洛陽相去幾何?
答曰, 七百八十七里半.
術曰,以甲, 乙所至日數相乘, 又以甲日行疾里數乘之,爲實. 以甲至日減乙至日數,餘爲法. 實如法而一.
草曰,置甲乙所至日七日, 九日相乘,得六十三. 又以甲疾行二十五里乘之, 得一千五百七十五爲實. 以甲至七日減乙至九日, 餘有二日爲法. 除實得七百八十七里半. 合問.

[上-17] 관에서 창고의 금 59근 1냥을 풀게 되었는데, 왕 9인, 공 12인, 후 15인, 자 18인, 남 21인에게 주려고 했다. 왕은 각각 공보다 5냥 많이, 공은 각각 후보다 4냥 많이, 후는 각각 자보다 3냥 많이, 자는 각각 남보다 2냥 많이 얻도록 되어 있다. 왕, 공, 후, 자, 남 각각에게 돌아가는 금은 얼마인가?

답 : 왕 1근 6냥, 공 1근 1냥, 후 13냥, 자 10냥, 남 8냥.

풀이법에 따라서 왕, 공, 후, 자, 남의 수를 놓고, 왕위는 14를 곱하고, 공위는 9를 곱하고, 후위는 5를 곱하고, 자위는 2를 곱한다. 더한 다음, 풀게 된 금의 냥 수에서 뺀 나머지를 전체 사람수로 나눈 값에 원래의 차이를 더하면, 왕, 공, 후, 자, 남 각각이 얻을 금의 수량이 나온다. 더할 수 없는 경우는 곧 남이 얻을 금이다.

계산법에 따라서, 왕 9인, 공 12인, 후 15인, 자 18인을 놓고, 왕위에 14를 곱하면, 126이 되고,공위에 9를 곱하면, 108이 되고, 후위에 5를 곱하면, 75가 되고, 자위에 2를 곱하면, 36이 되며, 모두 더하면,

345가 된다. 풀게 된 금 59근 1냥에서 뺀 나머지 600을 나뉨수로 삼는다. 다섯 등급의 사람 수를 모두 더한 75를 나눗수로 삼아서, 나뉨수를 나눠주면, 8냥이 나온다. 그런 다음, 14를 더하면, 왕의 몫 22냥이 나오고, 9를 더하면, 공의 몫 17냥이 나오고, 5를 더하면, 후의 몫 13냥이 나오고, 2를 더하면, 자의 몫 10냥이 나온다. 남은 더할 수 없으니, 값이 같다. 근의 환산율(근법)을 채우는 만큼 나눠주고, 채우지 못하는 것은 냥으로 부르면, 문제에 들어맞는다.

今有官出庫金五十九斤一兩, 賜王九人, 公十二人, 侯十五人, 子十八人, 男二十一人. 王得金各多公五兩, 公得金各多侯四兩, 侯得金各多子三兩, 子得金各多男二兩. 問王, 公, 侯, 子, 男各得金幾何?

答曰, 王一斤六兩, 公一斤一兩, 侯十三兩, 子十兩, 男八兩.

術曰, 置王, 公, 侯, 子, 男數. 王位十四之, 公位九之, 侯位五之,子位二之. 幷之, 以減出金兩數. 餘,以凡人數而一, 所得各以本差之數加之, 得王, 公, 侯, 子, 男各所得金之數. 不加卽男之得金.

草曰, 置王九人, 公十二人, 侯十五人, 子十八人. 以王位十四之, 得一百二十六, 公位九之, 得一百八, 侯位五之, 得七十五, 子位二之, 得三十六. 幷之, 得三百四十五. 以減出金五十九斤一兩, 餘六百爲實. 幷五等人數得七十五爲法. 除實得八兩. 乃加十四得二十二兩爲王, 加九得十七兩爲公, 加五得十三兩爲侯,加二得十兩爲子. 男不加, 如數. 如滿斤法而一, 不滿者命爲兩. 合問.

[上-18] 10 등급의 사람들이 있는데, 갑 등 10인에게 관에서 금을 등급에 따라 내림차순으로 지급하게 되었다. 상위 세 사람이 먼저

들어가서 금 4근을 얻어 나오고, 하위 네 사람은 나중에 들어가서 금 3근을 얻어 나왔으며, 미처 도착하지 않은 중앙의 세 사람에게도 역시 등차에 따라 다시 지급하려고 했다. 각자에게 돌아간 금은 얼마나 되며, 미처 도착하지 않은 세 사람도 응당 얼마나 얻었겠는가?

답 : 갑 $1\frac{33}{78}$근, 을 $1\frac{26}{78}$근, 병 $1\frac{19}{78}$근, 정 $1\frac{12}{78}$근, 무 $1\frac{5}{78}$근, 기 $\frac{76}{78}$근, 경 $\frac{69}{78}$근, 신 $\frac{62}{78}$근, 임 $\frac{55}{78}$근, 계 $\frac{48}{78}$근. 미처 도착하지 않은 가운데 세 사람은 함께 $3\frac{15}{78}$근을 얻었다.

풀이법에 따라서, 먼저 들어간 사람 수로 갖고 나온 금의 수량을 나눠 상률로 삼고, 나중에 들어간 사람 수로 나중에 얻어 나온 금의 수량을 나눠 하율로 삼는다. 두 값을 서로 뺀 나머지를 차실로 삼는다. 먼저와 나중에 들어간 사람 수를 더하고, 반으로 나누어 전체 사람 수에서 뺀 나머지를 차법으로 삼는다. 나뉨수를 나눗수로 나눠주면, 차수가 나온다. 다시 1, 2, 3을 놓아 더하여 등차와 곱한 다음, 나중에 들어간 사람들이 얻어 나온 금의 수량을 뺀 나머지를 나중에 들어간 사람 수로 나눈다. 다시 10인을 놓고, 1을 뺀 나머지를 등차와 곱하여 더하면, 곧 첫 번째 사람이 받은 금의 수량이 나온다. 차례대로 공차를 빼주면, 각각의 몫이 나온다. 미처 도착하지 않은 가운데 세 사람 몫을 더하면, 응당 전원이 갖고 나온 금의 수량이 된다.

계산법에 따라서, 먼저 들어간 사람 수를 왼쪽 위에, 얻어 나온 금의 수량을 오른쪽 위에 놓는다. 나중에 들어간 사람 수를 왼쪽 아래에, 나중에 얻어 나온 금의 수량을 왼쪽 위에 놓는다. 나중에 들어간 사람 수를 먼저 얻은 금의 수량과 곱하면, 16이 되고, 먼저 들어간 사람 수를 나중에 얻은 금의 수량과 곱하면, 9가 된다. 9를 16

에서 바로 빼면, 7이 되는데, 차실로 삼는다. 다시 먼저와 나중에 들어간 사람 수를 더하고, 반으로 나누면, $3\frac{1}{2}$이 되며, 10인에서 빼면, 나머지는 $6\frac{1}{2}$이 된다. 다시 먼저와 나중에 들어간 사람 수의 비율인 분모 3과 분모 4를 서로 곱하면, 12가 되고, $6\frac{1}{2}$을 곱하면, 78이 되는데, 차법으로 삼는다(78은 1근임). 나중에 들어가서 얻은 금의 수량 3을 놓고, 차법을 곱하면, 234가 된다. 다시 1, 2, 3을 놓아 더하면, 6이 되고, 7을 곱하면, 42가 된다. 234에서 빼면, 나머지는 192이다. 나중에 들어간 4인으로 나눠주면, 1인당 48을 얻는데, 이것이 바로 계가 받을 수량이며, 누적적으로 등차 7을 더해주면, 앞서의 문제에 들어맞는다.

주해 이 문제는 「구장산술」 "균수"장의 19번째인 "유죽구절(有竹九節)" 문제와 매우 유사하다.

今有十等人, 甲等十人, 官賜金依等次差降之. 上三人先入,得金四斤,持出. 下四人後入, 得金三斤, 持出, 中央三人未到者, 亦依等次更給. 問各得金幾何, 及未到三人復應得金幾何?
答曰, 甲一斤, 七十八分斤之三十三, 乙一斤, 七十八分斤之二十六,丙一斤, 七十八分斤之十九, 丁一斤, 七十八分斤之十二, 戊一斤, 七十八分斤之五, 己七十八分斤之七十六, 庚七十八分斤之六十九, 辛七十八分斤之六十二, 壬七十八分斤之五十五, 癸七十八分斤之四十八, 未到三人共得三斤, 七十八分斤之十五.
術曰,以先入人數分所持金數爲上率. 以後入人數分所持金數爲下率. 二率相減,餘爲差實. 幷先後入人數而半之, 以減凡人數, 餘爲差法. 實如法而一, 得差數. 幷一,二,三,以差數乘之, 以減後入人所持金數,餘,以後入人數而一. 又置十人減一, 餘, 乘差數, 并之卽第一人所得金數. 以次每減差數, 各得之矣. 并中央未到三人, 得應持金數.
草曰,置先入人數於左上,置得金數於右上. 又置後入人數於左下, 置後得金數於右下, 以後入人數乘先得金數得十六, 以先入人數乘後得金數得九. 以九直減十六得七爲差實. 又併先後入人數七, 半之得三半, 以減十人數,餘六半. 又以先後人數率分母三與分母四相乘得十二,以乘六半得七十八爲差法. (七十八是一斤也.) 置後入所得金數三, 以乘差法得二百三十四. 又置一, 二, 三并之得六, 以七因之, 得四十二. 直減二百三十四, 餘有一百九 十二. 以後入四人數除之, 人得四十八, 乃是癸得之數, 累加差七,乃合前問.

[上-19] 원형 자재가 있는데, 지름이 2자 1치이다. 정사각형을 만들려고 하면, 한 변이 얼마나 되겠는가?

답 : 1자 5치.(이순풍 등이 삼가 살펴보건대, 제곱근을 구하면, 1자 $4\frac{21}{25}$ 치가 됩니다.)

풀이법에 따라서, 지름의 자, 치수를 놓고, 5를 곱하여 나뉨수로 삼고, 7을 나눗수로 삼아서, 나뉨수를 나눗수로 나눠준다.

계산법에 따라서, 2자 1치를 놓고, 5를 곱하면, 105치가 된다. 7로 나누면, 1자 5치가 되어 앞서의 문제에 들어맞는다.

주해 이 문제는 원에 내접하는 정사각형의 변을 구하라는 문제로서 원래의 답은 소박한 "방오사칠"의 비율을 적용하여 계산

한 것이며, 이순풍은 원지름의 제곱근을 구하여 그것을 개선하려고 시도한 것이다. 그의 의도는 바로

$$\text{변} = \frac{\sqrt{\text{원지름}^2}}{2}$$

이라는 관계를 이용하자는 것이었으나, 유감스럽게도 그의 계산(1.484자)은 다소 부정확한 것으로 드러난다. 그의 의도를 충분히 살리자면, 고대의 분수 제곱근 표시법을 이용하더라도,

$$\sqrt{\frac{2.1^2}{2}} = \sqrt{2.205} = 1.4849242\text{자} \simeq 1\text{자 } 4\frac{49}{58}\text{치}$$

라고 했어야 할 것이다.

今有圓材徑頭二尺一寸. 欲以爲方. 問各幾何?
答曰, 一尺五寸. (淳風等謹按, 開方除之爲一尺四寸, 二十五分寸之二十一.)
術曰, 置徑尺寸數, 以五乘之, 爲實. 以七爲法. 實如法而一.
草曰, 置二尺一寸, 以五乘之, 得一百五寸. 以七除之. 得一尺五寸. 合前問.

[上-20] 한 변이 1자인 정육면체의 진흙이 있는데, 지름 1치인 탄환을 만들려고 한다. 몇 개나 만들겠는가?

답 : $1,777\frac{7}{9}$ 개.

풀이법에 따라서, 진흙 한 변의 치수를 놓고, 세제곱한 다음, 16을 곱하여 나뉨수로 삼고, 9를 나눗수로 삼아서, 나뉨수를 나눗수로 나눠준다.

계산법에 따라서, 1자 10치를 놓고, 세제곱하면, 1,000이 된다. 16을 곱하면, 16,000이 되는데, 나뉨수로 삼는다. 9를 나눗수로 삼아서, 나뉨수를 나눠주면, $1,777\frac{7}{9}$ 개가 되어 문제에 들어맞는다(신 이순풍 등이 삼가 살펴본 바로는, 정밀한 원주율(밀률)을 쓰면, $1,909\frac{1}{11}$ 개가 됩니다).

정밀한 원주율을 이용한 풀이법(의밀률술)에 따르면, 진흙 한 변의 치수를 세제곱하고, 21을 곱해서 나뉨수로 삼고, 11을 나눗수로 삼아서, 나뉨수를 나눠주면, 곧 답이 나온다.

다시 정밀한 원주율을 이용한 계산법(의밀률초)에 따르면, 진흙 한 변 10치를 놓고, 세제곱하면, 1,000치가 된다. 21을 곱하면, 210,000이 되는데, 나눠수로 삼고, 11을 나눗수로 삼아서, 나눠주면, $1,909\frac{1}{11}$ 개가 되어 문제에 들어맞는다.

今有泥方一尺[75], 欲爲彈丸, 令徑一寸. 問得幾何?
答曰, 一千七百七十七枚, 九分枚之七.
術曰, 置泥方寸數, 再自乘[76], 以十六乘之, 爲實. 以九爲法. 實如法得一.
草曰, 置一尺爲十寸, 再自乘得一千. 以十六乘之, 得一萬六千爲實. 以九爲法. 除實得一千七百七十七枚, 九分枚之七. 合前問.
(臣淳風等謹按密率, 爲丸一千九百九枚, 十一分枚之一.)
依密率術曰, 今泥方寸, 再自乘, 以二十一乘之,爲實. 以十一爲法. 實如法得一, 卽得.
又依密率草曰, 置泥方十寸, 再自乘得一千寸. 以二十一乘之, 得二十一萬爲實. 以十一爲法,除之, 得一千九百九枚, 十一分枚之一. 合問.

[上-21] 손님들의 수를 모르는데, 두 사람이 밥상을 함께 쓰면, 밥상 둘이 모자라고, 3인이 밥상을 함께 쓰면, 밥상이 셋이 남는다. 손님과 밥상은 얼마나 되는가?

답 : 손님 30인, 밥상 13개.

풀이법에 따라서, 2를 모자라는 밥상 수에 곱하고, 3을 남는 밥상 수에 곱한 다음, 더해주면, 밥상수가 된다. 두 배한 다음, 다시 모자라는 밥상 수에 2를 곱한 것을 더하면, 사람수가 된다.

계산법에 따라서, 2인을 오른쪽 위에, 모자라는 밥상 둘을 오른쪽 아래에 놓고, 3인을 왼쪽 위에, 남는 밥상 셋을 왼쪽 아래에 놓는다. 각각 사람수로 밥상 수를 곱하면, 오른쪽 아래는 4가 되고, 왼쪽 아래는 9가 되는데, 더해주면, 밥상 수 13이 나온다. 별도로 모자라는 밥상 둘을 놓고, 남는 밥상 3을 곱하면, 6이 되고, 다시 모자라고 남는 밥상을 더해서 곱해주면, 30인이 나와서 앞서의 문제에 들어맞는다.

75) 여기서 "方一尺"은 정육면체의 한 변이 1자라는 것이다.
76) "재자승(再自乘)"은 세제곱하는 것을 가리킨다.

주해 이 문제는 「손자산경」 [下-17]과 이 책의 [下-37]에 등장하는 "그릇 씻기(蕩杯)" 문제의 변형이다.

今有客不知其數. 兩人共盤, 少兩盤, 三人共盤, 長三盤. 問客及盤幾何?
答曰, 客三十人, 十三盤.
術曰, 以二乘少盤, 三乘長盤, 幷之爲盤數. 倍之, 又以二乘少盤數增之, 得人數.
草曰, 置二人於右上, 少兩盤於右下. 置三人於左上, 置剩三盤於左下. 各以人乘盤, 右下得四, 左下得九, 幷之得一十三盤數. 別置少盤二, 以剩盤三乘之, 得六, 更幷少剩盤乘之, 得三十人. 合前問.

[上-22] 베 짜기를 잘하는 여자가 있는데, 날마다 생산량이 증가하여 첫날에 5자를 짜넌 것이 한 달이 지나자 모두 9필 3장을 짜게 되었다. 매일 얼마씩 증가하였는가?

답 : $5\frac{15}{29}$ 치.

풀이법에 따라서 현재 짜는 자수를 놓고, 한 달 날수로 나눠서 얻은 값을 2배한다. 또 첫날 자수를 2배하고, 뺀 나머지를 나뉨수로 삼는다. 한 달 날수에서 첫날을 뺀 나머지를 나눗수로 삼는다. 나뉨수를 나눗수로 나눠주면, 답이 된다.

계산법에 따라서 9필을 놓아 필의 환산율(필법)을 곱하고, 3장을 불러들이면, 390자가 된다. 한 달 30일로 나눠주면, 매일 1장 3자가 되니, 2배하면, 2장 6치이다. 또 첫날 자수를 2배한 1장을 빼면, 나머지가 1장 6자가 되는데, 나뉨수로 삼는다. 다시 한 달 30일에서 하루를 뺀 29일을 나눗수로 삼아서 나눠주면, $5\frac{15}{29}$ 치가 되어, 앞서의 문제에 들어맞는다.

주해 전통사회의 직조 분야에서 여성노동이 얼마나 중요했던가는 아마도 이 문제와 다음 문제 그리고 「구장산술」이나 「손자산경」 그리고 심지어 「산수서」의 해당 문제 등에서 감지된다. 그런데 이 문제와 다음 문제는 등차수열 및 급수에 관한 것이어서 「구장산술」이나 「손자산경」 [中-27]에서 다루고 있는 등비수열 및 급수와 대조를 이룬다. 이 문제는 초항 a와 급수 S_n을 주고 공차 d를 구하라는 것이다.

$$S_{30}=\frac{30(2\times5+29d)}{2}=9\text{필 }3\text{장}=390\text{자},$$

$$\therefore\ d=\left(\frac{390\times2}{30}-10\right)\div29=\frac{16}{29}\text{자}=5\frac{15}{29}\text{치}.$$

이 등차급수를 날짜 n의 함수로 표시하면

$$S_n=\frac{n\left(10+\frac{16}{29}(n-1)\right)}{2}=\frac{16}{58}n^2+\frac{274}{58}n$$

이 되며, 그 그래프는 다음과 같다.

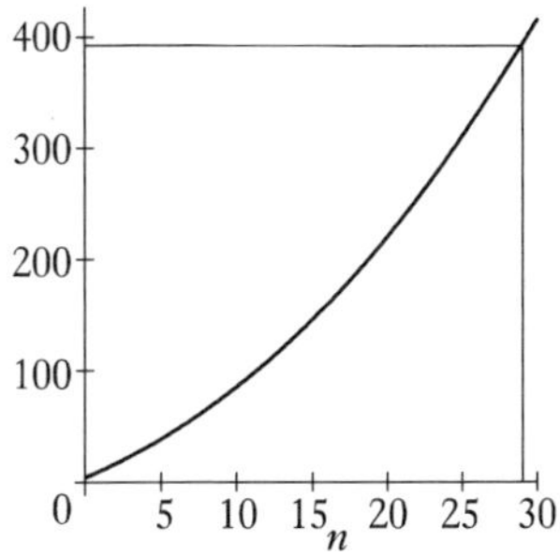

今有女善織, 日益功疾. 初日織五尺, 今一月日, 織九疋三丈. 問日益幾何?

答曰, 五寸, 二十九分寸之十五.

術曰, 置今織尺數, 以一月日而一, 所得,倍之. 又倍初日尺數,減之,餘爲實. 以一月日數初一日減之, 餘爲法. 實如法得一.

草曰, 置九疋, 以疋法[77]乘之, 內三丈, 得三百九十尺. 以一月三十日除之, 每日得一丈三尺. 倍之得二丈六尺. 又倍初日尺數得一丈, 減之, 餘一丈六尺爲實. 又置一月三十日, 減一日, 得二十九日爲法, 除之,得五寸, 二十九分寸之十五. 合前問.

[上-23] 베 짜기를 잘못하는 여자가 있는데, 날마다 생산량이 감소하였다. 첫날 5자를 짰고, 마지막날 1자를 짰는데, 이제 짠지 30일이 된다. 얼마나 짰겠는가?

답 : 2필 1장.

풀이법에 따라서 초하루와 말일 짠 자수를 더하여 반으로 나눈

---

77) "필법(疋法)"은 1필=4장=40자인 필의 환산율을 말한다.

나머지를 짠 날수와 곱해주면, 곧 답이 된다.

계산법에 따라서 초하루의 5자와 말일의 1자를 놓고, 더하면 6이 되는데, 반으로 나누면 3이 된다. 30일로 곱하면, 90자가 나와서 앞서의 문제에 들어맞는다.

今有女子不善織, 日減功退. 初日織五尺,末日織一尺,今三十日訖織. 問織幾何?
答曰, 二疋一丈.
術曰, 幷初, 末日織尺數, 半之, 餘以乘織訖日數,卽 得.
草曰, 置初日五尺, 訖日一尺, 幷之得六, 半之, 得三. 以三十日乘之, 得九十尺. 合前問.

[上-24] 비단 1필로 자초 30근을 사면, 비단 2장 5자를 염색할 수 있다. 지금 비단 7필이 있는데, 줄여서 자초를 사들여 남은 비단을 염색하려고 한다. 줄일 비단과 사들일 자초는 각각 얼마나 되는가?

답 : 줄일 비단 4필 1장 $2\frac{4}{13}$ 자, 사들일 자초 129근 $3\frac{9}{13}$ 냥.

풀이법에 따라서 비단의 필수를 놓고, 원래 비단 1필의 자수를 곱하여 줄인 비단을 나뉨수로 삼고, 자초 30근을 곱한 것을 자초를 매입한 나뉨수로 삼는다. 원래의 비단 자수와 염색된 자수를 더한 것을 나눗수로 삼아서, 나뉨수를 나눗수로 나눠준다. 또 다른 풀이법인 영부족술로 풀어도 역시 답이 나온다.

계산법에 따라서 비단 7필을 놓고, 필의 환산율(필법)로 곱하면, 280자가 된다. 또한 자초를 사들이는데 쓰인 비단 1필 40자를 곱하면, 11,200자가 되는데, 줄인 비단의 나뉨수로 삼고, 원래의 비단 65자를 나눗수로 삼아서, 나뉨수를 나누면, 172자가 되고, 나눗수와 나머지를 모두 두 배 해주면, $\frac{4}{13}$ 자가 된다. 다시 280자를 놓고, 자초 30근을 곱하면, 8,400근이 되는데, 자초를 매입한 나뉨수로 삼고, 역시 65자를 나눗수로 삼아서, 나눠주면, 129근이 된다. 미처 떨어지지 않는 나머지는 16을 곱하면, 240이 되는데, 다시 나눗수로 나눠주면, 3냥이 되고, 나눗수와 나머지를 모두 두 배 해주면, $\frac{9}{13}$ 냥이 되어 앞서의 문제에 들어맞는다.

주해 이 문제는 「구장산술」 "영부족"장 15번째의 "옷의 일부를 팔아 (용매로 쓸)기름과 맞바꾸고자 하는(以漆易油)" 문제를 연상시킨다. 이 문제와 같은 계열의 영부족술 문제들은 [上-29], [上-30], [中-17], [中-18] 그리고 [下-22]에서도 찾아볼 수 있다.

원래 갖고 있던 7필로부터 줄일 비단의 양과 사들일 자초의 양을 산출해보면, 각각 다음과 같다.

$$\text{줄일 비단의 양} = \frac{280 \times 40}{65} = 172\frac{4}{13}\text{자} = 4\text{필 } 1\text{장 } 2\frac{4}{13}\text{자}$$

$$\text{사들일 자초의 양} = \frac{280 \times 30}{65} = 129\frac{3}{13}\text{근}$$

今有絹一疋買紫草[78]三十斤, 染絹二丈五尺. 今有絹七疋, 欲減買紫草,還自染餘絹. 問減絹, 買紫草各幾何?
答曰, 減絹四疋一丈二尺, 一十三分尺之四. 買草一百二十九斤三兩, 一十三分兩之九.

術曰, 置今有絹疋數, 以本絹一疋尺數乘之, 爲減絹實. 以紫草三十斤乘之爲買紫草實. 以本絹尺數幷染尺爲法. 實如法得一. 其一術,盈不足術爲之, 亦得.
草曰, 置絹七疋, 以疋法乘之, 得二百八十尺. 又以買草絹一疋四十尺乘之, 得一萬一千二百尺爲減絹實, 以本絹尺數六十五尺爲法. 除實得一百七十二尺, 法與餘皆倍之, 得一十三分尺之四. 又置二百八十尺, 以紫草三十斤乘之, 得八千四百斤爲買草實. 亦以六十五尺爲法除之, 得一百二十九斤. 餘不盡者, 十六乘之, 得二百四十, 又以法除之, 得三兩. 餘與法皆倍之, 得一十三分兩之九. 合前問.

[上-25] 생사 1근을 연사로 만들면, 5냥이 줄고, 연사 1근을 염색하려면, 3냥을 내야 한다. 지금 생사 56근 $8\frac{4}{7}$ 냥이 있다면, 염색 비단을 얼마나 얻겠는가?

답 : 46근 $2\frac{223}{448}$ 냥.

풀이법에 따라서 1근당 냥 수를 놓고, 줄인 냥 수를 뺀 나머지를

78) "자초(紫草)"가 염료로 쓰였다는 것은 「이아(爾雅)」 釋草의 "藐,紫草," 「열선전(列仙傳)」의 "昌容, 常山之道士也, 自稱殷王女二百餘年而顔色如火,能致紫草與染家得錢以遺孤 老."라는 구절 등에서 확인된다(「태평어람(太平御覽)」 卷九九六 百卉部三에서 재인용). 다년생 초본식물로서 자홍색 염료로 사용되는 것은 뿌리에 포함되어 있는 $C_{18}H_{18}O_6$ 성분 때문으로 알려져 있다(「中國古代科學史綱」, 344쪽을 참조). 「中國花經」과 같은 오늘날의 식물도감에 의하면, 특히 중국에 분포되어 있는 자초과의 福建茶(*carmona microphylla*)나 勿忘草(*myosotis sylvatica*)가 그것에 해당될 가능성이 높아 보인다.

현재 갖고 있는 생사의 근, 냥 수와 곱한다. 다시 내야 되는 냥 수와 1근의 냥 수를 더하여 곱해서 나뉨수로 삼는다. 1근당 냥 수의 제곱을 나눗수로 삼아서 나뉨수를 나눗수로 나눠주면 냥 수가 나온다.

계산법에 따라서 56근을 놓아 냥의 환산율(양법) 16을 곱하고, 딸려 있는 8냥을 불러들이면, 904냥이 된다. 다시 분모 7을 곱하고, 분자 4를 불러들이면 6,332냥이 되는데, 나뉨수로 삼는다. 다시 연사의 환산율(연율) 11과 염색의 환산율(염률) 19를 서로 곱하면, 209가 되고, 나뉨수와 곱하면, 1,323,388이 되는데 몫으로 삼는다. 16을 제곱하면, 256이고, 다시 분모 7을 곱하면 1,792가 되는데, 나눗수로 삼는다. 몫을 나눠주면, 738냥이 나오고 나눗수와 나머지를 모두 두 번씩 반으로 나눠주면, $\frac{223}{448}$ 냥이 된다. 연사의 양을 구하기 위해서는 나눗수를 줄인 곱의 냥 수를 놓은 다음, 16을 곱하고, 11로 나누면, 연사의 양이 나온다.

주해 이 문제는「구장산술」"균수(均輸)"장에 들어있는 낙사/연사(絡絲練絲) 문제를 연상시킨다. 풀이법과 계산법에서 말하는 염색 비단의 양을 산출하는 과정은 다음과 같다.

$$56\text{근 } 8\frac{4}{7}\text{냥}\times\frac{11}{16}\times\frac{19}{16}=\frac{6332}{7}\text{냥}\times\frac{11}{16}\times\frac{19}{16}$$

$$=\frac{1323388}{1792}\text{냥}=738\frac{223}{448}\text{냥}=46\text{근 }2\frac{223}{448}\text{냥}$$

그러나 계산과정에서 $\frac{16}{19}$ 대신에 $\frac{19}{16}$ 를 곱한 것은 문제 가운데 "練絲一斤, 染之出三兩"이라고 한 부분에 대한 해석과 직결될 수밖에 없는데, 그것이 의외로 명료하게 이뤄지지 않는다는 점에서 앞으로 이에 관해서는 보다 엄밀한 접근이 필요하다고 여겨진다.

今有生絲一斤, 練之折五兩. 練絲[79]一斤,染之出三兩. 今有生絲五十六斤兩八, 七分兩之四. 問染得幾何?

答曰, 四十六斤二兩, 四百四十八分兩之二百二十三.

術曰, 置一斤兩數, 以折兩數減之, 餘乘今有絲斤兩之數. 又以出兩數幷一斤兩數乘之爲實. 一斤兩數自乘爲法. 實如法得一兩數.

草曰, 置五十六斤, 以兩法十六乘之, 內子八兩, 得九百四兩. 又以分母七乘之, 內子四, 得六千三百三十二兩爲實. 又以練率十一[80], 染率十九[81]相乘得二百九, 以乘其實, 得一百三十二萬三千三百八十八爲積. 以十六自乘得二百五十六, 又以分母七乘之, 得一千七百九十二爲法. 除積,得七百三十八兩. 餘與法皆再折, 得四百四十八分兩之二百二十三. 若求練絲, 折法, 置積兩, 以十六乘, 以十一除, 得絲數.

[上-26] 철 10근을 한 번 용광로에 넣으면, 7근이 회수된다. 지금 철을 세 번 용광로에 넣어서 79근 11냥이 회수되었다. 용광로에 넣기 전에 있었던 원래의 철의 양은 얼마인가?

답 : 232근 5냥 $4\frac{284}{343}$수.

---

79) "연사(練絲)"는 생사를 마전하여 아교질을 제거함으로써 나름대로의 촉감과 광택을 내게 한 실을 가리킨다.

80) "연율십일(練率十一)," 곧 연사의 환산율이 11이라는 것은 생사 1근을 마전하면, 그 과정에서 5냥이 줄어 연사는 11냥을 얻게 된다는 뜻이다.

81) "염율십구(染率十九)," 곧 염색의 환산율이 19라는 것은 염색할 때 3냥을 내야 하니 염색 비단 1근은 19냥에 해당한다는 뜻이다.

풀이법에 따라서 철을 세 번 용광로에 넣어서 얻은 근, 냥 수를 놓고, 10근을 세제곱하여 곱한 것을 나뉨수로 삼는다. 7근을 세제곱하여 나눗수로 삼아서, 나뉨수를 나눗수로 나눠준다.

계산법에 따라서 철을 세 번 용광로에 넣어서 얻은 79근을 놓아 16으로 곱하고 딸려 있는 11냥을 불러들이면, 1,275냥이 된다. 7근을 세제곱하면 343이 되는데, 나눗수로 삼는다. 나뉨수를 나누면, 3,717냥 나머지 69가 되는데, 24를 곱하면, 1,656이 된다. 다시 나눗수로 나누면, $4\frac{284}{343}$ 수가 나온다. 다시 얻어진 냥 수를 16으로 나누면, 232근 5냥이 되고, 앞서의 수 값과 더하면, 앞서의 문제에 들어맞는다.

주해 문제의 철은 용광로를 거칠 때마다 양이 7할로 줄어드는 등비수열의 패턴을 나타내므로 원래의 양 a는 다음과 같이 계산된다.

$$a = 79\frac{11}{16} \div 0.7^3 = \frac{1275}{16} \div 0.343 = 232.32507\text{근}$$
$$= 232\text{근 } 5\text{냥 } 4\frac{284}{343}\text{수}.$$

이 등비수열을 용광로를 거친 회수 x의 함수로 나타내면, 함수와 그래프는 각각 다음과 같다.

$$f(x) = 232.32507 \times 0.7^x$$

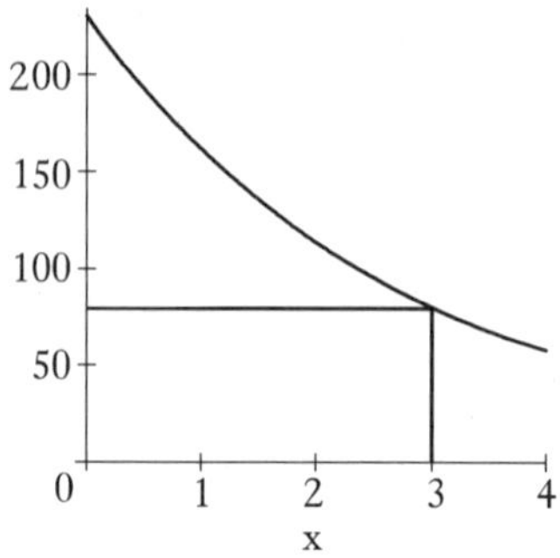

今有鐵十斤, 一經入爐得七斤. 今有鐵三經入爐, 得七十九斤一十一兩. 問未入爐本鐵幾何?

答曰, 二百三十二斤五兩四銖, 三百四十三分銖之二百八十四.

術曰, 置鐵三經入爐斤兩數, 以十斤再自乘, 乃乘上爲實. 以七斤再自乘爲法. 實如法而得一.

草曰, 置三經入爐七十九斤, 以十六乘之, 內子一十一兩, 得一千二百七十五兩. 以七斤再自乘得三百四十三爲法. 以除實得三千七百一十七兩, 餘六十九. 以二十四乘之, 得一千六百五十六. 又以法除之, 得四銖, 三百四十三分銖之二百八十四. 又以十六除所得兩數, 得二百三十二斤五兩. 幷前銖零, 合前問.

[上-27] 실 1근 8냥은 비단 1필의 값이 나간다. 지금 실 1근을 갖고, 50전을 보태면, 비단 3장을 살 수 있는데, 돈 1,000전이 있다. 비단은 얼마나 얻겠는가?

답 : 1필 2장 6자 $6\frac{2}{3}$치.

풀이법에 따라서, 실 1근의 냥 수를 놓고, 1필의 자 수를 곱한 다음, 실 1근 8냥으로 나눈 값을 빼서 얻은 비단 자 수의 나머지에 1,000전으로 곱하여 나뉨수로 삼고, 50전을 나눗수로 삼아서 나뉨수를 나눗수로 나눈다.

계산법에 따라서, 실 16냥을 놓고, 40자와 곱하면, 640이 된다. 1근 8냥을 냥으로 환산한 24냥을 나눗수로 삼아서 나눠주면, 2장 6자 $6\frac{2}{3}$치가 되는데, 실로 얻은 비단으로 삼는다. 3장에서 뺀 나머지 3자 $3\frac{1}{3}$치를 돈으로 얻은 수량으로 삼는다. 3자 3치를 3배 하고, 분자 1을 불러들이면, 10자가 된다. 1,000전을 곱하면, 10,000자가 된다. 다시 비전 50을 3배 하면, 150이 되는데, 나눗수로 삼아서, 나뉨수를 나눠주면, 6장 6자 $6\frac{2}{3}$치가 되어 앞서의 문제에 들어맞는다.

今有絲一斤八兩直絹一疋. 今持絲一斤,裨錢五十,得絹三丈, 今有錢一千. 問得絹幾何?

答曰, 一疋二丈六尺六寸, 太半寸.

術曰, 置絲一斤兩數, 以一疋尺數乘之, 以絲一斤八兩數而一, 所得, 以減得絹尺數, 餘, 以一千錢乘之爲實. 以五十錢爲法. 實如法得一.

草曰, 置絲一十六兩,以四十尺乘之, 得六百四十. 以一斤八兩通爲二十四兩爲法, 除之, 得二丈六尺六寸, 太半寸, 爲絲所得之絹. 以減三丈,餘三尺三寸, 少半寸, 爲錢之所直. 以三尺三寸, 三因之, 內子一, 得十尺. 以乘一千錢, 得一萬尺, 又以裨錢五十, 以三因之, 得一百五十爲法. 除實得六丈六尺六寸, 太半寸. 合前問.

[上-28] 갑이 을에게 비단 3필을 꿔주었다. 만기일까지 돌려주지 못하면, 1필당 하루 이자가 3자라고 약정을 하였다. 지금 기한이 7일이나 경과하여 비단 2필과 돈 300전을 받았다. 1필당 가격은 얼마인가?

답 : $705\frac{15}{17}$ 전.

풀이법에 따라서, 기한이 지났을 때의 1필당 하루 이자를 받은 비단의 필, 자수에서 뺀 나머지를 나눗수로 삼고, 돈을 1필의 자수와 곱하여 나뉨수로 삼아서, 나뉨수를 나눗수로 나눠준다.

계산법에 따라서, 7일을 놓고, 비단 3필에 대해 필당 하루 이자를 3자씩 치면 모두 9자이므로, 7일을 곱하면, 63자가 된다. 80자에서 뺀 나머지 17자를 나눗수로 삼는다. 다시 돈 300전을 놓고, 40자와 곱하면, 12,000전이 된다. 17을 나눗수로 삼아서 나눠주면, $705\frac{15}{17}$ 전이 되어 앞서의 문제에 들어맞는다.

今有甲貸乙絹三疋. 約限至不還, 疋日息三尺, 今過限七日, 取絹二疋,償錢三百. 問一疋直錢幾何?

答曰, 七百五錢, 十七分錢之十五.

術曰, 以過限日息尺數, 減取絹疋尺數, 餘爲法. 以償錢乘一疋尺數爲實. 實如法而一.

草曰, 置七日. 三疋絹日息三尺共九尺, 以乘七日, 得六十三尺. 以減八十尺, 餘一十七尺爲法. 又置償錢三百, 以四十尺乘之, 得一萬二千錢. 以一十七爲法除之, 得七百五文, 餘十七分錢之十五. 合前問.

[上-29] 정사각형 금 7개와 정사각형 은 9개의 무게가 같다. 그 중 한 개씩을 맞바꾸니 금이 7냥 가벼워졌다. 금, 은 각각의 무게는 얼마인가?

답 : 정사각형 금의 무게 15냥 18수, 정사각형 은의 무게 12냥 6수.

풀이법에 따라서, 정사각형 금과 은의 개수를 서로 곱하고, 각각 가벼워진 무게의 반을 곱하여 나뉨수로 삼는다. 정사각형 개수의 차이를 정사각형 금과 은의 개수와 곱하여 각각 나눗수로 삼는다. 나뉨수를 나눗수로 나눈다.

계산법에 따라서, 정사각형 금 7개와 정사각형 은 9개를 놓고, 서로 곱하면, 63이 된다. 가벼워진 무게의 반인 $3\frac{1}{2}$냥을 곱하면, $220\frac{1}{2}$냥이 된다. 다시 정사각형 금, 은 개수의 차이 2를 정사각형 금의 개수와 곱하면, 14가 되는데, 나눗수로 삼는다. 나눠주면, 15냥이 되고, 미처 떨어지지 않는 나머지에 24를 곱하면, 252수가 되는데, 다시 앞서의 나눗수로 나눠주면, 18수가 된다. 정사각형 은의 무게를 구하기 위해서는, 다시 앞의 $220\frac{1}{2}$냥을 놓고, 정사각형 은 9개의 2배인 18을 나눗수로 삼아서 나눠주면, 12냥이 되고, 나머지에 24를 곱하면, 108이 되는데, 나눗수로 나눠주면, 6수가 되어서 정사각형 은의 무게가 나오므로 앞서의 문제에 들어맞는다.

주해 이 문제는 「구장산술」 "영부족"장 18번째의 "금·은의 무게를 다는(金銀稱重)" 문제와 비슷하다.

今有金方七, 銀方九, 秤之適相當. 交易其一, 金輕七兩. 問金, 銀各重幾何?
答曰, 金方重十五兩十八銖,, 銀方重十二兩六銖.
術曰, 金, 銀方數相乘, 各以半輕數乘之爲實. 以超方數乘金,銀方數,各自爲法. 實如法而一.
草曰, 置金方七, 銀方九. 相乘得六十三. 以半輕數三兩半乘得二百二十兩半. 又以金, 銀超方數二, 以乘金方數得一十四,爲法. 除實得十五兩. 餘不盡者以二十四乘之, 得二百五十二銖. 再以前法除之, 得一十八銖. 若求銀方, 又置前二百二十兩半, 以, 銀方九, 二, 因得一十八,爲法. 除之, 得十二兩. 餘二十四乘之, 得一百八. 以法除之, 得六銖, 爲銀方. 合前問.

[上-30] 9말들이 용기 속에 쌀이 들어 있는데, 그 수량을 모른다. 겉곡식을 채워 넣고, 절구질을 해서 쌀 5말 8되를 얻었다. 채워 넣은 겉곡식은 얼마인가?

답 : 8말.

풀이법에 따라서 그릇 용량 9말을 놓고, 쌀의 수량을 뺀 나머지를 5배하고 둘로 나누면, 채워 넣은 겉곡식의 말수가 된다.

계산법에 따라서 9말을 놓고, 쌀 5말 8되를 빼면, 3말 2되가 된다. 겉곡식의 비율(속률) 5를 곱하면, 1섬 6말이 되고, 겨의 비율(강률) 2로 나누면, 겉곡식의 말수가 되어 앞서의 문제에 들어맞는다.

주해 이 문제는 「구장산술」 "영부족"장 9번째의 "겉곡식을 채우고 절구질하는(添粟舂米)" 문제와 비슷한데, 겉곡식에서 겨가 차지하는 비율은 두 문제 모두 $\frac{2}{5}$로 잡고 있는 것으로 드러난다. 풀이법과 계산법은 용기 전체의 용량에서 5말 8되를 뺀 나머지 3말 2되가 겨이고, 그것도 전적으로 채워 넣은 겉곡식으로부터 나온 것일 터이니, 겉곡식의 양을 x라고 하면, $\frac{2}{5}x=3.2$가 성립된다는 점을 지적하고 있다.

今有器容九斗, 中有米, 不知其數. 滿中粟, 舂之, 得米五斗八升. 問滿粟幾何?
答曰, 八斗.
術曰, 置器容九斗, 以米數減之. 餘, 以五之, 二而一, 得滿粟斗數.
草口, 置九斗, 以米五斗八升減之, 得三斗二升. 以粟率五因之, 得一石六斗, 以糲率二斗除之, 得八斗, 爲粟. 合前問.

[上-31] 700인이 부교를 만들면, 9일만에 완성된다. 500인을 늘리면, 며칠 걸리겠는가?
답: $5\frac{1}{4}$일.

풀이법에 따라서 원래의 사람 수를 놓고, 날수를 곱하여 나뉨수로 삼는다. 원래의 사람 수와 늘린 사람 수를 더하여 나눗수로 삼고, 나뉨수를 나눗수로 나눠준다.

계산법에 따라서 700인을 놓고, 9일을 곱하면, 6,300이 된다. 다시 늘린 500인을 700인에 더한 1,200인을 나눗수로 삼고 나눠준다. $5\frac{1}{4}$일이 나와서 앞서의 문제에 들어맞는다.

주해 이와 비슷한 문제는 [下-33], [下-35]에서도 찾아볼 수 있다.

今有七百人造浮橋, 九日成. 今增五百人. 問日幾何?
答曰, 五日, 四分日之一.
術曰, 置本人數, 以日數乘之, 爲實. 以本人數, 今增人數幷之爲法. 實如法而一.
草曰, 置七百人, 以九日因之, 得六千三百. 又以增五百人加七百人, 得一千二百人爲法, 除之. 得五日, 餘四分日之一. 合前問.

[上-32] 사람들이 돈을 주는데, 첫 번째 사람은 3전, 그 다음 사람은 4전, 그 다음 사람은 5전 하는 식으로 차례로 1전씩 더 주었다. 다시 거두어들여 균등하게 분배한 결과, 1인당 100전을 받았다면, 사람들은 모두 몇 명이었는가?

답 : 195인.

풀이법에 따라서, 1인당 받은 금액(전수)을 놓고, 첫 번째 사람이 받은 금액을 뺀 나머지를 두 배한다. 차례대로 많아지는 액수를 더하면, 사람수가 나온다.

계산법에 따라서, 1인당 받은 금액 100전을 놓고, 첫 번째 사람이 받은 금액 3문을 뺀 나머지는 97이 된다. 두 배하고, 차례대로 많아지는 액수를 더하면, 195가 되어 앞서의 문제에 들어맞는다.

今有與人錢, 初一人與三錢, 次一人與四錢, 次一人與五錢, 以次與之,轉多一錢. 與訖還斂聚與均分之, 人得一百錢. 問人幾何?
答曰, 一百九十五人.
術曰, 置人得錢數, 以減初人錢數, 餘, 倍之. 以轉多錢數加之, 得人數.
草曰, 置人得錢一百, 減初人錢三文,得九十七. 倍之, 加轉多一錢, 得一百九十五. 合前問.

장구건산경 중권(張丘建算經卷中)

[中-1] 여러 호(집)에서 은 1근 8냥 12수를 내게 되었다. 지금 집들 사이에 빈부 차이가 있어서, 호별로 차이를 두어 융통성 있게 내도록 하려고 한다. 가장 가난한 집에서 은 8냥을 내고, 그 다음 집과의 차이는 각각 3냥씩 많게 하였다. 몇 집이나 되는가?

답 : 12호.

풀이법에 따라서 호에서 내게 된 은의 근, 냥, 수 값을 놓고, 가장 가난한 집에서 낸 은의 냥, 수의 값을 뺀다. 나머지를 두 배하고, 차등적으로 더 내는 냥, 수의 값을 더하여 나뉨수로 삼는다. 차등적으로 더 내는 냥, 수의 값을 나눗수로 삼아서, 나뉨수를 나눗수로 나눠 준다.

계산법에 따라서 24냥을 놓고, 24를 곱한 다음, 12수를 불러들이면, 588수가 된다. 가장 가난한 집에서 낸 8냥 값 192수를 빼면, 396이 남는다.(나머지를) 두 배하면, 792가 된다. 다시 차등적으로 더 내는 3냥 값인 72수를 더하면, 모두 864가 되는데, 나뉨수로 삼는다. 차등적으로 더 내는 냥 값 72를 나눗수로 삼아서, 나뉨수를 나눠주면, 12호가 되어 앞서의 문제에 들어맞는다.

今有戶出銀一斤八兩一十二銖. 今以家有貧富不等. 令戶別作差品,通融出之. 最下戶出銀八兩, 以次戶差各多三兩. 問戶幾何?
答曰, 一十二戶.
術曰, 置一戶出銀斤兩銖數, 最下戶出銀兩銖數減之. 餘, 倍之, 以差多兩銖數加之, 爲實. 以差兩銖數爲法. 實如法而一.
草曰, 置二十四兩, 以二十四乘之, 內一十二銖, 得五百八十八銖. 減最下戶八兩數一百九十二銖, 餘三百九十六. 倍之得七百九十二. 又加差多三兩數七十二銖, 共得八百六十四爲實. 以差多兩數七十二爲法, 除實得一十二戶. 合前問.

[中-2] 어떤 사람이 말을 훔쳐서 타고 달아났는데, 이미 37리가 간 다음에야 말 임자가 비로소 깨달았다. 뒤쫓아서 145리를 가다가, 23리를 미치지 못한 채 되돌아왔다. 돌아오지 않고 계속 쫓아갔으면, 몇 리가 될 때 붙잡았겠는가?

답 : $238\frac{3}{14}$ 리.

풀이법에 따라서 미치지 못한 리 수를 놓고, 말 임자가 뒤 좇아간 리 수를 곱해서 나뉨수로 삼는다. 미치지 못한 리 수를 이미 간 리 수에서 빼서 나눗수로 삼고, 나뉨수를 나눗수로 나눠준다.

계산법에 따라서 미치지 못한 리 수 23리를 놓고, 말 임자가 뒤좇아간 리 수 145리를 곱하면, 3,335가 되는데, 나뉨수로 삼는다. 미치지 못한 리 수 23리를 이미 간 37리에서 뺀 나머지 14를 나눗수로 삼는다. 나뉨수를 나눗수로 나눠주면, $238\frac{3}{14}$ 리가 되어 앞서의 문제에 들어맞는다.

주해 이 문제는 「구장산술」 "균수"장에 14번째로 등장하는 "먼저 달아난 토끼를 뒤쫓는 개(兎走犬追)"의 문제와 유사하다.

今有人盜馬乘去, 已行三十七里, 馬主乃覺. 追之一百四十五里, 不及二十三里而還. 今不還追之, 問幾何里及之?
答曰, 二百三十八里, 一十四分里之三.
術曰, 置不及里數, 以馬主追里數乘之爲實. 以不及里數減已行里數, 餘爲法. 實如法而一.
草曰, 置馬不及里數二十三里. 以馬主追去一百四十五里乘之, 得三千三百三十五爲實. 以不及二十三里減已行三十七里, 餘, 一十四爲法. 除實, 得二百三十八里, 一十四分里之三. 合前問.

[中-3] 말이 점차 느리게 가서, 하루가 지날 때마다 속도가 반으로 줄어, 7일 동안 700리를 갔다. 하루에 얼마씩 간 것인가?

답 : 첫날 $352\frac{96}{127}$ 리, 다음 날 $176\frac{48}{127}$ 리, 그 다음 날 $88\frac{24}{127}$

리, 그 다음 날 $44\frac{12}{127}$리, 그 다음 날 $22\frac{6}{127}$리, 그 다음 날 $11\frac{3}{127}$리, 그 다음 날 $5\frac{65}{127}$리.

풀이법에 따라서 64, 32, 16, 8, 4, 2, 1를 차로 삼아서 따로 더하여 나눗수로 삼는다. 간 거리를 더하기 전의 차와 곱해서 각각 나뉨수로 삼는다. 나뉨수를 나눗수로 나눠준다.

계산법에 따라서, 7일을 놓아 7 자리로 삼고, 다음 자리를 배로 하여 1, 2, 4, 8, 16, 32, 64를 차로 삼아서 따로 더하면, 127이 되는데, 나눗수로 삼는다. 7일 동안 간 700리를 더하기 전의 차와 곱하면, 첫날은 448리, 다음 날은 224리, 그 다음 날은 112리, 그 다음 날은 56리, 그 다음 날은 28리, 그 다음 날은 14리, 그 다음 날은 7리가 되는데, 각각 나뉨수로 삼는다. 나뉨수를 나눗수로 나눠주면, 각각 문제에 들어맞는다.

주해 이 문제는 등비수열/급수에 관한 것으로서 상당한 정도까지는 「구장산술」 "쇠분"장 4번째의 "베 짜기를 잘하는 여자(女子善織)" 문제와 "영부족"장 12번째의 "쥐 두 마리가 담 양쪽에서 파는(兩鼠對穿)" 문제를 연상시킨다.

今有馬行轉遲, 次日減半疾, 七日行七百里. 問日行幾何?
答曰, 初日行三百五十二里, 一百二十七分里之九十六.
次日行一百七十六里, 一百二十七分里之四十八.
次日行八十八里, 一百二十七分里之二十四.
次日行四十四里, 一百二十七分里之一十二.

次日行二十二里, 一百二十七分里之六.
次日行一十一里, 一百二十七分里之三.
次日行五里, 一百二十七分里之六十五.
術曰, 置六十四, 三十二, 一十六, 八, 四, 二, 一爲差, 副幷爲法. 以行里數乘未幷者, 各自爲實. 實如法而一.
草曰, 置七日爲七位,以次倍之爲一, 二, 四, 八, 十六, 三十二, 六十四爲差, 副幷之, 得一百二十七爲法. 以七日行七百里乘未幷者, 初日得四百四十八里, 次得二百二十四里, 次得一百一十二里,次得五十六里,次得二十八里, 次得十四里, 次得七里, 各自爲實. 實如法而一. 各合問.

[中-4] 노둔한 말(노마)이 하루의 첫 시작에 집을 떠나고, 좋은 말(양마)이 하루의 $\frac{1}{7}$ 이 지나서 집을 떠났는데, 하루의 $\frac{2}{5}$ 가 지나자 45리를 가서 노둔한 말을 만나게 되었다. 좋은 말이 하루종일 쉬지 않고 가면, 얼마나 가겠는가?

답 : 좋은 말의 하루 주행거리 175리.

풀이법에 따라서 $\frac{2}{5}$ 와 $\frac{1}{7}$ 을 놓고, 서로 빼준 나머지를 좋은 말의 속도 비율(양마행률)로 삼고, $\frac{1}{7}$ 을 더하여 노둔한 말의 속도 비율(노마행률)로 삼아서 각각 나눗수로 한다. 좇아간 리 수를 두 분모와 곱하여 나뉨수로 삼는다. 나뉨수를 나눗수로 나눠준다.

계산법에 따라서 7을 오른쪽 위, 1을 왼쪽 위, 5를 오른쪽 아래, 2를 왼쪽 아래에 놓고, 오른쪽 위를 왼쪽 아래와 곱하면 14가 되고, 오른쪽 아래를 왼쪽 위와 곱하면 5가 되니, 14에서 빼면, 9가 나와 좋은 말 속도의 나눗수(양마율법)로 삼는다. 5를 9에 더하면, 14가 되는데, 노둔한 말 속도의 나눗수(노마율법)로 삼는다. 7분, 5분을 서로 곱하면, 35가 되고, 좇아간 리 수 45와 곱하면, 1,575리가 되는데, 나뉨수로 삼는다. 좋은 말 속도의 나눗수 9로 나눠주면, 좋은 말이 가는 거리 175리가 나온다. 또 14로 나뉨수를 나누면, 2,100보가 되는데, 다시 14로 나누면, 150보가 되어 앞서의 문제에 들어맞는다.

주해 이 문제와 다음 두 문제([中-5], [中-6])는 모두「구장산술」"균수"장 12번째의 "걷기 잘하는 사람과 잘못하는 사람(善行不善行)" 문제, 같은 장 16번째의 "손님이 남긴 옷을 들고 좇아가는 주인(客去忘衣)" 문제 그리고 "영부족"장 19번째의 "좋은 말과 노둔한 말이 제나라와 장안 사이에서 만나는(良駑馬相逢)" 문제를 연상시키는 것들이다.

今有駑馬日初發家, 良馬日以七分之一發家. 日乃五分之二, 行四十五里, 及駑馬. 問良駑馬一日不止, 各行幾何?
答曰, 良馬日行一百七十五里, 駑馬日行一百一十二里, 一百五十步.
術曰, 置五分之二, 七分之一, 相減, 餘爲良馬行率. 增七分日之一, 爲駑馬行率. 各以爲法. 以及里數乘二母爲實. 實如法而一.
草曰, 置七分於右上, 一於左上, 五分於右下, 二於左下. 以右上乘左下得十四, 以右下乘左上得五, 減十四得九, 爲良馬率法. 以五加九得十四, 爲駑馬率法. 以七分, 五分相乘得三十五, 以乘追及四十五里,得一千五百七十五里爲實, 以良馬九法除之, 得一百七十五里爲良馬行. 又以十四除實, 得二千一百步, 再以十四除之, 得一百五十步. 合前問.

[中-5] 늦게 가는 사람이 50보를 갈 때, 빨리 가는 사람은 70보를 간다. 늦게 가는 사람이 먼저 출발하고, 빨리 가는 사람이 나중에 떠났는데, 87리 150보를 가서 만나게 되었다. 늦게 가는 사람은 몇 리나 먼저 출발했는가?

답 : 25리.

풀이법에 따라서, 늦게 가는 사람의 보수를 빨리 가는 사람의 보수에서 빼고, 나머지를 만날 때의 거리 보수를 곱해서 나뉨수로 삼는다. 빨리 가는 사람의 보수를 나눗수로 삼아서, 나뉨수를 나눗수로 나눠준다.

계산법에 따라서, 빨리 가는 사람의 70보를 놓고, 늦게 가는 사람의 50보를 빼면, 나머지는 20보이다. $87\frac{1}{2}$리를 곱하면, 1,750리가 되는데, 나뉨수로 삼는다. 빨리 가는 사람의 70보를 나눗수로 삼아서, 나뉨수를 나눠주면, 25리가 되어 앞서의 문제에 들어맞는다.

주해 앞 문제([中-4])의 주해를 참조할 것.

今有遲行者五十步, 疾行者七十步. 遲行者以先發,疾行者以後發,行八十七里一百五十步乃及之. 問遲行者先發行幾何里?

答曰, 二十五里.

術曰, 以遲行步數減疾行步數, 餘, 以乘及步數爲實. 以疾行步數爲法. 實如法而一.

草曰, 置疾行七十步, 以遲行五十步減之,餘二十步. 以乘及八十七里半, 得一千七百五十里爲實. 以疾行七十步爲法. 除實, 得二十五里. 合前問.

[中-6] 갑은 하루에 70리를 가고, 을은 하루에 90리를 간다. 갑은 하루가 $\frac{1}{5}$ 이 지나서 출발하고, 을은 하루가 $\frac{2}{3}$ 가 지나서 출발하였다. 을은 몇 리나 가서 갑을 따라잡겠는가?

답 : 147리.

풀이법에 따라서 $\frac{2}{3}$ 에서 $\frac{1}{5}$ 을 뺀 나머지를 나눗수로 삼아서, 나뉨수를 나눗수로 나눈다.

계산법에 따라서, 5를 오른쪽 위에, 1을 왼쪽 위에 놓고, 또 3을 오른쪽 아래에, 2를 왼쪽 아래에 놓는다. 오른쪽 위의 5를 왼쪽 아래의 2과 곱하면, 10이 되고, 오른쪽 아래의 3을 왼쪽 위의 1과 곱하면, 3이 되는데, 10에서 빼면, 나머지는 7이다. 갑이 가는 거리 70리를 곱하면, 490이 되고, 또 을이 가는 거리 90리를 곱하면, 44,100이 되는데, 나뉨수로 삼는다. 갑이 가는 거리의 리 수를 을이 가는 거리의 리 수에서 뺀 나머지는 20리인데, 두 분모와 곱하면, 300이 된다. 나뉨수를 나눠주면, 147리가 되어 앞서의 문제에 들어맞는다.

주해 [中-4]의 주해를 참조할 것.

今有甲日行七十里, 乙日行九十里. 甲日以五分之一乃發, 乙日以三分之二乃發. 問乙行幾何里及甲?
答曰, 一百四十七里.
術曰, 以五分日之一減三分日之二,餘,以爲法. 實如法而一.
草曰, 置五分於右上, 置之一於左上. 又置三分於右下, 之二於左下. 以右上五乘左下二得一十, 以右下三乘左上一得三, 以減十, 餘七. 以甲行七十里乘之,得四百九十, 又以乙行九十里乘之, 得四萬四千一百爲實. 以甲行里數減乙行里數, 餘二十里, 以二分母乘之,得三百. 以除實得一百四十七里. 乃合前問.

[中-7] 성을 쌓는데, 윗 너비가 1장, 아래 너비가 3장, 높이가 4장이다. 이미 높이를 1장 5자까지 쌓았다면, 이미 쌓은 윗 너비는 얼마인가?
답 : 2장 2자 5치.

풀이법에 따라서 성의 아래 너비를 놓고, 윗 너비를 뺀다. 다시 성의 높이를 놓고, 쌓아올린 높이를 뺀다. 나머지를 서로 곱하고, 성의 높이로 나눈 값을 성의 윗 너비에 더하면, 곧 답이 나온다.

계산법에 따라서, 성의 아래 너비 30자를 놓고, 윗 너비를 빼면, 나머지는 20자이다. 따로 성의 높이 40자에서 쌓아올린 높이 1장 5자를 빼면, 2장 5자가 된다. 20자와 곱하면, 500자가 되고, 성의 높이 40자를 나눗수로 삼아서 나눠주면, 1장 2자 5치가 된다. 나온 값을 성의 윗 너비 1장에 더하면, 2장 2자 5치가 되어 앞서의 문제에 들어맞는다.

今有築城, 上廣一丈, 下廣三丈, 高四丈. 今已築高一丈五尺. 問已築上廣幾何?
答曰, 二丈二尺五寸.
術曰, 置城下廣,以上廣減之. 又置城高, 以減築高. 餘相乘, 以城高而一, 所得加城上廣, 卽得.
草曰, 置城下廣三十尺, 以上廣減之, 餘二十尺. 別以城高四十尺, 以築高一丈五尺減之,得二丈五尺. 以乘二十尺,得五百尺, 以城高四十尺爲法除之, 得一丈二尺五寸. 所得加城上廣一丈, 得二丈二尺五寸. 合前問.

[中-8] 담을 쌓는데, 윗 너비가 2자, 아래 너비가 6자, 높이가 2장이다. 이미 윗 너비를 3자 6치까지 쌓았다면, 이미 쌓아올린 높이는 얼마인가?

답 : 1장 2자.

풀이법에 따라서, 이미 쌓은 윗 너비와 아래 너비를 놓고, 각각에서 담의 윗 너비를 뺀다. 이미 쌓은 윗 너비에서 뺀 나머지를 아래 너비에서 뺀 나머지로부터 뺀 차이를 담의 높이와 곱해서 나뉨수로 삼는다. 담의 윗 너비를 아래 너비에서 뺀 나머지를 나눗수로 삼아서, 나뉨수를 나눗수로 나눈다.

계산법에 따라서, 아래 너비 6자를 놓고, 쌓은 윗 너비 3자 6치를 빼면, 나머지는 2자 4치이다. 담의 높이 20자를 곱하면, 48자가 된다. 다시 담의 윗 너비 2자를 아래 너비 6자에서 뺀 나머지 4자를 나눗수로 삼아서 나눠주면, 1장 2자가 되어 앞서의 문제에 들어맞는다.

今有築墻, 上廣二尺, 下廣六尺, 高二丈. 今已築上廣三尺六寸. 問已築高幾何?

答曰, 一丈二尺.

術曰, 置已築上廣及下廣, 各減墻上廣. 以築上廣減餘以減下廣減餘, 餘乘墻高爲實. 以墻上廣減下廣餘爲法. 實如法而一.

草曰, 置墻下廣六尺, 以築高上廣三尺六寸減之, 餘二尺四寸. 以墻高二十尺乘之, 得四十八尺. 又以墻上廣二尺減下廣六尺, 餘四尺爲法. 除之, 得一丈二尺. 合前問.

[中-9] 정사각추가 있는데, 아래 변이 2장, 높이가 3장이다. 꼭대기 부분을 잘라 정사각형 정자로 만들려고 하여 윗변이 6자가 되게 하였다. 잘라낸 높이는 얼마인가?

답 : 9자.

풀이법에 따라서, 윗변의 자수와 높이의 자수를 곱해서 나뉨수로 삼는다. 아래 변의 자수로 나눗수로 삼아서, 나뉨수를 나눗수로 나눈다. (신 이순풍 등이 삼가 살펴보건대, 이 풀이법은 다음을 가리킨다. 아래 변을 구율, 높이를 고율, 윗변을 현재의 밑변 값으로 삼는다. 현재의 밑변을 고율과 곱하고, 구율로 나눠주면, 곧 답이 된다.)

계산법에 따라서, 윗변 6자를 놓고, 높이 30자를 곱하면, 180자가 되고, 아래 변 20자를 나눗수로 삼아서, 나뉨수를 나눠주면, 9자가 되어 앞서의 문제에 들어맞는다.

주해 이 문제는 다음 문제([中-10])와 일종의 역산 관계에 있는데, 둘 다 닮은꼴의 비례에 관한 것이다. 윗변 : 잘라낸 높이=아래 변 : 전체 높이이므로, 잘라낸 높이는 다음과 같이 계산된다.

$$\text{잘라낸 높이} = \frac{\text{윗변} \times \text{전체 높이}}{\text{아래 변}} = \frac{6 \times 30}{20} = 9\text{자}.$$

今有方錐, 下方二丈, 高三丈. 欲斬末爲方亭, 令上方六尺. 問斬高幾何?

答曰, 九尺.

術曰, 令上方尺數乘高尺數爲實. 以下方尺數爲法. 實如法而一. (臣淳風等謹按, 此術下方爲句率, 高爲股率. 上方爲今有見句數. 以見句乘股率, 如句率而一, 卽得.)

草曰, 置上方六尺, 以乘高三十尺得一百八十尺. 以下方二十尺爲法. 除實得九尺. 合前問.

[中-10] 정사각형 정자가 있는데, 아래 변이 3장, 윗변이 1장, 높이가 2장 5자이다. (꼭대기 부분을) 붙여지어서 정사각추로 만들려고 한다. 붙여지을 높이는 얼마인가?

답 : 1장 2자 5치.

풀이법에 따라서, 윗변의 자수를 놓고, 높이의 자수를 곱해서 나뉨수로 삼는다. 아래 변의 자수에서 윗변의 자수를 뺀 나머지로 나눗수로 삼아서, 나뉨수를 나눗수로 나눈다.

계산법에 따라서, 윗변 10자를 놓고, 높이 25자를 곱하면, 250자가 되고, 아래 변 3장에서 윗변 1장을 뺀 나머지 2장을 나눗수로 삼아서, 나뉨수를 나눠주면, 1장 2자 5치가 되어 앞서의 문제에 들어맞는다.

今有方亭, 下方三丈, 上方一丈, 高二丈五尺. 欲接築爲方錐. 問接築高幾何?
答曰, 一丈二尺五寸.
術曰, 置上方尺數, 以高乘之, 爲實. 以上方尺數減下方尺數, 餘爲法. 實如法而一.
草曰, 置上方十尺, 以高二十五尺乘之, 得二百五十尺. 以上方一丈減下方三丈, 餘二丈爲法. 除實得一丈二尺五寸. 乃合前問.

[中-11] 정사각형 보도가 있는데, 한 변이 4장, 높이가 2장이다. 벽돌로 사면을 쌓고자 한다. 벽돌 한 개는 너비가 5치, 길이가 1자 1치, 두께가 2치이다. 몇 개의 벽돌을 써야 하는가?

답 : $14727\frac{3}{11}$ 개.

풀이법에 따라서, 보도 한 변의 치수를 놓고, 벽돌의 너비를 덧붙인 다음, 4배 하고, 높이를 곱해서 나뉨수로 삼는다. 벽돌의 길이와 두께를 서로 곱해서 나눗수로 삼는다. 나뉨수를 나눗수로 나눠준다.

계산법에 따라서, 400치를 놓고, 5치를 더한 다음, 4배 하면, 1,620치가 된다. 다시 높이 200치를 곱하면, 324,000치가 된다. 벽돌의 길이와 두께를 서로 곱한 22치를 나눗수로 삼아서 나눠주면, $14727\frac{3}{11}$ 개가 되어 앞서의 문제에 들어맞는다.

주해 이 문제는 단순한 계산문제를 넘어서 벽돌의 시공방식과 관련된 경험적 노하우를 담고 있는 것으로 나타난다. 여기서는 보도의 표면이 벽돌의 길이와 두께로 이루어진 면으로 붙여지고, 각

표면의 길이마다 벽돌의 너비만큼 더 소요되는 것으로 개념화되었다.

今有堡墻,方四丈,高二丈. 欲以磚四面單壘之. 磚一枚廣五寸, 長一尺一寸, 厚二寸. 問用磚幾何?
答曰, 一萬四千七百二十七磚, 一十一分磚之三.
術曰, 置堡墻方寸數, 以磚廣增之, 而以四乘之, 以高乘之爲實. 以磚長厚相乘爲法. 實如法而一.
草曰, 置四百寸加五寸, 以四因之, 得一千六百二十寸. 又以高二百寸乘之, 得三十二萬四千寸. 以磚長厚相乘得二十二寸爲法, 除之. 得一萬四千七百二十七枚, 一十一分磚之三. 合前問.

[中-12] 원형 보도를 짓고 있는데, 둘레가 9장 6자, 높이가 1장 3자이다. 부드러운 흙을 얼마나 써야 하는가?
답 : 16,640자.

풀이법에 따라서, 둘레를 제곱하고, 높이를 곱하고, 또 5배하여 나뉨수로 삼는다. 3과 12를 곱하여 나눗수로 삼는다. 나뉨수를 나눗수로 나눠준다.

계산법에 따라서, 둘레 9장 6자를 제곱하면, 9,216자가 되고, 다시 높이 1장 3자를 곱하면, 119,808이 되며, 또 5배하면, 599,040이 되는데, 나뉨수로 삼는다. 3과 12를 곱한 36을 나눗수로 삼는다. 나뉨수를 나눠주면, 16,640자가 되어 앞서의 문제에 들어맞는다.

주해 원형 보도는 「구장산술」 "상공"장의 9번째 문제에서도 발견되듯이 원통형으로 쌓은 흙 구조물이다. 여기서 구하라는 부드러운 흙의 부피는 원형 보도의 부피의 $\frac{5}{3}$ 배가 되어 다음과 같이 산출된다.

$$\begin{aligned}&\text{부드러운 흙의 부피}\\&=\text{원형 보도의 부피}\times\frac{5}{3}\simeq\frac{\text{둘레}^{2}\times\text{높이}}{12}\times\frac{5}{3}\\&=\frac{96^{2}\times13\times5}{12\times3}=16640.\end{aligned}$$

今有築圓堡壔, 周九丈六尺, 高一丈三尺. 問用壤土幾何?
答曰, 一萬六千六百四十尺.
術曰, 周自相乘, 以高乘之, 又以五乘爲實. 以三乘十二爲法. 實如法而一.
草曰, 以周九丈六尺自相乘, 得九千二百一十六尺. 又以高一丈三尺乘之, 得一十一萬九千八百八, 又以五乘之, 得五十九萬九千四十爲實. 以三乘十二得三十六爲法. 除實得一萬六千六百四十尺. 合前問.

[中-13] 비단을 호당 평균적으로 3필씩 바치도록 하였는데, 빈부격차에 따라서 9등급으로 나누어 바치게 하고, 등급별 차이는 2장이 되게 하였다. 상상호 39호, 상중호 24호, 상하호 57호, 중상호 31호, 중중호 78호, 중하호 43호, 하상호 25호, 하중호 76호, 하하호 13호가 있다면, 9등호에서 호당 바쳐야 할 비단은 각각 얼마인가?

답 : 상상호는 호당 비단 5필, 상중호는 호당 비단 4필 2장, 상하호는

호당 비단 4필, 중상호는 호당 비단 3필 2장, 중중호는 호당 비단 3필, 중하호는 호당 비단 2필 2장, 하상호는 호당 비단 2필, 하중호는 호당 비단 1필 2장, 하하호는 호당 비단 1필을 바친다.

풀이법에 따라서, 위의 8등호를 놓아 각각에 덧붙여지는 차이를 구하면, 상상호 16, 상중호 14, 상하호 12, 중상호 10, 중중호 8, 중하호 6, 하상호 4, 하중호 2가 된다. 각각 그 호수로 곱해서 더한다. 바쳐야 할 비단의 필, 장 수로 전체 호수를 곱해서 얻은 값을 더한 값으로 뺀 나머지를 전체 호수로 나눠주면, 그 값이 곧 하하호가 되며, 차례대로 차이를 더하면, 위의 8등호가 바친 비단의 필, 장 수가 나온다.

계산법에 따라서, 상상호 39를 16으로 곱한 624를 위에 놓고, 다시 상중호 24를 14로 곱한 336을 위에 더하고, 다시 상하호 57을 12로 곱한 684를 윗자리에 더하고, 다시 중상호 31을 10으로 곱한 310을 윗자리에 더하고, 다시 중중호 78을 8로 곱한 624를 윗자리에 더하고, 다시 중하호 43을 6으로 곱한 258을 윗자리에 더하고, 다시 하상호 25를 4로 곱한 100을 윗자리에 더하고, 다시 하중호 76을 2로 곱한 152를 자리에 더하면, 모두 3,088이 된다. 다시 9등호를 더한 386을 12장으로 곱하면, 4,632장이 되고, 3,088을 빼주면, 1,544장이 되는데, 차이를 덧붙이지 않은 기본 값의 곱(평율)으로 삼는다. 그것을 전체 호수 386으로 나눠주면, 4장, 곧 1필이 나오는데, 이것이 최하위 호가 바쳐야 할 비단이 되며, 차례대로 2장을 더하여 상상호에 이르면, 5필을 바치게 되어 모두 앞서의 문제에 들어맞는다.

주해 이 문제는 여러 산학사가들에 의하여 이 책의 찬술 연대를 가늠하는 잣대로 중시되어 왔다. 일찍이 전보종(錢寶琮)은 이 문제에 나타난 "삼등구품제"가 북위 문제(北魏文帝) 즉위원년인 466년에 반포되어 태화(太和) 9년(485) 균전제(均田制)로 대체될 때까지 실시되었다는 점에서 이 책이 만들어진 시기를 466-484년 사이로 보았다. 그러나 최근에는 풍립승(馮立升, 1990) 등이 "구품혼통(九品混通)"적인 조세제도가 이미 북위 초기에 시행되고 있었다는 사실(「위서(魏書)」卷四上 "世祖紀" 太延元年 十二月詔를 참조)에 주목하면서 431-450년 사이로 올려 잡는 것이 우세한 견해로 대두된 상태이다.

今有率, 戶出絹三匹, 依貧富欲以九等出之, 令戶各差除二丈. 今有上上三十九戶, 上中二十四戶, 上下五十七戶, 中上三十一戶, 中中七十八戶, 中下四十三戶, 下上二十五戶, 下中七十六戶, 下下一十三戶. 問九等戶, 戶各應出絹幾何?

答曰, 上上戶, 戶出絹五匹.

上中戶, 戶出絹四匹二丈.

上下戶, 戶出絹四匹.

中上戶, 戶出絹三匹二丈.

中中戶, 戶出絹三匹.

中下戶, 戶出絹二匹二丈.

下上戶, 戶出絹二匹.

下中戶, 戶出絹一匹二丈.

下下戶, 戶出絹一匹.

術曰, 置上八等戶, 各求積差, 上上戶十六.上中戶十四, 上下戶十二, 中上戶十, 中中戶八, 中下戶六, 下上戶四, 下中戶二. 各以其戶數乘,而幷之. 以出絹匹丈數乘凡戶, 所得, 以幷數減之, 餘以凡戶數而一. 所得卽下下戶. 遞加差各得上八等戶所出絹匹丈數.
草曰, 置上上戶三十九, 以十六乘之, 得六百二十四, 列於上, 又置上中戶二十四, 以十四因之, 得三百三十六, 幷上. 又置上下戶五十七, 以十二因之, 得六百八十四, 幷上位. 又置中上戶三十一, 以十因之, 得三百一十, 幷上位. 又置中中戶七十八, 以八因之, 得六百二十四, 幷上位. 又置中下戶四十三, 以六因之, 得二百五十八, 幷上位. 又置下上戶二十五, 以四因之, 得一百, 幷上位. 又置下中戶七十六, 以二因之, 得一百五十二, 幷位. 都得三千八十八. 又幷九等戶三百八十六, 以十二丈因之, 得四千六百三十二丈. 以減三千八十八丈, 餘一千五百四十四丈, 以爲平率[82]. 以衆戶數三百八十六除之, 得四丈爲一匹, 是最下之戶所出絹. 以次各加二丈, 至上上戶, 出五匹. 皆合前問.

[中-14] 겉곡식 3,000섬이 있고, 600인이 그것을 먹는데, 그 중 100인은 하루에 착미 8섬을 먹고, 200인은 패미 14섬을 먹고, 300인은 여미 18섬을 먹는다. 겉곡식을 다 소비하는 데에는 며칠이나 걸리겠는가?

답 : $41\frac{16}{49}$ 일.

풀이법에 따라서, 겉곡식의 수량을 놓아 나뉨수로 삼는다. 세 등급의 사람들이 하루에 먹는 양을 각각 구하여 겉곡식의 수로 표시하고, 더하여 나눗수로 삼아서 나뉨수를 나눗수로 나눈다.

82) 여기서 "평율(平率)"이란 "차이를 덧붙이지 않은 기본 값의 곱," 즉, 하하호의 몫을 전체 호수로 곱한 것을 가리킨다.

계산법에 따라서, 착미 8섬을 놓아 50을 곱하고, 착미의 비율인 24로 나누면, 16섬이 나오며 16이 남는데, 24로 나눠주면, 8로 약분이 되어 $\frac{2}{3}$가 된다. 다시 패미 14섬을 놓아 50을 곱하면, 700섬이 되고, 패미의 비율인 27로 나누면, 25섬이 나오며 $\frac{25}{27}$가 남는다. 다시 여미 18섬을 놓아 50을 곱하고, 30으로 나누면, 30섬이 나온다. 세 값을 더하면, 71섬이 된다. 다시 나머지의 3을 오른쪽 위, 2를 왼쪽 위, 27을 오른쪽 아래, 25를 왼쪽 아래에 놓는다. 오른쪽 위의 3으로 왼쪽 아래의 25를 곱하면, 75가 되고, 오른쪽 아래의 27로 왼쪽 위의 2를 곱하면, 54가 되는데, 더하면, 129가 된다. 다시 분모 3을 27과 곱한 81을 나눗수로 삼아서 나눠주면, 1섬이 나와서 윗자리의 71에 더하면, 72가 된다. 나머지 48, 분모 81을 각각 3으로 약분하면, $\frac{16}{27}$이 된다. 다시 분모의 27을 72섬과 곱하고, 분자의 16을 더하면, 1,960이 되는데, 나눗수로 삼는다. 이어서 겉곡식 3,000섬을 놓아 분모 27을 곱한 81,000을 나뉨수로 삼고, 1,960을 나눗수로 삼아서 나눠주면, 41일이 나온다. 나눗수와 나머지를 함께 나눠주면, $\frac{16}{49}$일이 나와서 앞서의 문제에 들어맞는다.

주해 이 문제는 사람들이 등급이 높을수록 좋은 쌀을 더 많이 먹는 것으로 묘사하고 있다.

今有粟三千斛, 六百人食之, 其一百人, 日食糳米八斛, 二百人, 日食粺米十四斛, 三百人, 日食糲米十八斛. 問粟得幾何日食之?

答曰, 四十一日, 四十九分日之一十六.

術曰, 置粟數爲實. 以三等日食米積數各求爲粟之數, 并以爲法. 實如法得一.

草曰, 置糳米八斛, 以五十乘之, 以糳米率二十四除, 得一十六斛, 餘一十六. 以二十四, 八約之得三, 餘得二. 又置粺米十四斛, 以五十乘之, 得七百斛, 以粺米率二十七除, 得二十五斛, 餘二十七分之二十五. 又置糲米十八斛以五十乘之, 三十除之, 得三十斛. 并三位得七十一斛. 又置餘分三於右上, 二於左上, 二十七於右下, 二十五於左下. 以右上三乘左下二十五得七十五, 以右下二十七乘左上二得五十四,并之得一百二十九. 又以分母三乘二十七, 得八十一爲法. 除得一斛,加上位七十一得七十二. 餘四十八, 分母八十一, 各三約之, 得二十七分之一十六. 又以二十七分乘七十二斛, 內子一十六, 得一千九百六十爲法. 乃置粟三千斛, 以母二十七乘之, 得八萬一千爲實. 以一千九百六十爲法, 除得四十一日. 法與餘俱再析, 得四十九分日之一十六. 合前問.

[中-15] 세 딸이 각각 정사각형 모양의 무늬를 수놓았는데, 맏딸은 7일, 가운데 딸은 8일 반, 막내딸은 $9\frac{2}{3}$ 일에 수놓았다. 세 딸로 하여금 정사각형 무늬 하나를 함께 수놓게 하면, 며칠만에 마치겠는가?

답 : $2\frac{939}{1256}$ 일.

풀이법에 따라서, 날수들을 놓고, 방수와 서로 곱해서 더한 것을 나눗수로 삼고, 날수들을 서로 곱한 것을 나뉨수로 삼아서, 나뉨수를 나눗수로 나눠주면, 답이 된다.

계산법에 따라서, 맏딸의 7일을 오른쪽 위에, 1을 왼쪽 위에 놓고, 가운데 딸의 8일 반은 반이 $\frac{1}{2}$ 이므로 분모로 통분하여 분자 1을 더한 17을 오른쪽 중간에, 1을 왼쪽 중간에 놓고, 막내딸 $9\frac{2}{3}$ 일은 분모 3을 곱하고 분자 2를 더한 29를 오른쪽 아래에, 1을 왼쪽 아래에 놓은 다음, 서로 곱해준다. 오른쪽 중간의 17로 왼쪽 위의 1을 곱한 17을 다시 오른쪽 아래의 29를 곱하면, 493이 되고, 다시 오른쪽 위의 7로 왼쪽 중간의 1을 곱한 7을 다시 오른쪽 아래의 29를 곱하고, 또 다시 분모 2를 곱하면, 406이 되고, 다시 오른쪽 위의 7로 왼쪽 아래의 1을 곱하고, 다시 오른쪽 중간의 17을 곱하고, 또 다시 분모 3을 곱하면, 357이 되는데, 그것들을 더한 1,256을 나눗수로 삼는다. 다시 오른쪽 위의 7을 중간의 17과 곱하고, 다시 오른쪽 아래의 29와 곱하면, 3,451이 되는데, 나뉨수로 삼는다. 나눗수로 나누면, $2\frac{939}{1256}$ 일이 되어 앞서의 문제에 들어맞는다.

주해 이 문제는 내용적으로 「구장산술」 "균수"장의 26번째인 다섯 개의 도랑물이 흘러드는 연못(五渠注水) 문제와 같은 계열에 속한다.

今有三女各刺文一方, 長女七日刺訖, 中女八日半刺訖, 小女九日太半刺訖. 今令三女共刺一方. 問幾何日刺訖?
答曰, 二日, 一千二百五十六分日之九百三十九.
術曰, 置日數以互乘方數,幷爲法,日數相乘爲實,實如法得一.
草曰, 置大女七日於右上, 一於左上. 中女八日半, 是二分之一以分母通分, 內子一得十七於右中, 一於左中. 小女九日太半, 以分母三因之,內子二得二十九於右下, 一於左下. 乃互乘之. 以右中十七乘左上一得十七, 又以右下二十九乘之, 得四百九十三. 又以右上七乘左中一得七, 又以右下二十九乘之, 又以分母二因之, 得四百六. 又以右上七乘左下一, 又以右中十七乘之, 又以分母三因之, 得三百五十七. 幷之得一千二百五十六爲法. 又以右上七乘中一十七得一百一十九, 又以右下二十九乘之, 得三千四百五十一爲實. 以法除之, 得二日, 一千二百五十六分日之九百三十九. 合前問.

[中-16] 수레로 보리를 운반하여 태창까지 수송하는데, 거리가 $37\frac{11}{16}$ 리이다. 무거운 수레는 하루에 45리를 가고, 7일 동안에 5번 돌아온다. 빈 수레는 하루에 얼마나 가는가?

답 : 하루에 67리를 간다.

풀이법에 따라서, 보리와 태창 사이의 거리를 놓고, 돌아오는 회수로 곱한다. 무거운 수레의 하루 운행 거리로 나눈 값을 무거운 수레의 운행일수(중행일수)로 삼는다. 전체 날짜에서 뺀 나머지가 빈 수레의 운행일수(공행일수)가 되는데, 나눗수로 삼고, 돌아오는 회수를 보리와 태창 사이의 거리와 곱한 것을 나뉨수로 삼아서, 나뉨수를 나눗수로 나눠준다.

계산법에 따라서, 태창까지의 거리 37리를 놓고, 16으로 곱하고,

분자 11을 불러들이면, 603리가 되고, 다시 돌아오는 회수 5를 곱하면, 3,015가 된다.

무거운 수레의 하루 운행 거리 45에 분모 16을 곱하면, 720이 되는데, 나눗수로 삼아서, 3,015를 나누면, 4일이 나오고, 미처 떨어지지 않는 것은 2배하고, 9로 나눠주면, $\frac{3}{16}$ 일이 되는데, 무거운 수레의 운행일수로 삼는다. 또 7일을 놓고, 16을 곱하면, 112가 된다. 다시 4일을 놓고, 16을 곱하고, 분자 3을 불러들이면, 67이 된다. 112에서 뺀 나머지 45를 나눗수로 삼고, 태창까지의 리 수 3,015를 나누면, 67리가 되어 앞서의 문제에 들어맞는다.

주해 이 문제는 「구장산술」 "균수"장 9번째의 역참수송(程傳委輸) 문제를 연상케 한다.

今有車運麥輸太倉, 去三十七里, 十六分里之十一. 重車日行四十五里. 七日五返. 問空車日行幾何?
答曰, 日行六十七里.
術曰, 置麥去太倉數, 以返數乘之. 以重車日行里數而一,所得爲重行日數. 以減凡日數, 餘爲空行日數, 以爲法. 以返數乘麥去太倉里數爲實. 實如法得一.
草曰, 置去太倉里數三十七里, 以十六乘之, 內子一十一, 得六百三里. 又以返數五乘之, 得三千一十五. 以重車日行四十五以分母十六乘之,得七百二十爲法. 除三千一十五, 得四日. 不盡, 二因, 九約, 約得十六分日之三. 爲重車日行數. 又置七日, 以十六乘之, 得一百一十二. 又置四日, 以十六乘之, 內子三, 得六十七. 以減一百一十二, 餘四十五爲法. 以除太倉里數三千一十五, 得六十七里. 合前問.

[中-17] 어떤 사람이 돈을 갖고 낙양에 가서 장사를 하는데, 이자는 $\frac{2}{5}$ 이었다. 처음에는 16,000을 돌려주었고, 두 번째에는 17,000, 세 번째에는 18,000, 네 번째에는 19,000, 다섯 번째에는 20,000을 돌려주었는데, 무릇 다섯 번 돌려주고 나니 원리금이 다 상환되었다. 원금은 얼마인가?

답 : $35326\frac{5918}{16807}$ 전.

풀이법에 따라서, 마지막으로 갚은 금액을 놓아 5를 곱하고, 네 번째로 갚은 금액을 7로 곱하여 그것에 더한 다음, 5로 곱하고, 세 번째로 갚은 금액을 49로 곱하여 그것에 더한 다음, 5로 곱하고, 두 번째로 갚은 금액을 343으로 곱하여 그것에 더한 다음, 5로 곱하고, 처음에 갚은 금액을 2,401로 곱하여 그것에 더한 다음, 5로 곱하고, 16,807으로 나눠주면, 원금이 나온다. 다른 풀이법에 따라서, 영부족술로 구해도, 역시 답이 나온다.

계산법에 따라서, 마지막으로 갚은 금액을 놓아 5를 곱하면, 100,000이 되고, 다시 네 번째로 갚은 금액 19,000과 7을 곱하면, 133,000이 되는데, 윗자리에 더하면, 233,000이 되며, 다시 5를 곱하면, 1,165,000이 되고, 다시 세 번째로 갚은 금액 18,000과 49를 곱하면, 882,000이 되는데, 다시 윗자리에 더하면, 2,047,000이 되며, 다시 5를 곱하면, 10,235,000이 되고, 다시 두 번째로 갚은 금액 17,000과 343을 곱하면, 5,831,000이 되는데, 윗자리에 더하면, 16,066,000이 되며, 다시 5를 곱하면, 80,330,000이 되고, 다시 처음에 갚은 금액 16,000과 2,401을 곱하면, 38,416,000이 되는데, 윗자리에 더하면, 118,746,000이 되며, 다시 5를 곱하면, 593,730,000이 되는데, 나뉨수로 삼는다. 다시 16,807을 나눗수로 삼아서 나뉨수를 나눠주면, $35326\frac{5918}{16807}$ 전이 나온다.

주해 이 문제는「구장산술」"영부족"장 20번째의 "돈을 갖고 촉나라로 가는(持錢之蜀)" 문제를 연상케 하는데, 풀이법의 계산과정은 다음과 같다.

$$\text{원금}=\frac{((((20000\times5+19000\times7)\times5+18000\times49)\times5+17000\times343)\times5+16000\times2401)\times5}{7^{5}}$$

$$=\frac{593730000}{16807}=35326\frac{5918}{16807}\text{ 전}$$

今有人持錢之洛賈, 利五之二. 初返歸一萬六千, 第二返歸一萬七千, 第三返歸一萬八千, 第四返歸一萬九千, 第五返歸二萬. 凡五返歸,本利俱盡. 問本錢幾何?

答曰, 三萬五千三百二十六錢, 一萬六千八百七分錢之五千九百一十八.

術曰, 置後返歸錢數, 以五乘之. 以七乘第四返歸錢數加之, 以五乘之. 以四十九乘第三返歸錢數加之, 以五乘之. 以三百四十三乘第二返歸錢數加之, 以五乘之. 以二千四百一乘初返歸錢數加之, 以五乘之. 以一萬六千八百七而一, 得本錢數. 一法, 盈不足術爲之. 亦得.

草曰, 置最後返錢數, 以五乘之, 得十萬. 又以第四返錢一萬九千, 以七乘之, 得一十三萬三千, 幷上位得二十三萬三千. 又以五因之, 得一百一十六萬五千. 又置第三返一萬八千, 以四十九乘之, 得八十八萬二千, 又加上位, 得二百四萬七千. 又以五乘之, 得一千二十三萬五千. 又置第二返一萬七千, 以三百四十三乘之, 得五百八十三萬一千. 加上位,得一千六百六萬六千. 又以五乘之, 得八千三十三萬,又置初返日一萬六千, 以二千四百一乘之, 得三千八百四十一萬六千. 加上位得一億一千八百七十四萬六千. 又以五乘之, 得五億九千三百七十三萬, 爲實. 又以一萬六千八百七爲法. 除實得三萬五千三百二十六文, 一萬六千八百七分錢之五千九百一十八.

[中-18] 청주 1말은 겉곡식 10말, 서주 1말은 겉곡식 3말의 값이 나간다. 겉곡식 3섬으로 술 5말을 얻고자 한다면, 청주와 서주는 각각 얼마씩 되겠는가?

답 : 서주 2말 $8\frac{4}{7}$ 되, 청주 2말 $1\frac{3}{7}$ 되.

풀이법에 따라서, 얻으려는 술의 말수를 놓아 청주의 값으로 곱하고, 갖고 있는 겉곡식의 말수를 뺀 나머지를 서주의 나뉨수로 삼고, 다시 얻으려는 술의 말수를 놓아 서주의 값으로 곱하고, 갖고 있는 겉곡식의 말수에서 뺀 나머지를 청주의 나뉨수로 삼는다. 각각의 두 값을 서로 뺀 나머지를 나눗수로 삼아서 나뉨수를 나눠주면, 곧 답이 나온다. 영부족술로 구해도, 역시 답이 나온다.

계산법에 따라서, 5말을 놓아 청주의 10을 곱하면, 5섬이 되고, 갖고 있는 겉곡식 3섬을 뺀 나머지 2섬을 서주의 나뉨수로 삼고, 다시 술 5말을 놓아 서주의 3을 곱하면, 1섬 5말이 되고, 3섬에서 뺀 나머지 2섬을 청주의 나뉨수로 삼는다. 10에서 3을 뺀 나머지 7을 나눗수로 삼아서 서주의 나뉨수를 나눠주면, 2말 $8\frac{4}{7}$ 되가 나오고, 다시 나눗수로 청주의 나뉨수를 나눠주면, 2말 $1\frac{3}{7}$ 되가 나와서 앞서의 문제에 들어맞는다.

주해 이 문제는「구장산술」"영부족"장 13번째의 "맑은 술과 막걸리(醇酒行酒)" 문제와 비슷하다.

今有淸酒一斗直粟十斗, 醑酒一斗直粟三斗. 今持粟三斛, 得酒五斗. 問淸, 醑酒各幾何?
答曰, 醑酒二斗八升, 七分升之四, 淸酒二斗一升, 七分升之三.
術曰, 置得酒斗數, 以淸酒直數乘之, 減去持粟斗數, 餘爲醑酒實. 又置得酒斗數, 以醑酒直數乘之, 減去持粟斗數, 餘爲淸酒實. 各以二直相減, 餘爲法, 實如法而一, 卽得. 以盈不足爲之,亦得.
草曰, 置得五斗, 以淸酒十量乘之,得五斛. 減去持粟三斛, 餘二斛, 爲醑酒實. 又置酒五斗, 以醑酒三量乘之, 得一斛五斗, 以減三斛, 餘一斛五斗, 爲淸酒實. 以三減十餘七爲法. 除醑酒實得二斗八升, 七分升之四. 又以法除淸酒實, 得二斗一升, 七分升之三. 合前問.

[中-19] 정사각형 밭의 넓이가 127,449보라면, 한 변은 얼마인가?
답 : 357보.

풀이법에 따라서 제곱근을 구하면, 곧 답이 나온다.

계산법에 따라서 밭의 넓이 보수를 위에 놓고, 산가지 하나를 빌려서 아래에 놓고는 한 자리를 건너뛰어 백에 이르러 멈추게 한다. 상상으로 300을 넓이의 보수 위에 놓고, 다시 30,000을 넓이의 보수 아래와 하법 위에 놓고는 방법이라고 부른다. 방으로 상상을 부르게 하여 3×3＝990,000을 나눈다. 다시 방법으로 곱하고, 한 자리 물리고, 하법을 다시 물린다. 다시 50을 상상 아래에 놓고, 다시 500을 하법 위에 놓고, 우법이라고 부른다. 방, 우의 두 법으로 실을 나눠주면, 4,949가 나온다. 다시 우법으로 곱하고, 방법과 더하면, 7,000이 되는데, 한 자리 물리고, 하법을 다시 물린다. 다시 7을 상상 50 아래에 놓고, 다시 7을 하법 위에 놓고, 우법이라고 부른다. 방, 우의 두 법으로 실을 나눠주면, 앞서의 문제에 들어맞는다.

今有田積一十二萬七千四百四十九步. 問爲方幾何?
答曰, 三百五十七步.
術曰, 以開方除之,即得.
草曰, 置田積步數於上, 借一算子於下. 常超一位, 步至百止. 以上商置三百於積步之上. 又置三萬於積步之下, 下法之上, 名曰方法. 以方命上商, 三三如九, 除九萬. 又倍方法一退, 下法再退. 又置五十於上商之下. 又置五百於下法之上, 名曰隅法. 以方, 隅二法除實, 餘有四千九百四十九. 又倍隅法以幷方, 得七千, 退一等, 下法再退. 又置七於上商五十之下. 又置七於下法之上, 名曰隅法. 以方, 隅二法除實, 得合前問.

[中-20] 정사각형 밭의 한 변이 121보인데, 원으로 만들려고 한다. 둘레는 얼마나 되겠는가?

답 : $419\frac{131}{839}$ 보.

풀이법에 따라서 한 변을 제곱하고, 다시 12를 곱하여 실로 삼아서 제곱근을 구하면, 곧 답이 나온다.

계산법에 따라서, 121보를 제곱하면, 14,641이 되고, 다시 12를 곱하면, 175,692가 된다. 산가지 하나를 빌려서 아래에 놓고는 한 자리를 건너뛰어 백에 이르러 멈추게 한다. 상상으로 400을 얻고, 아래에 40,000을 놓아 방법으로 삼고, 상상을 부르게 하여 160,000을 나눈다. 하법으로 곱하고, 한 자리 물리면, 8,000이 되는데, 하법 두 자리를 물린다. 다시 상상에 10을 얻고, 또 하법 위에 100을 놓고는 우법이라고 부른다. 방, 우로 실 8,100을 나누고, 다시 우로 곱한 것을 놓아 방법을 따르게 하고, 한 자리 물리면, 82이 된다. 다시 9를 10 아래에 놓고, 또 9를 하법 위에 놓고는 우법이라고 부른다. 방법으로 상상을 부르게 하여 8×9 = 72 7,200을 나눈다. 다시 방법 2로 상상 9를 부르게 하고, 180을 나눈다. 다시 우법 9로 상상 9를 부르게 하고, 81을 나누면, 131이 남아서 곧 $419\frac{131}{839}$ 보가 나와서 앞서의 문제에 들어맞는다.

주해 이 문제는 다음 문제([中-21])와 일종의 역산 관계에 있는데, 둘 다 기본적으로 원의 넓이(S)와 둘레 간의 관계를 나타내는 다음 공식에서 출발한다.

$$S=\pi r^2=\frac{(2\pi r)^2}{4\pi}\simeq\frac{\text{둘레}^2}{12}$$

따라서 둘레 $=\sqrt{12S}=\sqrt{12\times 121^2}=\sqrt{175692}=419\frac{131}{839}$ 보가 된다.

今有田方一百二十一步, 欲以爲圓. 問周幾何?
答曰, 四百一十九步, 八百三十九分步之一百三十一.
術曰, 方自相乘, 又以十二乘之爲實. 開方除之, 卽得.
草曰, 以一百二十一步自相乘, 得一萬四千六百四十一. 又以十二乘之, 得一十七萬五千六百九十二. 借一算子於下. 常超一位, 步至百止. 上商得四百. 下置四萬爲方法, 命上商除一十六萬. 倍下方法退一位.得八千, 下法退二等. 又置上商得一十. 又置下法之上一百, 名曰隅法. 以方, 隅除實八千一百, 又置倍隅從方法, 退一等, 得八百二十. 又置九於一十之下. 又置九於下法之上, 名隅法. 以方命上商, 八九七十二,除七千二百. 又以方法二命上商九, 除一百八十. 又以隅法九命上商九,除八十一, 餘一百三十一. 卽四百一十九步, 八百三十九分步之一百三十一. 合前問.

[中-21] 원형 밭의 둘레가 396보인데, 정사각형으로 만들려고 한다.(한 변은) 얼마나 되겠는가?

답 : $114\frac{72}{229}$ 보.

풀이법에 따라서 둘레를 제곱하고, 12로 나눈 값의 제곱근을 구하면, 곧 한 변이 된다.

계산법에 따라서 369를 놓고, 제곱하면, 156,816이 되고, 12로 나누면, 13,068이 되는데, 그것의 제곱근을 구한다. 산가지 하나를 빌려서 아래에 놓고는 한 자리를 건너뛰어 백에 이르러 멈추게 한다. 상상에 100을 놓고, 아래로 10,000을 하법 위에 놓으면서 방법이라고 부른다. 방법으로 상상을 부르고, 실 10,000을 나눈다. 방법을 물리고, 하법을 다시 물린다. 다시 10을 상상 아래에 놓고, 또 100을 하법 위에 놓으면서 우법이라고 부른다. 방, 우 두 법으로 모두 상상을 부르고, 실 2,100을 나눈다. 다시 우법으로 곱하고, 그것으로 방법을 좇아 한 자리 물리고, 하법을 다시 물린다. 다시 4를 상상 10 아래에 놓고, 또 4를 하법 위에 놓으면서 우법이라고 부른다. 방, 우 두 법으로 모두 상상을 부르고, 실 896을 나눠주면, 나머지가 72가 나와서 앞서의 문제에 들어맞는다.

今有圓田, 周三百九十六步, 欲爲方. 問得幾何?

答曰, 一百一十四步, 二百二十九分步之七十二.

術曰, 周自相乘, 十二而一. 所得, 開方除之. 卽得方.

草曰, 置三百九十六步自相乘, 得一十五萬六千八百一十六,以十二而一, 得一萬三千六十八. 以開方法除. 借一算子於下. 常超一位至百止. 上商置一百. 下置一萬於下法之上, 名曰方法. 以方法命上商, 除實一萬. 退方法, 倍之,下法再退. 又置一十於上商之下. 又置一百於下法上, 名曰隅法. 以方, 隅二法皆命上商除實二千一百. 又隅法倍之, 以從方法, 退一位. 下法再退. 又置四於上商一十之下. 又置四於下法之上,名曰隅法. 以方,隅二法皆命上商, 除實八百九十六, 餘得七十二. 合前問.

[中-22] 활 모양을 한 밭(호전)의 현이 $68\frac{3}{5}$ 보인데, 넓이가 2무 $34\frac{32}{45}$ 보이다. 시는 얼마나 되는가?

답 : 시 $12\frac{2}{3}$ 보.

풀이법에 따라서, 밭의 넓이 보수를 놓고, 2배 하여 나눗수로 삼고, 현의 보수를 종으로 삼는다.

今有弧田, 弦六十八步, 五分步之三, 爲田二畝三十四步, 四十五分步之三十二. 問矢幾何?

答曰, 矢一十二步,三分步之二.

術曰, 置田積步, 倍之, 爲實. 以弦步爲從.

장구건산경 하권(張丘建算經卷下)

[下-1] 갑, 을, 병, 정, 무 5인이 사슴 5마리를 나누는데, 6, 5, 4, 3, 2의 비율로 하려고 한다. 각각의 몫은 얼마인가?

답 : 갑 $1\frac{2}{4}$ 마리, 을 $1\frac{1}{4}$ 마리, 병 1마리, 정 $\frac{3}{4}$ 마리, 무 $\frac{2}{4}$ 마리.

풀이법에 따라서 갑 6, 을 5, 병 4, 정 3, 무 2를 늘어놓아 각각의 비율로 삼고, 따로 더하여 나눗수로 삼는다. 사슴의 수를 더하기 전의 값과 곱하여 각각의 나뉨수로 삼아서 나뉨수를 나눗수로 나눠준다.

계산법에 따라서 6, 5, 4, 3, 2를 놓고, 더하면, 20이 되는데, 나눗수로 삼는다. 다시 갑 6을 사슴 5마리와 곱하면, 30이 되고, 또 20으로 나눠주면, 한 마리가 나오는데, 나머지 1과 나눗수를 다 같이 두 배하면, $\frac{2}{4}$ 마리가 된다. 을 5를 사슴 5마리와 곱하면, 25가 되고, 또 20으로 나눠주면, $1\frac{1}{4}$ 마리가 된다. 다시 병 4를 사슴 5마리와 곱하면, 20이 되어 1마리가 된다. 다시 정 3을 사슴 5마리와 곱하면, 15가 되어 $\frac{3}{4}$ 마리가 된다. 다시 무 2를 사슴 5마리와 곱하면, 10이 되어 $\frac{2}{4}$ 마리가 나와서 앞서의 문제에 들어맞는다.

甲[83]得一鹿四分鹿之二, 乙得一鹿四分鹿之一,丙得一鹿,丁得四分鹿之三, 戊得四分鹿之二.

術曰, 列置甲六, 乙五, 丙四, 丁三,戊二,各自爲差. 副幷爲法. 以鹿數乘未幷者各自爲實. 實如法得一.

草曰, 置六, 五, 四, 三, 二. 并之得二十爲法. 又以甲六乘五鹿, 得三十,復以二十除之, 得一鹿. 餘一與法俱倍之, 得四分鹿之二. 以乙五乘五鹿,得二十五, 復以二十除, 得一鹿, 四分之一. 又以丙四乘五鹿, 得二十爲一鹿. 又以丁三乘五鹿, 得一十五鹿, 乃得四分鹿之三. 又以戊二乘五鹿,得一十, 乃得四分鹿之二. 合前問.

[下-2] 사슴이 곧바로 서쪽으로 달리고 있었는데, 말 탄 사냥꾼이 그것을 좇으려고 하니 36보 미치지 못했다. 사슴은 방향을 틀어 정북쪽으로 달렸으며, 말은 빗변을 따라 그것을 좇아가 50보를 달렸으나 10보가 모자라 빗변을 따라 화살을 쏘아서 사슴을 잡았다. 만약 사슴이 방향을 틀지 않고 말 탄 사냥꾼이 그것을 추격했다면, 몇 리를 가서야 그것에 이르렀겠는가?

답 : 3리.

풀이법에 따라서, 빗변을 따라 좇아간 보수를 놓고, 화살을 쏜 보수를 더한 다음 제곱한다. 좇아가나가 미치지 못한 보수의 제곱을 뺀 나머지의 제곱근을 구하여 얻어진 값을 빗변을 따라 좇아간 보수에서 뺀 나머지를 나눗수로 삼는다. 빗변을 따라 좇아간 보수와 미치지 못한 보수의 곱을 나뉨수로 삼아서 나뉨수를 나눗수로 나눠준다.

계산법에 따라서, 빗변을 따라 좇아간 50보를 놓고, 모자란 보수 10보를 더하면, 60보가 되며, 제곱하면, 3,600이 된다. 다시 좇으려고 했을 때 미치지 못한 보수 36보를 놓아 제곱하면, 1,296이 되는데,

---

83) "甲"자 앞에 당연히 와야 할 "答曰,"이나 그 앞의 문제가 누락된 형국인데, 이는 모두 남송본(南宋本) 하권의 본문 첫 면이 송두리째 인쇄되지 못한 탓에 빚어진 일이다. 공각본(孔刻本)은 탈문을 "今有甲乙丙丁戊五人共分五鹿,欲以六,五,四,三,二差之. 問各得幾何? 答曰,"이라고 복원하고 있다.

빗변 제곱의 보수에서 빼면, 2,304보가 남는다. 이것의 제곱근을 구하면, 48보가 나오고, 빗변을 따라 좇아간 보수 50보에서 뺀 나머지 2보를 나눗수로 삼는다. 다시 미치지 못한 보수 36을 놓아 빗변을 따라 좇아간 보수 50과 곱하면, 1,800이 되는데, 나눗수로 나눠주면, 900보가 나와서 앞서의 문제에 들어맞는다.

주해 풀이법에서 말하는 계산과정은 다음과 같다.

사슴이 정북쪽으로 달린 보수

$$=\sqrt{(\text{빗변으로 좇아간 보수}+\text{화살을 쏜 보수})^2-\text{미치지 못한 보수}^2}$$

먼저 간 보수 = 빗변으로 좇아간 보수 − 사슴이 정북쪽으로 달린 보수

사슴이 방향을 틀지 않았을 때 사냥꾼이 추격할 거리

$$=\frac{\text{빗변으로 좇아간 보수}\times\text{미치지 못한 보수}}{\text{먼저 간 보수}}$$

今有鹿直西走. 馬獵追之, 未及三十六步. 鹿回直北走, 馬俱斜逐之,走五十步, 未及一十步. 斜直射之,得鹿. 若鹿不回, 馬獵追之, 問幾何里[84]而及之?

答曰, 三里.

術曰, 置斜逐步數, 以射步數增之,自相乘. 以追之未及步數自相乘減之. 餘,以開方除之. 所得,以減斜逐步數,餘爲法. 以斜逐步數乘未及步數爲實. 實如法得一.

草曰, 置斜逐步五十, 增未及步數十步, 共六十步. 自相乘三千六百. 又置追之未及步數三十六步, 自相乘得一千二百九十六, 以減斜自乘步,餘二千三百四步. 以開方除之, 得四十八步, 以減斜逐步數五十, 餘二爲法. 又置未及三十六, 以斜逐步數五十乘之, 得一千八百. 以法除之,得九百步. 乃合前問.

[下-3] 담 높이가 1장 3자 5치, 목재 길이가 2장 2자 5치인데, 그것을 담에 붙였더니 그 끝과 담이 만났다. 목재를 잡아당겨서 얼마나 물러나면, 목재의 끝과 땅에 닿겠는가?

답 : 4자 5치.

풀이법에 따라서 담 높이를 제곱하여 목재 길이의 제곱에서 뺀 나머지의 제곱근을 구한다. 얻어진 값을 목재 길이에서 빼주면, 그 나머지가 곧 뒤로 물러난 거리의 자수이다.

계산법에 따라서 담 높이를 제곱하면, 182자 2치 5푼이 되고, 다시 목재 길이를 제곱하면, 506자 2치 5푼이 되어 담 높이의 제곱을 뺀 나머지는 324가 되며, 그것의 제곱근을 구하면, 1장 8자가 된다. 그 값을 목재 길이 2장 2자 5치에서 빼주면, 4자 5치가 나와서 앞서의 문제에 들어맞는다.

주해 이 문제는 목재 길이를 빗변, 담 높이를 높이로 하는 직각삼각형의 빗변과 밑변의 차이를 구하라는 것으로서「구장산술」"구고"장 8번째 문제와 비슷하다.

今有垣高一丈三尺五寸, 材長二丈二尺五寸, 倚之於垣, 末與垣齊. 問引材却行幾何, 材末至地?
答曰, 四尺五寸.
術曰, 垣高自乘, 以減材長自乘, 餘, 以開方除之. 所得, 以減材, 餘卽却行尺數.
草曰, 置垣高數自相乘, 得一百八十二尺二寸五分. 又以材長數自相乘, 得五百六尺二寸五分. 以垣高自乘減之, 餘三百二十四. 以開方除之, 得一丈八尺. 以減材長二尺二寸五分, 四尺五寸. 合前問.

84) 1리=300보이다.

[下-4] 창고가 있는데, 동서의 길이가 1장 2자, 남북의 너비가 7자, 남쪽 벽의 높이가 9자, 북쪽 벽의 높이가 8자이다. 저장할 수 있는 겉곡식은 얼마나 되는가?

답 : $440\frac{20}{27}$섬.

풀이법에 따라서 남북 벽의 높이를 더하여 반으로 나누고, 너비와 길이를 곱한 것을 나뉨수로 삼는다. 나뉨수를 섬의 환산율(곡법)로 나눠주면, 섬 수가 나온다.

계산법에 따라서, 남북 벽의 높이를 더하면, 17이 되고, 반으로 나누면, 8자 5치가 된다. 다시 길이 12자를 놓고, 너비 7자를 곱하면, 84자가 된다. 다시 높이 8자 5치를 곱하면, 714자가 된다. 섬의 환산율인 1자 6치 2푼으로 나누면, 440섬 나머지 120이 되는데, 두 나눗수를 각각 6으로 나누면, $\frac{20}{27}$섬이 나와서 앞서의 문제에 들어맞는다.

今有倉東西袤一丈二尺, 南北廣七尺, 南壁高九尺, 北壁高八尺. 問受粟幾何?

答曰, 得四百四十斛, 二十七分斛之二十.

術曰, 幷南, 北壁高而半之, 以廣, 袤乘之爲實. 實如斛法而一, 得斛數.

草曰, 置南, 北壁高幷之, 得一十七, 半之, 得八尺五寸. 又置長一十二尺, 以廣七尺因之, 得八十四尺. 又以高八尺五寸乘之, 得七百一十四尺. 以斛法一尺六寸二分除之, 得四百四十斛. 餘一百二十, 幷法各以六除之, 得二十七分斛之二十. 合前問.

[下-5] 둥근 곳간(원천)이 있는데, 윗 둘레가 1장 8자, 아래 둘레가 2장 7자, 높이가 1장 4자이다. 저장할 수 있는 겉곡식은 얼마나 되는가?

답 : 369섬 $4\frac{4}{9}$ 말.

풀이법에 따라서 위아래 둘레를 서로 곱하고, 또한 각각을 제곱해서 모두 더한 것을 높이와 곱하고, 36으로 나눈 값을 나뉨수로 삼는다. 나뉨수를 섬의 환산율로 나눠주면, 섬 수가 나온다.

계산법에 따라서 윗 둘레 1장 8자를 놓고, 제곱하면, 324자이고, 아래 둘레 2장 7자를 놓고, 제곱하면, 729자이다. 다시 위아래 둘레를 서로 곱하면, 486자가 된다. 세 자리 수를 더하면, 1,539이다. 또한 높이 1장 4자를 곱하면, 21,546자가 되고, 36으로 나누면, 598자 5치가 되는데, 나뉨수로 삼는다. 섬의 환산율로 나눠주면, 369섬 4말이 된다. 나머지와 나눗수를 각각 반으로 나누고, 모두 9로 나누면, 나눗수는 9, 나머지는 4가 나와서 곧 앞서의 문제에 들어맞는다.

주해 둥근 곳간은 원뿔대(frustum of a right circular cone)의 형태이다. 겉곡식 저장량은 곧 곳간의 부피를 말하므로, $\pi = 3$의 "고율"을 적용하고, r_1, r_2를 각각 아래와 위의 반지름, h를 높이라 하여 통상적인 원뿔대의 부피 공식을 적용하면, 다음과 같은 계산이 나온다.

$$V = \frac{1}{3}\pi h(r_1^2 + r_2^2 + r_1 r_2)$$

$$= \frac{1}{3} \times 3 \times 14 \times (4.5^2 + 3_2^2 + 4.5 \times 3)$$

$$= 14 \times (4.5^2 + 3_2^2 + 4.5 \times 3)$$

$$= 598.5 \text{ 자}^3 = \frac{598.5}{1.62} \text{ 섬} = 369\text{섬 } 4\frac{4}{9} \text{ 말}.$$

한편, 이것을 그래프로 도해하기 위하여 편의상

$$f(x) = \frac{28}{3}x + 42$$

라는 1차 함수의 직선을 $0 \le y \le 14$의 범위에서 y축을 중심으로 회전시키면 다음과 같이 나타난다(단, 작도하는 과정에서 표면이 각지게 처리된 점에 대해서는 너그러운 양해를 구할 수밖에 없다).

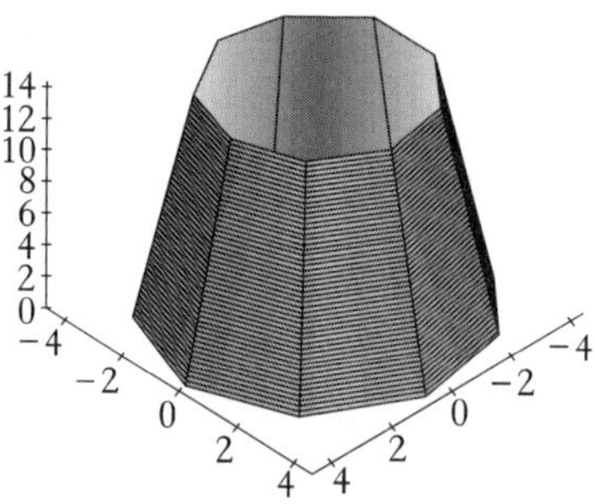

이 곳간의 용량(V)은, $f(x)$를 y축을 중심으로 $0 \le y \le 42$의 범위에서 회전시킨 것에서 $14 \le y \le 42$의 범위에서 회전시킨 것을 뺀 것으로 생각하고, 역시 $\pi = 3$의 "고율"을 적용하면,

$$V = \frac{3 \times 4.5^2 \times 42 - 3 \times 3^2 \times 28}{3} = 598.5\text{자}^3 = 369\text{섬 } 4\frac{4}{9}\text{ 말}$$

이라는 값이 나와서 제시된 답이 다시 한번 확인된다. 그러나 상기 함수를 x에 대하여 정리한 후 적분하고, 보다 정밀한 π 값을 적용하면, 다음과 같은 대안적인 답에 도달할 수 있을 것이다.

$$V = \int_0^{14} \pi \left(\frac{3}{28} y - \frac{9}{2} \right)^2 dy$$

$$= \frac{399}{2} \pi = 626.7477345\text{자} \simeq 386.88\text{섬}$$

今有圓圖, 上周一丈八尺, 下周二丈七尺, 高一丈四尺. 問受粟幾何?

答曰, 三百六十九斛四斗, 九分斗之四.

術曰, 上下周相乘, 又各自乘, 幷以高乘之, 以三十六而一, 所得爲實. 實如斛法而一. 得斛數.

草曰,置上周一丈八尺自相乘, 得三百二十四尺. 以下周二丈七尺自相乘,得七百二十九尺. 又上下周自相乘, 得四百八十六尺. 幷三位,得一千五百三十九. 又以高一丈四尺乘之, 得二萬一千五百四十六尺. 以三十六除之, 得五百九十八尺五寸, 爲實. 以斛法除之, 得三百六十九斛四斗. 餘與法各折半, 皆以九除之, 法得九, 餘得四. 卽合前問.

[下-6] 움이 있는데, 윗 너비가 4자, 아래 너비가 7자, 윗 길이가 5자, 아래 길이가 8자, 깊이가 1장이다. 저장할 수 있는 곡식은 얼마나 되는가?

답 : 225섬 $3\frac{7}{81}$ 말.

풀이법에 따라서 윗 길이를 2배하고, 아래 길이로 따르게 하고, 또 아래 길이를 2배하고, 윗 길이로 따르게 한다. 각각 그 길이와 곱해서 모두 더한 것을 깊이와 곱하고, 6으로 나눠준다. 나온 값을 나뉨수로 삼고, 나뉨수를 섬의 환산율로 나눠주면, 섬 수가 나온다.

계산법에 따라서 윗 길이 5자를 놓고, 2배하면, 10자이고, 아래 길이 8자를 더하면, 18자가 된다. 아래 길이 8자를 2배하면, 16자이고, 윗 길이 5자를 더하면, 21자가 된다. 윗 너비 4자로 윗 길이 18자를 곱하면, 72자가 되고, 다시 아래 너비 7로 아래 길이 21자를 곱하면, 147자가 된다. 모두 더하면, 219자이다. 다시 깊이 10자를 곱하면, 2,190자가 되고, 6으로 나누면, 365자가 된다. 섬의 환산율로 나눠주면, 225섬 $3\frac{7}{81}$ 말이 나와서 곧 앞서의 문제에 들어맞는다.

今有窖[85], 上廣四尺, 下廣七尺, 上袤五尺, 下袤八尺, 深一丈. 問受粟幾何?
答曰, 得二百二十五斛三斗, 八十一分斗之七.
術曰, 倍上袤, 下袤從之. 亦倍下袤, 上袤從之. 各以其廣乘之, 幷, 以深乘之, 六而一. 所得爲實. 實如斛法而一. 得斛數.
草曰, 置上長五尺, 倍之得十尺, 加下長八尺, 爲十八尺. 倍下長八尺, 得一十六尺, 加上長五尺,爲二十一尺. 以上廣四尺乘上長十八尺,得七十二尺. 又以下廣七乘下長二十一尺,得一百四十七尺. 幷之得二百一十九尺. 又以深十尺乘之, 得二千一百九十, 以六除之, 得三百六十五尺. 以斛法除之, 得二百二十五斛三斗, 八十一分斗之七. 卽合前問.

[下-7] 움이 있는데, 윗 너비가 5자, 아래 너비가 8자, 깊이가 9자이다. 저장할 수 있는 곁곡식은 얼마나 되는가?

85) '교(窖)'는 주로 채소를 저장하기 위해서 사용한, 길게 판 구덩이, 움을 가리킨다.

답 : $238\frac{8}{9}$ 섬.

풀이법에 따라서 위아래 변을 서로 곱하고, 또한 각각을 제곱해서 모두 더한 것을 깊이와 곱하고, 3으로 나눈 값을 나뉨수로 삼는다. 나뉨수를 섬의 환산율로 나눠주면, 섬 수가 나온다.

계산법에 따라서 윗변 5자를 놓고, 제곱하면, 25자이고, 아래 변 8자를 놓고, 제곱하면, 64자이다. 다시 위아래 변을 서로 곱하면, 40자가 된다. 세 자리 수를 더하면, 129이다. 또한 깊이 9자를 곱하면, 1,161자가 되고, 다시 3으로 나누면, 387자가 된다. 섬의 환산율로 나눠주면, 238섬이 된다. 나머지와 나눗수를 각각 반으로 나누고, 모두 9로 나누면, $\frac{8}{9}$ 섬이 나와서 앞서의 문제에 들어맞는다.

今有窖, 上廣五尺, 下廣八尺, 深九尺. 問受粟幾何?

答曰, 得二百三十八斛, 九分斛之八.

術曰, 上, 下方相乘, 又各自相乘, 并, 以深乘之, 三而一, 所得爲實. 實如斛法而一, 得斛數.

草曰, 置上方五尺, 自 相乘二十五尺. 置下方八尺, 自相乘六十四尺. 又以上下方相乘得四十尺. 并三位得一百二十九. 又以深九尺乘之, 得一千一百六十一. 又以三而一得三百八十七尺. 以斛法除之, 得二百三十八斛. 餘與法皆半之, 九約, 得九分斛之八. 合前問.

[下-8] 창고가 있는데, 동서의 길이가 1장 4자, 남북의 너비가 8자, 남쪽 벽의 높이가 1장이며 겉곡식 저장량은 $622\frac{2}{9}$ 섬이다. 북쪽 벽의 높이는 얼마인가?

답 : 8자.

풀이법에 따라서, 겉곡식의 부피를 놓고, 창고의 너비와 길이를 곱한 값으로 나눠준다. 나온 값을 2배한 것에서 남쪽 벽의 높이를 뺀 나머지가 북쪽 벽의 높이가 된다.

계산법에 따라서, 622섬을 놓아 9를 곱하고, 딸려 있는 2를 불러들이면, 5,600이 된다. 다시 섬의 환산율 1자 6치 2푼을 곱하면, 9,072자가 되는데, 이것이 겉곡식의 부피이다. 9로 나누면, 1,008자가 되고, 길이와 너비를 곱하면, 112자가 되는데, 1,008자를 나눠주면, 9자가 된다. 2배하면, 18자가 되고, 남쪽 벽의 높이 1장을 뺀 나머지가 곧 북쪽 벽의 높이가 나와서 앞서의 문제에 들어맞는다.

今有倉, 東西袤一丈四尺,南北廣八尺,南壁高一丈,受粟六百二十二斛, 九分斛之二. 問北壁高幾何?

答曰, 八尺.

術曰, 置粟積尺, 以倉廣, 袤相乘而一. 所得, 倍之, 減南壁高尺數, 餘爲北壁高.

草曰, 置六百二十二斛, 以九因之, 內子二, 得五千六百. 又以斛法一尺六寸二分乘之, 得九千七十二尺,是粟積數. 却以九除之, 得一千八尺. 以長, 廣相乘得一百一十二尺. 以除一千八尺, 得九尺. 倍之, 得一十八尺. 減南壁高一丈, 餘卽北壁高數. 合前問.

[下-9] 둥근 곳간이 있는데, 윗 둘레가 1장 5자, 높이가 1장 4자이며, 겉곡식 저장량은 168섬 $5\frac{5}{27}$ 말이다. 아래 둘레는 얼마인가?

답 : 1장 8자.

풀이법에 따라서 겉곡식의 부피 자수를 놓고, 36을 곱한 다음, 높이로 나눈다. 나온 값에서 윗 둘레의 제곱을 뺀 나머지에 윗 둘레의 자수를 따르게 하여, 제곱근을 구한 값이 곧 아래 둘레이다.

계산법에 따라서, 겉곡식 168섬 5말을 놓아 분모 27을 곱하고, 분자 5를 불러들이면, 4,550이 된다. 다시 섬의 환산율로 곱하면, 7,371이 되고, 또 36을 곱하면, 265,356이 되며, 다시 27로 나눠주면, 9,828이 된다. 다시 높이 1장 2자로 나누면, 819가 된다. 또 윗 둘레를 제곱하면, 225가 되는데, 위의 값에서 뺀 나머지는 594이다. 다시 윗 둘레 1장 5자를 따르게 하여, 제곱근을 구하면, 앞서의 문제에 들어맞는다.

今有圓圌, 上周一丈五尺, 高一丈二尺, 受粟一百六十八斛五斗, 二十七分斗之五. 問下周幾何?
答曰, 一丈八尺.
術曰, 置粟積尺, 以三十六乘之, 以高而一. 所得, 以上周自相乘減之, 餘, 以上周尺數從, 以開方除之. 所得卽下周.
草曰, 置粟一百六十八斛五斗, 以分母二十七乘之, 內子五, 得四千五百五十. 又以斛法乘之, 得七千三百七十一. 又以三十六乘, 得二十六萬五千三百五十六. 又以二十七除之, 得九千八百二十八. 又以高一丈二尺除之, 得八百一十九. 又以上周自乘得二百二十五, 以減上數, 餘五百九十四. 又以上周一丈五尺爲從法. 開方, 合前問.

[下-10] 움이 있는데, 윗변이 8자, 아래 변이 1장 2자이며, 곁곡식 저장량이 $938\frac{22}{81}$ 섬이다. 깊이는 얼마인가?

답 : 1장 5자.

풀이법에 따라서, 곁곡식의 부피 자 수를 놓고, 3을 곱하여 나뉨수로 삼는다. 위아래 변을 서로 곱하고, 또 각각을 제곱해서 모두 더한 것을 나눗수로 삼는다. 나뉨수를 나눗수로 나눈다.

계산법에 따라서, 곁곡식 938섬을 놓아 분모 81을 곱하고, 분자 22를 불러들이면, 76,000이 되고, 섬의 환산율을 곱하면, 123,120이 되고, 다시 3을 곱하면, 369,360이 된다. 81로 나누면, 4,560이 되는데, 나뉨수로 삼는다. 또 윗변을 제곱하면, 64가 되고, 아래 변을 제곱하면, 144가 되고, 위아래 변을 서로 곱하면, 96이 되며, 세 자리 수 모두를 더하면, 304가 되는데, 나눗수로 삼는다. 나뉨수를 나눠주면, 1장 5자가 나와서 앞서의 문제에 들어맞는다.

今有窖, 上方八尺, 下方一丈二尺, 受粟九百三十八斛, 八十一分斛之二十二. 問深幾何?

答曰, 一丈五尺.

術曰, 置粟積尺, 以三乘之爲實. 上, 下方相乘, 又各自乘, 并以爲法. 實如法而一.

草曰, 置粟九百三十八斛, 以分母八十一乘之, 內子二十二, 得七萬六千. 以斛法乘之, 得一十二萬三千一百二十. 又以三因之, 得三十六萬九千三百六十. 以八十一除之, 得四千五百六十, 爲實又以上方自相乘得六十四, 以下方自相乘得一百四十四, 以上, 下方相乘得九十六, 三位并之, 得三百四爲法. 除實得一丈五尺. 合前問.

[下-11] 움이 있는데, 윗 너비가 5자, 윗 길이가 8자, 아래 너비가 7자, 깊이가 9자이며, 겉곡식 저장량이 301섬 $8\frac{42}{81}$ 말이다. 아래 길이는 얼마인가?

답 : 1장.

풀이법에 따라서 겉곡식의 부피 자 수를 놓고, 6을 곱한 다음, 깊이로 나눈 값을 윗 길이를 2배하고 윗 너비와 곱한 다음, 다시 아래 너비와 윗 길이를 곱한 것을 더하여 빼준다. 나머지를 아래 너비를 2배하고 윗 너비를 따르게 한 값으로 나눠주면, 아래 길이가 나온다.

계산법에 따라서, 겉곡식 301섬 8말을 놓아 분모 81을 곱하고, 분자 42를 불러들이면, 24,450이 되고, 다시 섬의 환산율을 곱하면, 39,609가 되고, 다시 6을 곱하면, 237,654가 된다. 분모 81로 나누면, 2,934가 된다. 또 깊이 9자로 나누면, 326이 되는데, 나뉨수로 삼는다.

윗변을 제곱하면, 64가 되고, 아래 변을 제곱하면, 144가 되고, 위 아래 변을 서로 곱하면, 96이 되며, 세 자리 수 모두를 더하면, 304가 되는데, 나눗수로 삼는다. 다시 윗 길이를 2배하면, 16이 되고, 윗 너비 5자와 곱하면, 80이 된다. 또 아래 너비와 윗 길이를 곱하면, 56이 되는데, 모두 더하면, 136이 되는데, 나뉨수에서 뺀 나머지는 190이다. 또 아래 너비를 2배하면, 14가 되고, 다시 윗 너비 5자를 더하면, 모두 19가 된다. 나뉨수를 나눠주면, 1장이 나와서 앞서의 문제에 들어맞는다.

今有窖, 上廣五尺, 上袤八尺, 下廣七尺, 深九尺. 受粟三百一斛八斗, 八十一分斗之四十二. 問下袤幾何?
答曰, 一丈.
術曰, 置粟積尺, 以六乘之, 深而一, 所得,倍上袤以上廣乘之, 又以下廣乘上袤, 幷以減之. 餘, 以倍下廣, 上廣從之, 而一, 得下袤.
草曰, 置三百一斛八斗, 以分母八十一乘之. 內子四十二, 得二萬四千四百五十. 又以斛法乘之, 得三萬九千六百九. 又以六乘之, 得二十三萬七千六百五十四. 以分母八十一除之, 得二千九百三十四. 又以深九尺除之, 得三百二十六, 爲實. 又以倍上袤得一十六, 以上廣五尺乘之,得八十. 又以下廣乘上袤得五十六, 幷之得一百三十六, 以減實,餘一百九十. 又倍下廣七尺得一十四, 又加上廣五尺共一十九. 除實得一丈. 合前問.

[下-12] 상급 비단 3필, 중급 비단 2필, 하급 비단 1필은 견 45필의 값이 나가고, 상급 비단 2필, 중급 비단 3필, 하급 비단 1필은 견 43필의 값이 나가고, 상급 비단 1필, 중급 비단 2필, 하급 비단 3필은 견 35필의 값이 나간다. 상급, 중급, 하급 비단은 각각 견 몇 필의 값이 나가는가?

답 : 상급 비단 1필은 견 9필, 중급 비단 1필은 견 7필, 하급 비단 1필은 견 4필의 값이 나간다.

풀이법에 따라서, 방정처럼 다룬다.(신 이순풍 등이 삼가 문제의 뜻을 살펴보건대, 풀이법의 뜻은 다음과 같습니다. 오른쪽 상급 비단으로 가운데 행을 곱하고, 그것으로 바로 빼주고, 다시 그 왼쪽 행을 곱하고, 역시 그것으로 바로 빼준다. 가운데 중급 비단의 미처 떨어지지 않은 것으로 왼쪽 행을 곱하고, 다시 그것으로 바로 빼주면, 왼쪽 행 하급 비단의 미처 떨어지지 않은 것의 위를 나눗수, 아래를 나뉨수로 삼아서 나눗수로 나뉨수를 나눠주면, 하급 비단의 견 값이 나온다. 중급 비단의 견 값을 구하기 위해서는 하급 비단의 견 값으로 가운데 행의 하급 비단을 곱하여 밑의 실을 빼주고, 나머지를 중급 비단으로 나눠주면, 중급 비단의 견 값이 나온다. 상급 비단의 견 값을 구하기 위해서는 역시 중·하급 비단의 견 값으로 각각 오른쪽 행의 비단들을 곱하여 밑의 실을 빼주고, 나머지를 상급 비단으로 나눠주면, 상급 비단의 견 값이 나온다. 이것들을 늘어놓고 구별하자니 값과 필수가 복잡하고 나누기 곤란하므로 값과 필수를 한 줄로 오게 한 밑에 실을 놓는다. 오른쪽 행 상급 비단으로 가운데 행을 곱해서 모두 고르게 하고 가운데 행 상급 비단을 소거하려고 할 수 있다. 모두 고르게 된다는 것은 같은 행이 밑과 고르게 된다는 것을 말하며, 그 값으로 가운데 행을 빼주게 된다. 풀이법은 간단함을 좇으니, 비록 모두 고르게 되지 않더라도, 모두 고르게 한다는 뜻에서 보자면, 마땅한 일이다. 다시 상·중급 비단을 소거하면, 구하게 되는 것은 곧 하급 비단 한 자리와 실이다. 그리하여 위를 나눗수, 아래를 나뉨수로 삼아서 나눗수로 나뉨수를 나눠주면, 하급 비단 1필의 견 값이 된다. 그 가운데 행 두 비단의 실은 하급 비단 1필의 값이 먼저 나오고, 가운데 행 하급 비단의 필수를 곱하면, 별도의 실 한 자리가 나오며, 이 별도의 실을 밑의 실에서 빼주면, 그 나머지가 곧 중급 비단 값 한 자리에 해당되는 필수가 된다. 그리하여 중급 비단 수로 그 오른쪽 행 세 비단의 실을 나눠주면, 중·하급 비단의 필수가 함께 나온다. 그리하여 역시 앞서의 오른쪽 행과 마찬가지로 별도의 실을 구하여 밑의 실을 빼주고, 나머지를 상급 비단의 수로 나눠주면, 곧 답이 나온다.)

계산법에 따라서 상급 비단 3필을 오른쪽 위, 중급 비단 2필을 오른쪽 중간, 하급 비단 1필을 오른쪽 아래에 놓고, 그 값 견 45필을 밑에 놓는다. 다시 상급 비단 2필을 가운데 위, 중급 비단 3필을 가운데 중간, 하급 비단 1필을 가운데 아래에 놓고, 그 값 견 43필을 밑에 놓는다. 다시 상급 비단 1필을 왼쪽 위, 중급 비단 2필을 왼쪽 중간, 하급 비단 3필을 왼쪽 아래에 놓고, 그 값 견 35필을 밑에 놓는다. 그리고 나서 오른쪽 상급 비단 3필로 가운데 행을 곱해주면, 상급 6, 중급 7, 하급 3, 그 값 견 129가 나오고, 오른쪽 상급 비단 3필로 왼쪽 행을 곱해주면, 상급 3, 중급 6, 하급 9, 그 값 견 105가 나온다. 이어서 오른쪽 상·중·하급 및 견 값으로 가운데 행을 두 번 빼고, 왼쪽 행을 한 번 빼주면, 가운데 행에는 중급 5, 하급 1, 견 39가 남고, 왼쪽 행에는 중급 4, 하급 8, 견 60이 남는다. 다시 가운데 행의 중급 5로 왼쪽 행을 곱해주면, 중급 20, 하급 40, 그 값 견 300이 나오고, 가운데 행으로 왼쪽 행을 4번 빼주면, 하급 비단 36과 그 값 견 144가 나오며, 하급 비단을 나눗수로 삼아서 견 144를 나눠주면, 4필이 나오는데, 이것이 하급 비단 1필의 값이다. 중급 비단을 구하기 위해서는 하급 비단의 견 값으로 가운데 하급 비단 1필을 곱하면, 4가 되고, 그것으로 하급 비단 39를 빼주면, 35가 남으며, 중급 비단 5필로 나눠주면, 7필이 나오는데, 이것이 중급 비단의 값이다. 상급 비단을 구하기 위해서는 중급 비단의 값으로 오른쪽 행의 중급 비단을 곱하면, 14가 되고, 하급 비단 값으로 하급 비단을 곱하면, 4가 되어 모두 18이 나오며, 그것으로 밑의 값 45를 빼주면, 27이 남는데, 상급 비단 3으로 나눠주면, 9필이 나와서 앞서의 문제에 들어맞는다.

주해 이것과 다음 두 문제([下-13], [下-14])는 모두 「구장산술」 "방정(方程)"장의 서두에 나오는 "상·중·하품 벼 한 단의 알곡(禾實一秉)" 문제를 연상시키는 3원1차 연립방정식 문제이다.

今有上錦三疋, 中錦二疋, 下錦一疋直絹四十五疋. 上錦二疋,中錦三疋, 下錦一疋直絹四十三疋. 上錦一疋, 中錦二疋, 下錦三疋直絹三十五疋. 問上, 中, 下錦各直絹幾何?
答曰, 上錦一疋直絹九疋, 中錦一疋直絹七疋, 下錦一疋直絹四疋.
術曰, 如方程. (臣淳風等謹按, 此術宜云, 以右行上錦遍乘中行, 而以直除之. 又乘其左, 亦以直除. 以中行中錦不盡者遍乘左行, 又以直除. 左行下錦不盡者, 上爲法, 下爲實. 實如法得下錦直絹. 求中錦直絹者, 以下錦直絹乘中行下錦, 而減下實. 餘,如中錦而一, 卽得中錦直絹. 求上錦直絹者, 亦以中, 下錦直絹各乘右行錦數, 而減下實. 餘, 如上錦而一, 卽得上錦之數. 列而別之, 價直疋數雜而難分. 價直疋數者一行之下實. 今以右行上錦遍乘中行者, 欲爲同齊而去中行上錦. 同齊者,謂同行者齊諸下. 而以直減中行. 術從簡易, 雖不爲同齊, 以同齊之意觀之,其宜然矣. 又轉去上錦, 中錦, 則其求者下錦一位及實存焉. 故以上爲法,下爲實, 實如法得下錦一疋直絹. 其中行兩錦實, 今下錦一疋直數先見, 乘中行下錦疋數得一位別實, 減此別實於下實, 則其餘爲中錦一位價直疋數. 故以中錦數而一, 其右行三錦實, 今中, 下錦直疋數幷見. 故亦如前右行求別實, 以減下實. 餘如上錦數而一. 卽得.)
草曰, 置上錦三疋於右上, 中錦二疋於右中, 下錦一疋於右下, 直絹四十五疋於下. 又置上錦二疋於中上, 中錦三疋於中中, 下錦一疋於中下, 直絹四十三疋於下. 又置上錦一疋於左上, 中錦二疋於左中, 下錦三疋於左下, 直絹三十五疋於下. 然以右上錦三疋遍乘中行, 上得六, 中得九, 下得三, 直絹一百二十九. 又以右上錦三遍乘左行, 得上三, 中六, 下九, 直絹一百五. 乃以右上, 中, 下幷直絹再減中行,一減左行. 餘,有中行中五, 下一, 絹三十九, 左行中四, 下八, 直絹六十. 又以中行中五遍乘左行, 中得二十, 下得四十, 直絹三百. 以中行四度遍減左行, 餘只有下錦三十六, 直絹一百四十四. 以下錦爲法, 除絹一百四十四, 得四疋, 是下錦一疋之直. 求中錦, 以下錦絹乘中行下錦一疋, 得四, 以減下錦三十九, 餘三十五. 以中錦五疋除之, 得七疋,是中錦之直. 求上錦,以中錦價乘右行中錦, 得一十四, 以下錦直乘下錦, 得四, 共一十八. 以減下直四十五, 餘二十七. 以上錦三除之,得九疋. 合前問.

[下-13] 맏형, 둘째, 셋째의 형제 3인이 비단을 갖고 있는데, 그 정확한 필수를 모른다. 맏형은 두 동생에게 "내가 너희들의 비단을 각각 반씩 얻으면, 79필이 된다"고 말하고, 둘째는 "내가 형과 동생의 비단을 각각 반씩 얻으면, 68필이 된다"고 말하고, 막내는 "내가 두 형들의 비단을 각각 반씩 얻으면, 57필이 된다"고 말한다. 형제들이 원래 갖고 있는 비단은 각각 얼마나 되는가?

답 : 맏형 56필, 둘째 34필, 셋째 12필.

풀이법에 따라서, 맏형 2, 둘째 1, 셋째 1의 합은 158필이고, 맏형 1, 둘째 2, 셋째 1의 합은 136필이고, 맏형 1, 둘째 1, 셋째 2의 합은 114필이니 방정처럼 다루어 구하면, 곧 답이 나온다.

계산법에 따라서, 맏형 2를 오른쪽 위, 둘째 1을 오른쪽 중간, 셋째 1을 오른쪽 아래에 놓고, 비단 158필을 밑에 놓고, 다시 맏형 1을 가운데 위, 둘째 2를 가운데 중간, 셋째 1을 가운데 아래에 놓고, 비단 136필을 밑에 놓으며, 또 다시 맏형 1을 왼쪽 위, 둘째 1을 왼쪽 중간, 셋째 2를 왼쪽 아래에 놓고, 비단 114필을 밑에 놓은 다음, 방정법을 써서 구하도록 한다. (오른쪽 위의 2로 왼쪽 행을 곱하면, 맏형 2, 둘째 2, 셋째 4, 합 228전이 된다. 오른쪽 행으로 그것을 바로 빼주면, 둘째 1, 셋째 3, 합 70전이 남는다. 다시 오른쪽 위의 2로 가운데 행을 곱하면, 맏형 2, 둘째 4, 셋째 2, 합 272전이 된다. 오른쪽 행으로 그것을 바로 빼주면, 둘째 3, 셋째 1, 합 114전이 남는다. 다시 가운데 둘째의 3으로 왼쪽 행을 곱하면, 둘째 3, 셋째 9, 합 210전이 되고, 오른쪽 행으로 그것을 바로 빼주면, 셋째 8, 합 96전이 남는데, 합을 나뉨수로 삼고, 셋째의 나머지 8을 나눗수로 삼아서 나눠주면, 셋째의 12필이 나온다. 다시 가운데 행의 합 114에서 12를 빼면, 102가 남는데, 둘째 3으로 나눠주면, 둘째의 34필이 나온다. 다시 오른쪽 행의 합 158로부터 셋째의 12필, 둘째의 34필을 빼면, 112가 남는데, 맏형 2로 나눠주면, 맏형의 56필이 나와서 앞서의 문제에 들어맞는다.)

今有孟, 仲, 季兄弟三人, 各持絹不知疋數. 大兄謂二弟曰, 我得汝等絹各半, 得滿七十九疋. 中弟曰,我 得兄, 弟絹各半, 得滿六十八疋. 小弟曰, 我得二兄絹各半, 得滿五十七疋. 問兄弟本持絹各幾何?
答曰, 孟五十六疋, 仲三十四疋, 季一十二疋.
術曰, 大兄二, 中弟一, 小弟一, 合一百五十八疋. 大兄一, 中弟二, 小弟一, 合一百三十六疋. 大兄一, 中弟一, 小弟二, 合一百一十四疋. 如方程而求, 卽得.

草曰, 置大兄二於右上, 中弟一於右中, 小弟一於右下, 絹一百五十八疋於下. 又置大兄一於中上, 中弟二於中中, 小弟一於中下, 絹一百三十六疋於下. 又置大兄一於左上, 中弟一於左中, 小弟二於左下, 絹一百一十四疋於下. 以方程錦法[86]求之.(以右行上二遍因左行, 孟得二, 仲得二, 季得四, 合得二百二十八. 以右行直減之, 仲餘一, 季餘三, 合餘七十. 又以右行上二遍因中行, 孟得二, 仲得四, 季得二, 合得二百七十二. 以右行直減之, 仲得三, 季得一, 合餘一百一十四. 又以中行仲三遍因左行, 仲得三, 季得九, 合得二百一十. 以右行直減之, 季餘得八, 合餘得九十六, 爲實. 以季餘八爲法除之, 得季一十二疋. 又中行合一百一十四, 減一十二, 除一百二. 以仲三除之, 得仲三十四疋. 又右行合一百五十八, 減季一十二疋, 仲三十四疋, 外餘一百一十二. 以孟二除之, 得孟五十六疋. 合前問.)

[下-14] 갑, 을, 병 세 사람이 돈을 갖고 있는데, 얼마나 되는지 모른다. 갑은 "내가 을의 $\frac{2}{3}$와 병의 $\frac{1}{3}$을 얻으면, 100전이 된다"고 말하고, 을은 "내가 갑의 $\frac{2}{3}$와 병의 $\frac{1}{2}$을 얻으면, 100전이 된다" 고 말하고, 병은 "내가 갑과 을 각각의 $\frac{1}{2}$을 얻으면, 100전이 된다" 고 말하고 있다.

답 : 갑 60, 을 45, 병 30.

풀이법에 따라서, 갑의 3, 을의 2, 병의 1의 합은 300전, 갑의 4, 을의 6, 병의 3의 합은 600전, 갑의 2, 을의 2, 병의 3의 합은 300전이 되는데, 방정처럼 다루면, 곧 답이 나온다.

---

86) "錦法" 두 자는 남송본(南宋本)에 적혀 있으나, 郭書春·劉鈍 校點本에서는 삭제되었다.

계산법에 따라서, 갑의 3을 오른쪽 위, 을의 2를 오른쪽 중간, 병의 1을 오른쪽 아래에 놓고, 300전을 밑에 놓는다. 다시 갑의 4를 가운데 위, 을의 6을 가운데 중간, 병의 3을 가운데 아래에 놓고, 600전을 밑에 놓는다. 다시 갑의 2를 왼쪽 위, 을의 2를 왼쪽 중간, 병의 3을 왼쪽 아래에 놓고, 300전을 밑에 놓는다. 오른쪽 위의 3으로 왼쪽 행을 곱하면, 갑 6, 을 6, 병 9와 900전이 된다. 오른쪽 행으로 그것을 두 번 빼주면, 을 2, 병 7과 300전이 남는다. 다시 오른쪽 위의 3으로 가운데 행을 곱하면, 갑 12, 을 18, 병 9와 1관 800전이 된다. 오른쪽 행으로 그것을 네 번 빼주면, 을 10, 병 5와 600전이 남는다. 왼쪽 행을 한 자리 올리면, 을 20, 병 70과 300전이 된다. 가운데 행으로 그것을 거듭 빼면, 병 60과 1관 800전이 남는데, 60으로 나눠주면, 병 30이 나온다. 다시 가운데 행의 600전에서 150을 빼면, 450이 남는데, 을 10으로 나눠주면, 을 45가 나온다. 다시 오른쪽 행의 돈으로부터 120을 빼면, 180이 남는데, 갑 3으로 나눠주면, 갑 60이 나와서, 앞서의 문제에 들어맞는다.

今有甲, 乙, 丙三人, 持錢不知多少. 甲言, 我得乙太半, 得丙少半,可滿一百. 乙言, 我得甲太半, 得丙半,可 滿一百. 丙言, 我得甲, 乙各太半,可滿一百. 問甲, 乙, 丙持錢各幾何?

答曰, 甲六十, 乙四十五, 丙三十.

術曰, 三甲, 二乙, 一丙, 錢三百. 四甲, 六乙, 三丙, 錢六百. 二甲,二乙,三丙,錢三百. 如方程,卽得.

草曰, 置三甲於右上, 二乙於右中, 一丙於右下, 錢三百於下. 又置四甲於中上, 六乙於中中, 三丙於中下, 錢六百於下. 又置二甲於左上,二乙於左中, 三丙於左下,錢三百於下. 以右行上三遍因左行, 甲得六, 乙得六, 丙得九, 錢得九百. 以右行再減之, 餘乙二, 丙七, 錢三百. 又以右行上三遍因中行, 得甲一十二, 乙一十八, 丙九, 錢一貫八百. 以右行四遍減之,餘,乙一十, 丙五, 錢六百. 左行進一位,得乙二十, 丙七十, 錢三貫. 以中行再減之, 餘得丙六十, 錢一貫八百. 以六十除之, 得丙三十. 又中行錢六百減一百五十, 餘四百五十, 以乙一十除之, 得乙四十五. 又去右行錢減一百二十, 餘一百八十, 以甲三除之, 得甲六十. 合前問.

[下-15] 갑과 을이 갖고 있는 돈이 각각 얼마나 되는지 모른다. 갑이 을의 돈 10전을 받으면, 을의 남은 돈보다 5배가 많고, 을이 갑의 돈 10전을 받으면, 둘이 같아진다. 갑과 을이 가진 돈은 얼마인가?

답 : 갑 38전, 을 18전.

풀이법에 따라서, 4를 10전과 곱하고, 또 7로 곱한 다음, 5로 나눈다. 나온 값을 반으로 나누고, 10전을 더하면, 갑이 가진 돈이 나오고, 10전으로 그것을 빼주면, 을이 가진 돈이 나온다.

계산법에 따라서, 많은 돈의 5배를 놓고, 10전으로 나눈 나머지를 4배하면 40이 된다. 다시 7을 곱하면, 280이 되고, 5로 나누면, 56이 되는데, 반으로 나누면, 28이 된다. 을의 10전을 더하면, 모두 38전이 되어 갑이 가진 돈이 나온다. 다시 28전에서 10전을 빼면, 을이 가진 돈이 되어 문제에 들어맞는다.

주해 갑과 을이 갖고 있는 돈을 각각 x, y라고 하면, 양자 사이에는

$$x + 10 = 6(y - 10),$$
$$x - 10 = y + 10$$

라는 관계가 성립하며, 이 연립방정식을 풀면, $x = 38$, $y = 18$이 나온다.

今有甲, 乙懷[87]錢, 各不知其數. 甲得乙十錢, 多乙餘錢五倍. 乙得甲十錢, 適等. 問甲, 乙懷錢各幾何?
答曰, 甲三十八錢, 乙十八錢.
術曰, 以四乘十錢, 又以七乘之, 五而一. 所得半之, 以十錢增之, 得甲錢數. 以十錢減之, 得乙錢數.
草曰, 置多錢五倍, 除十錢, 餘, 四因之, 得四十. 又以七乘之, 得二百八十. 却以五除之, 得五十六. 半之得二十八. 加得乙十錢, 共三十八錢, 爲甲懷錢. 又以二十八錢減丨錢, 爲乙懷錢. 合問

[下-16] 수레 5대를 써서 30리를 움직인 운임이 145전이다. 지금 수레 26대를 쓰는데, 운임이 $3,954\frac{14}{45}$전 들어간다. 움직이려는 거리는 얼마인가?

답 : $157\frac{1}{3}$리.

풀이법에 따라서 현재의 운임을 놓아 움직인 거리의 리 수를 곱

87) "懷"는 "包藏," 즉 "품다" 내지 "갖다"의 뜻이다.

하고, 원래의 수레 대수를 곱한 값을 나뉨수로 삼고, 원래의 운임으로 현재의 수레 수를 곱한 값을 나눗수로 삼아서 나뉨수를 나눗수로 나누면, 답이 나온다.

계산법에 따라서 현재의 운임 $3,954\frac{14}{45}$ 전을 놓아 통분하여 나머지 분자와 더하면, 177,944가 되고, 다시 30리를 곱하면, 5,338,320이 되며, 또 다시 원래의 수레 5대를 곱하면, 26,691,600이 되는데, 나뉨수로 삼는다. 다시 원래의 운임 145전으로 현재의 수레 26대를 곱하면, 3,770이 되고, 또 다시 분모 45를 곱하면, 169,650이 되는데, 나눗수로 삼아서 나뉨수를 나눗수로 나누면, 157리가 나오고, 56,550이 남는다. 나머지와 나눗수를 각각 약분해주면, $\frac{1}{3}$ 리가 나와서 문제에 들어맞는다.

주해 이 문제는

$$\frac{\text{원래의 수레 대수}\times\text{움직인 거리}}{\text{원래의 운임}} = \frac{\text{현재의 수레 대수}\times\text{움직이려는 거리}}{\text{현재의 운임}}$$

라는 관계가 성립하므로, 곧

$$\text{움직이려는 거리} = \frac{\text{원래의 수레 대수}\times\text{움직인 거리}\times\text{현재의 운임}}{\text{원래의 운임}\times\text{현재의 수레 대수}}$$

가 된다는 것이다. 이러한 운송비 문제는「구장산술」"균수"장에 7번째로 등장하는 "인부를 써서 소금을 운반하는(取傭負鹽)" 문제와 비슷하다.

今有車五乘, 行道三十里, 雇錢一百四十五. 今有車二十六乘, 雇錢三千九百五十四, 四十五分錢之十四. 問行道幾何?
答曰, 一百五十七里, 少半里.
術曰, 置今有雇錢數, 以行道里數乘之, 以本車乘數乘之, 爲實. 以本雇錢數乘今有車數爲法. 實如法得一.
草曰, 置今雇錢三千九百五十四, 四十五分錢之十四, 通分內子得一十七萬七千九百四十四. 又以三十里乘之, 得五百三十三萬八千三百二十. 又以本車五乘之, 得二千六百六十九萬一千六百爲實. 又以本雇錢一百四十五乘今有車二十六, 得三千七百七十. 又分母四十五乘之,得一十六萬九千六百五十爲法. 除實得, 一百五十七里, 餘五萬六千五百五十. 餘法各約之, 得三分里之一. 合問.

[下-17] 조악한 겉곡식 1섬 5말을 절구질하면, 여미 7말을 얻게 된다. 지금 조악한 겉곡식 2섬이 있다면, 패미는 얼마나 얻겠는가?
답 : 8말 4되.

풀이법에 따라서 여미의 수량을 놓고, 패미를 얻는 수량을 구하도록 한다. 현재의 조악한 겉곡식을 곱해서 나뉨수로 삼고, 원래의 겉곡식을 나눗수로 삼아서, 나뉨수를 나눗수로 나눠준다.(신 이순풍 등이 문제의 뜻을 삼가 살펴보건대, 풀이법의 뜻은 다음과 같다. 여미 7말을 놓고, 패미의 환산율 9를 곱한 다음, 10으로 나누면, $6\frac{3}{10}$ 말이 된다. 이는 조악한 겉곡식 15말을 도정하면, 패미 $6\frac{3}{10}$ 말이 된다는 것이다. 이 풀이법에서 조악한 겉곡식 20말은 주어진 수량(소유수)이고, 패미 $6\frac{3}{10}$ 말은 구하려는 값(소구율)이며, 조악한 겉곡식 15말은 주어진 비율(소유율)이다.)

계산법에 따라서, 여미 7말을 놓고, 9를 곱하면, 63이 되고, 다시 10으로 나누면, $6\frac{3}{10}$말이 되는데, 통분하여 분자를 불러들이면, 630이 된다. 다시 2섬으로 곱하면, 12,600이 되는데, 나뉨수로 삼고, 다시 1섬 5말을 놓고, 10으로 곱하면, 15섬이 되는데, 나눗수로 삼아서, 나눠주면, 8말 4되가 나와 문제에 들어맞는다.

주해 이 문제와 다음에 오는 [下-18]을 위해서는 「구장산술」 "속미(粟米)"장에 등장하는 "겉곡식과 쌀의 교환비율(속미지법)"을 적용할 수 있다. 즉, 겉곡식 50을 도정하면, 여미는 30, 패미는 27, 착미는 24, 어미는 21을 기대할 수 있다는 것이다. 그런데 "조악한 겉곡식 1섬 5말을 절구질하면, 여미 7말을 얻게 된다"고 하니 "조악한 겉곡식"은 구장산술의 겉곡식보다--여미를 $\frac{7}{9}$밖에 산출하지 못한다는 점에서--품질이 훨씬 떨어진다는 것을 알 수 있다. 따라서 조악한 겉곡식 2섬으로부터 얻을 수 있는 패미의 양은 다음과 같이 계산된다.

$$20\times\frac{7}{9}\times\frac{27}{50}=8.4\text{말}.$$

今有惡粟一斛五斗, 春之得糲米七斗. 今有惡粟二斛, 問爲粺米幾何?

答曰, 八斗四升.

術曰, 置糲米之數, 求爲粺米所得之數. 以乘今有惡粟爲實, 以本粟爲法. 實如法得一. (臣淳風等謹按, 此術置糲米七斗, 以粺米率九乘之,以十而一, 得六斗, 一十分斗之三. 是爲惡粟十五斗, 得作粺米六斗, 十分斗之三. 此今有術, 惡粟二十斗爲所有數, 粺米六斗, 十分斗之三爲所求率, 惡粟十五斗爲所有率.)
草曰, 置糲米七斗, 以九因得六十三, 又以一十除, 得六斗, 一十分斗之三. 却通分內子得六百三十. 又以二斛因, 得一萬二千六百爲實. 又置一斛五斗, 以十分因之, 得一十五斛爲法. 除之, 得八斗四升. 合問.

[下-18] 양호한 겉곡식 5말을 절구질하면, 착미 2말 5되를 얻게 된다. 지금 어미 10말이 있다면, 양호한 겉곡식은 얼마나 있었는가?
답 : 2섬 2말 $8\frac{4}{7}$ 되.

풀이법에 따라서, 착미의 수량을 놓고, 어미의 수량을 구한 것을 나눗수로 삼는다. (신 이순풍 등이 삼가 문제의 뜻을 살펴보건대, 의당 다음과 같이 말해야 할 것입니다. "착미의 수량을 놓고, 어미를 구하는 수량을 나눗수로 삼도록 한다." 풀이법에서 막 바로 "착미의 수량을 나눗수로 삼도록 한다"고 말하는 것은 잘못이다.) 다시 현재의 어미 수량을 놓아 원래의 겉곡식을 곱해서 나뉨수로 삼고, 나뉨수를 나눗수로 나눠준다.(신 이순풍 등이 문제의 뜻을 삼가 살펴보건대, 풀이법의 뜻은 다음과 같습니다. 착미 25되를 놓고, 어미의 환산율 7을 곱한 다음, 착미의 환산율 8로 나누면, $2\frac{3}{16}$ 말이 된다. 이는 양호한 겉곡식 5말을 도정하면, 어미 $2\frac{3}{16}$ 말이 된다는 것이다. 이 풀이법에서 어미 10말은 주어진 수량(소유수)이고, 양호한 겉곡식 5말은 구하려는 값(소구율)이며, 어미 $2\frac{3}{16}$ 말은 주어진 비율(소유율)이다.)

계산법에 따라서, 착미 2말 5되를 놓고, 어미의 환산율 7을 곱하면, 175가 되고, 8로 나누면, $2\frac{3}{16}$ 말이 되는데, 다시 통분하여 분자를 불러들이면, 35가 되는데, 나눗수로 삼는다. 다시 10말을 놓고, 16을 곱하면, 160이 되는데, 나뉨수로 삼고, 나눗수로 나눠주면, 2섬 2말 $8\frac{4}{7}$ 되가 나와서 문제에 들어맞는다.

주해 이 문제는 바로 앞의 [下-17]과 마찬가지로 「구장산술」 "속미"장에 등장하는 "속미지법"과 관련되는 것이다. "양호한 겉곡식 5말을 절구질하면, 착미 2말 5되를 얻게 된다"고 한 것을 보면, "양호한 겉곡식"은 구장산술의 겉곡식보다--착미를 $\frac{25}{24}$ 만큼 더 산출한다는 점에서--약간 품질이 좋다고 할 수 있다. 어미 10말을 산출하는데 소용된 양호한 겉곡식의 양을 x라고 하면,

$$x\times\frac{2.5}{5}\times\frac{21}{24}=10$$

이라는 식이 성립되며, 이 식을 정돈하면,

$$x=\frac{160}{7}\text{말}=22\frac{6}{7}\text{말}=2\text{섬 }2\text{말 }8\frac{4}{7}\text{되}$$

라는 답이 나온다.

今有好粟五斗, 舂之得糳米二斗五升. 今有御粟十斗,問爲好粟幾何?
答曰, 二斛二斗八升, 七分升之四.
術曰, 置糳米數求御米之數爲法. (臣淳風等謹按問意,宜云置糳米數求御米之數爲法. 其術直云糳米數爲法者,錯也.) 又置今御米數, 以本粟乘之爲實. 實如法得一. (臣淳風等謹按,此術置糳米二十五升, 以御米率七乘之, 以糳米率八而一, 得二斗, 十六分斗之三. 爲好粟五斗得作御米二斗, 十六分斗之三. 於今有術, 御粟十斗爲所有數, 好粟五斗爲所求率, 御米二斗, 十六分斗之三爲所有率.)
草曰, 置糳米二斗五升, 以御米率七因之, 得一百七十五. 八而一, 得二斗, 十六分斗之三. 又却通分內子, 得三十五爲法. 又置一十斗, 以十六乘之, 得一百六十爲實. 以法除之, 得二斛二斗八升, 七分升之四. 合問.

[下-19] 상하의 서열 차이가 있는 성인 남자 500인을 모두 수레 113대에 실었다. 각각 대당 몇 명씩 실었는가?
답 : 65대는 대당 4명씩, 48대는 대당 5명씩 실었다.

풀이법에 따라서 사람 수를 놓아 나뉨수로 삼고, 수레 수를 나눗수로 삼아서 나누면, 4명씩 실은 것이 된다. 또 1을 상방에 놓고, 그렇게 부른다. 나뉨수의 나머지로 나눗수를 빼고, 4를 상방 1에 더하니, 5명씩 실은 것이 된다. 나눗수의 나머지는 곧 4명씩 실은 수레의 수가 되고, 나뉨수의 나머지는 곧 5명씩 실은 수레의 수가 된다.

계산법에 따라서, 500인을 놓고, 113대로 나누면, 4명 나머지 48

이 된다. 그것으로 나눗수를 빼면, 나머지는 65이며, 4명씩 실은 수레의 수가 된다. 4를 65인과 곱하면, 260이 되고, 500에서 빼면, 나머지가 240이 되는데, 48로 나눠주면, 5명씩 실은 수레의 수가 되어 문제에 들어맞는다.

주해 풀이법과 계산법이 가리키듯이, 낮은 서열의 남자들을 실은 수레의 수를 x라고 하면,

$$x = 500 - (113 \times 4) = 500 - 452 = 48$$

로 드러나고, 그에 따라 높은 서열의 남자들을 실은 수레는 $113 - 48 = 65$가 된다.

今有差丁夫五百人, 合共重車一百一十三乘[88]. 問各共重幾何?
答曰, 六十五乘, 乘各四人共重. 四十八乘, 乘各五人共重.
術曰, 置人數爲實, 車數爲法而一, 得四人共重. 又置一於上方命之. 實餘返減法訖, 以四加上方一得五人共重. 法餘卽四人共重車數, 實餘卽五人共重車數.
草曰, 置五百人, 以一百一十三乘除之, 得四人, 餘四十八. 以減法,餘六十五, 爲四人共一車. 以四因六十五人得二百六十, 減五百, 餘二百四十. 以四十八除之, 得五人共重一車量. 合問.

88) "상하의 서열 차이가 있는 성인 남자 500인을 모두 수레 113대에 실었다(今有差丁夫五百人,合共重車一百一十三乘)"는 표현은 하층은 상층보다 대당 1명씩 더 태운다는 당시의 관례를 함축하고 있다.

[下-20] 갑은 20전, 을은 50전, 병은 40전, 정은 30전, 무는 60전을 갖고 있었는데, 5인이 원래의 돈을 모아 생산에 투자했더니, 이득이 26,635전이나 발생했다. 각자의 몫은 얼마인가?

답 : 갑 $2,563\frac{2}{4}$ 전, 을 $6,408\frac{3}{4}$ 전, 병 5,127전, 정 $3,845\frac{1}{4}$ 전, 무 $7,690\frac{2}{4}$ 전.

풀이법에 따라서 원래 갖고 있던 돈을 각각 늘어놓고, 별도로 더해서 나눗수로 삼는다. 이득으로 생긴 돈을 더하기 이전의 숫자와 곱해서, 각각을 나뉨수로 삼는다. 나뉨수를 나눗수로 나눈다.

계산법에 따라서, 갑을 비롯한 5인이 갖고 있던 돈을 놓고, 모두 더하면, 200이 되는데, 나눗수로 삼는다. 또 갑이 갖고 있던 돈 20전을 이득으로 생긴 돈 26,635전과 곱하면, 512,700이 되는데, 나눗수로 나누면, 2,563이 되고, 나머지와 나눗수를 모두 5로 나눠주면, $\frac{2}{4}$ 전이 된다. 을의 몫을 구하기 위해서는, 을이 갖고 있던 돈 50을 이득으로 생긴 금액과 곱하면, 1,281,750이 되는데, 나눗수로 나누면, 6,408이 되고, 나머지와 나눗수를 모두를 2배 하면, $\frac{3}{4}$ 전이 된다. 병의 몫을 구하기 위해서는, 병이 갖고 있던 돈 40을 이득으로 생긴 금액과 곱하면, 1,025,400이 되는데, 나눗수로 나누면, 5,127이 된다. 정의 몫을 구하기 위해서는, 30을 이득으로 생긴 금액과 곱하면, 769,050이 되는데, 나눗수로 나누면, $3,845\frac{1}{4}$ 전이 된다. 무의 몫을 구하기 위해서는, 60을 이득으로 생긴 금액과 곱하면, 1,538,100이 되는데, 나눗수로 나누면, $7,690\frac{2}{4}$ 전이 나와서 앞서의 문제에 들어맞는다.

今有甲持錢二十, 乙持錢五十, 丙持錢四十, 丁持錢三十, 戊持錢六十,凡五人合本治生, 得利二萬五千六百三十五. 問各人得幾何?

答曰, 甲得二千五百六十三錢, 四分錢之二. 乙得六千四百八錢, 四分錢之三. 丙得五千一百二十七錢. 丁得三千八百四十五錢, 四分錢之一. 戊得七千六百九十錢, 四分錢之二.

術曰, 各列置本持錢數, 副幷爲法. 以利錢乘未幷者, 各自爲實. 實如法得一.

草曰, 置甲等五人所持錢, 幷之, 得二百爲法. 又以甲持錢二十, 乘利錢二萬五千六百三十五, 得五十一萬二千七百. 以法除之, 得二千五百六十三. 餘與法皆五除, 得法四,餘二, 是四分錢之二. 求乙錢, 以乙五十乘利錢, 得一百二十八萬一千七百五十. 又以法除之, 得六千四百八錢. 餘與法皆倍之, 得四分錢之三. 求丙錢, 以四十乘利錢, 得一百二萬五千四百. 以法除之, 得五千一百二十七錢. 求丁錢,以三十乘利錢, 得七十六萬九千五十. 以法除之, 得三千八百四十五錢, 四分錢之一. 求戊錢, 以六十乘利錢, 得一百五十三萬八千一百. 以法除之, 得七千六百九十錢, 四分錢之二. 乃合前問.

[下-21] 갑, 을, 병 세 사람이 1,800전을 공동 출자하여 수레 한 대를 샀다. 친지와 더불어 타려고 하다가, 친한 사람에게 이득을 취할 수 없어서, 다시 팔아 1,500전을 받았는데, 각각 본전의 크기로 나누어, 갑은 $583\frac{1}{3}$ 전, 을은 500전, 병은 $416\frac{2}{3}$ 전을 얻었다. 원래 출자한 금액은 각각 얼마인가?

답 : 갑 700전, 을 600전, 병 500전.

풀이법에 따라서 갑, 을, 병이 나눠 가진 액수를 놓고, 따로 더하여 나눗수로 삼는다. 수레의 가격으로 더하기 이전의 값을 곱하여 각각을 나뉨수로 삼는다. 나뉨수를 나눗수로 나눈다.

계산법에 따라서, 갑이 받은 돈의 583을 놓아 분모 3을 곱하고, 분자 1을 불러들이면, 1,750이 되는데, 다시 원래의 수레 값 1,800을 곱하면, 3,150,000이 된다. 또 다시 나누기 전의 돈 1,500전을 놓아 3배하면, 4,500이 되고, 나눗수로 삼아서 나뉨수를 나눠주면, 700이 나오는데, 이것이 갑의 출자액이다. 나눗수로 나눠주면, 2,563이 나오고, 나머지와 나눗수 모두를 5로 나누면, 나눗수는 4, 나머지는 2가 되어 $\frac{2}{4}$가 된다. 을의 출자액을 구하기 위해서는 나눠 받은 돈 500전을 놓아 1,800을 곱하면, 900,000이 되는데, 1,500을 나눗수로 삼아서 나눠주면, 600이 나온다. 병의 출자액을 구하기 위해서는 나눠 받은 돈 416전을 놓고, 그것의 분모 3을 곱하고, 분자 2를 더하면, 1,250이 되고, 다시 1,800을 곱하면, 2,250,000이 된다. 또 다시 나누기 전의 돈 1,500전을 놓아 3배하면, 4,500이 되고, 나눗수로 삼아서 나뉨수를 나눠주면, 500이 나와서 앞서의 문제에 들어맞는다.

今有甲, 乙, 丙三人共出一千八百錢, 買車一量. 欲與親知乘之, 爲親不取. 還賣得錢一千五百. 各以本錢多少分之, 甲得五百八十三錢, 三分錢之一, 乙得五百錢, 丙得四百十六錢, 三分錢之二. 問本出錢各幾何?

答曰, 甲出錢七百, 乙出錢六百, 丙出錢五百.

術曰, 置甲, 乙, 丙分得之數, 副幷爲法. 以置車錢數乘未幷者, 各自爲實. 實如法得一.
草曰, 置甲得錢五百八十三, 以分母三乘之, 內子一, 得一千七百五十. 又以本置車錢一千八百乘之, 得三百一十五萬. 又置求分錢一千五百, 以分母三因之, 得四千五百爲法. 以除實得七百, 是甲錢. 以法除之, 得二千五百六十三. 餘與法皆五除, 得法四, 餘二, 是四分錢之二. 求乙, 置分得錢數五百,, 以一千八百乘之, 得九十萬. 以一千五百爲法,除之, 得六百. 求丙, 置分得錢數四百一十六,, 以錢分母三因之, 內子二, 得一千二百五十. 又以一千八百乘之, 得二百二十五萬. 又置未分錢一千五百, 三因之, 得四千五百爲法. 除實得五百. 合前問.

[下-22] 참새 1마리의 무게는 1냥 9수이고, 제비 1마리의 무게는 1냥 5수이다. 참새와 제비 합해서 25마리가 있는데, 무게가 모두 2근 13수가 나간다. 참새와 제비는 각각 몇 마리인가?

답 : 참새 14마리, 제비 11마리.

풀이법에 따라서 가령 참새 15마리, 제비 10마리라고 놓으면, 오른쪽으로 4수가 남고, 또 가령 참새 12마리, 제비 13마리라고 놓으면, 왼쪽으로 8수가 모자란다. 남고 모자라는 것을 잇달아 곱하고, 더하여 나뉨수로 삼고, 남고 모자라는 것을 더하여 나눗수로 삼아서, 나뉨수를 나눗수로 나눈다.

계산법에 따라서, 참새 15마리를 오른쪽 위에 놓고, 남는 4수를 오른쪽 아래에 놓으며, 다시 참새 12마리를 왼쪽 위에 놓고, 모자라는 8수를 왼쪽 아래에 놓는다. 잇달아 곱하여 오른쪽 아래의 4를 왼쪽 위의 12와 곱하면, 48이 되고, 왼쪽 아래의 8을 오른쪽 위의 15와 곱하면, 120이 되는데, 더하면, 168이 된다. 남고 모자라는 것을 더하면, 12가 되는데, 나눗수로 삼아서, 나뉨수를 나눠주면, 참새 14마리가 나온다. 제비의 마리 수를 구하기 위해서는 제비 10마리를 오른쪽 위에 놓고, 남는 4를 오른쪽 아래에 놓으며, 다시 제비 13마리를 왼쪽 위에 놓고, 8을 왼쪽 아래에 놓는다. 왼쪽 아래의 8을 오른쪽 위의 10과 곱하면, 80이 되고, 오른쪽 아래의 4를 왼쪽 위의 13과 곱하면, 52가 되는데, 더하면, 132가 된다. 남고 모자라는 것을 더하여 나눗수로 삼아서 나뉨수를 나눠주면, 제비 11마리가 나와서 앞서의 문제에 들어맞는다.

今有雀一隻重一兩九銖, 燕一隻重一兩五銖. 有雀, 燕二十五隻, 幷重二斤一十三銖. 問燕, 雀各幾何?
答曰, 雀十四隻, 燕十一隻.
術曰, 置假令雀一十五隻, 燕十隻, 盈四銖於右行. 又置假令雀一十二隻, 燕十三隻, 不足八銖於左行. 以盈不足維乘之, 幷以爲實. 幷盈不足爲法. 實如法得一.
草曰, 置雀一十五隻於右上, 置盈四銖於右下. 又置雀一十二隻於左上, 置不足八銖於左下. 維乘之, 以右下四乘左上一十二, 得四十八. 以左下八乘右上一十五,得一百二十. 幷之, 得一百六十八. 以盈不足幷之,得一十二爲法. 除實得一十四雀. 求燕, 置燕十於右上[89),]四於右下,又置燕十三於左上, 置八於左下. 以左下八乘右上十, 得八十. 以右下四乘左上十三, 得五十二. 幷之, 得一百三十二. 幷盈不足爲法. 除實得一十一燕. 得合前問.

89) "右上"이 남송본(南宋本)에는 "右七"이라고 잘못 판각되어 있어서 바로 잡았다.

[下-23] 7인이 9일 걸려서 활 12개 반을 만들었다. 이제 17인이 활 15개를 만든다면, 며칠이나 걸리겠는가?

답 : $4\frac{38}{85}$ 일.

풀이법에 따라서, 이제 만들려는 활의 수량을 놓고, 활 만드는데 걸린 날수를 곱한 다음, 다시 활 만든 사람 수를 곱하여 나뉨수로 삼는다. 이제 가용한 사람 수를 원래 만든 활 수에 곱하여 나눗수로 삼아서, 나뉨수를 나눗수로 나눠준다.

계산법에 따라서, 이제 만들려는 활 15개를 놓고, 활 만드는데 걸린 날수 9를 곱하면, 135가 된다. 다시 활 만든 사람 수 7을 곱하면, 945가 되는데, 나뉨수로 삼는다. 또 원래 만든 활 수 12개 반을 놓고, 이제 활 만들려는 17인을 곱하면, $212\frac{1}{2}$ 이 되는데, 나눗수로 삼는다. 나뉨수를 나눗수로 나눠주면, 4일이 나온다. 나눗수와 나머지 모두 자리를 물리고, 4를 곱하면, $\frac{38}{85}$ 일이 되어 앞서의 문제에 들어맞는다.

今有七人九日造成弓十二張半. 今有十七人造弓十五張,問幾何日訖?

答曰, 四日, 八十五分日之三十八.

術曰, 置今造弓數, 以弓日數[90]乘之,又以成弓人數乘之,爲實. 以今有人數, 乘本有弓數爲法. 實如法得一.

草曰, 置今造弓十五張, 以成弓日數九乘之, 得一百三十五. 又以成弓人數七乘之, 得九百四十五爲實. 又置本造弓十二張半, 以今造弓十七人乘之, 得二百一十二半爲法. 除之得四日. 法與餘皆退位, 四因, 得八十五分日之三十八. 合前問.

90) "弓日數" 앞에 "成"자가 빠진 것으로 보아야 될 것이다.

[下-24] 성의 둘레가 20리이고, 목책(녹각) 하나로 3자를 감싸는데, 다섯 겹으로 감싸려고 한다. 목책은 모두 얼마나 소용되는가?

답 : 60,100매. 성이 원형일 경우에 드는 목책은 60,060매.

풀이법에 따라서, 성 둘레의 리, 자수를 놓고, 3으로 나눈 값을 5와 곱한다. 다시 5를 놓아 3과 곱하고, 다시 제곱한 다음, 3의 제곱으로 나눠서 얻은 값을 4로 곱한다. 윗자리들을 더하면, 전체 숫자가 나온다. 성이 원형이라면, 성 둘레의 리, 자수를 놓고, 3으로 나누어 얻은 값에 5를 곱한다. 1, 2, 3, 4를 더하면, 모두 10이 되는데, 6을 곱한 다음, 더하면, 전체 숫자가 나온다.

계산법에 따라서, 20리를 놓고, 300보와 곱하면, 6,000이 된다. 보의 환산율 6을 곱하면, 36,000이 되고, 3자로 나누면, 12,000이 되며, 겹의 수 5를 곱하면, 윗자리에 60,000이 나온다. 또 5와 3을 곱하면, 15가 되고, 다시 제곱하면, 225가 된다. 또 3을 제곱한 9를 나눗수로 삼고, 225를 나누면, 25가 되는데, 4를 곱하면, 100이 된다. 원둘레를 구하기 위해서는, 성 둘레의 자수를 놓고, 3으로 나누면, 12,000이 되고, 나온 값에 5를 곱하면, 윗자리에 60,000이 나온다. 다시 1, 2, 3, 4를 더하면, 모두 10이 되는데, 6을 곱한 다음, 더하면, 60이 된다. 윗자리를 따르면, 60,060이 되는데, 이것이 곧 원둘레이다.

今城周二十里, 欲三尺安[91]鹿角[92]一枚, 五重安之. 問凡用鹿角幾何?

答曰, 六萬一百枚. 城若圓, 凡用鹿角六萬六十枚.

91) 여기서 "安"이 뜻하는 바는 분명치 않으나, 성을 목책으로 안전하게 한다는 의미로 보아서 "둘러치다" 내지 "감싸다"라고 의역하였다.

術曰, 置城周里尺數, 三而一, 所得, 五之. 又置五以三乘之, 又自相乘, 以三自乘而一, 所得, 四之. 幷上位, 卽得凡數. 城若圓者, 置城周里尺數, 三而一, 所得, 五之. 又幷一, 二, 三, 四, 凡得一十. 以六乘之, 幷之,得凡數.
草曰, 置二十里, 以三百步乘之, 得六千. 以步法六因之,得三萬六千. 以三尺除之, 得一萬二千. 以重數五乘之, 得六萬於上位. 又以五乘三得一十五, 又自相乘得二百二十五. 又以三自乘得九爲法. 以除二百二十五得二十五. 四因之, 得一百. 若求圓者置城圍尺數, 三而一, 得一萬二千. 所得, 五因之, 爲六萬於上位. 又以一, 二, 三, 四幷之, 得一十, 以六因之, 得六十. 從上位得六萬六十, 是圓也.

[下-25] 평지에 겉곡식 250섬을 모았는데, 아래 둘레가 5장 4자이다. 높이는 얼마인가?

답 : 5자.

풀이법에 따라서 겉곡식의 부피를 놓고, 36을 곱해서 나뉨수로 삼는다. 아래 둘레 30자를 제곱하여 나눗수로 삼아서, 나뉨수를 나눗수로 나눠주면, 답이 나온다.

계산법에 따라서 겉곡식 250을 놓고, 섬의 환산율 1자 6치 2푼을 곱하고, 또 36을 곱하면, 14,580이 된다. 아래 둘레 5장 4자를 제곱하면, 2,916이 되는데, 나눗수로 삼아서, 나뉨수를 나눠주면, 5자가 되어 앞서의 문제에 들어맞는다.

92) "녹각(鹿角)"은 성을 방어하기 위해 설치하는 목책(木柵)을 가리킨다.

주해 이 문제는 둘레와 높이를 알려주고 부피를 구하라고 하는 일련의 "평지취속(平地聚粟)" 문제들--「구장산술」 "상공"장의 [23], 「손자산경」 [下-3], 「오조산경」 "창조(倉曹)" [9], 「하후양산경」 [上-3] 등등--의 역산에 해당한다. "평지취속"은 원뿔로 간주되어 흔히 「구장산술」 "상공"장의

$$V=\frac{\text{아래 둘레}^2\times\text{높이}}{36}$$

라는 공식을 이용하는데, 여기서는 추가로 "1섬=1.62자"라는 환산율까지 적용하게 되어 있다. 그리하여 높이를 h, 아래 둘레를 c 라고 하면, 다음과 같은 함수관계가 성립될 것인 바, 이것이 곧 풀이법에서 말하는 내용인 것이다.

$$h=f(c)=\frac{V\times36\times1.62}{c^2}=\frac{14580}{c^2}.$$

이 함수를 그래프로 나타내면, 다음과 같다.

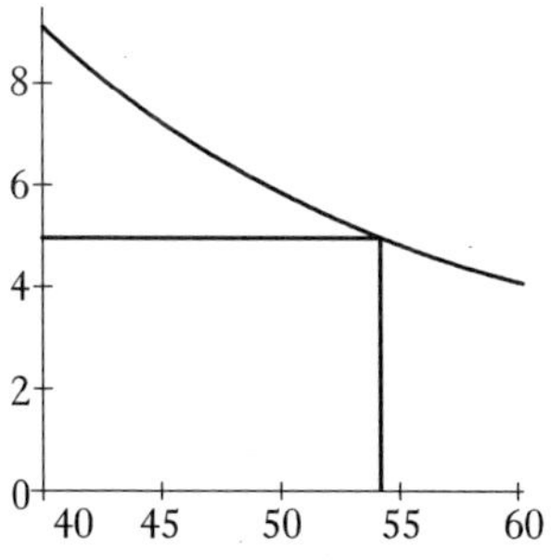

今有粟二百五十斛, 委注平地. 下周五丈四尺. 問高幾何?
答曰, 五尺.
術曰, 置粟積尺, 以三十六乘之, 爲實. 以下周自相乘爲法. 實如法得一.
草曰, 置粟二百五十, 以斛法一尺六寸二分乘, 又以三十六乘之, 得一萬四千五百八十. 置下周五丈四尺自相乘, 得二千九百一十六爲法. 除實得五尺. 合前問.

[下-26] 소작농이 1년(신 이순풍 등이 문제의 뜻을 삼가 살펴보건대, 354일이다.) 동안 겉곡식 150섬을 바치기로 되어 있다. 이미 겉곡식을 바쳤는데, 58일 먼저 돌아오게 되었다. 깎아줘야 할 겉곡식과 바쳐야 할 겉곡식은 각각 얼마씩인가?

답 : 깎아줘야 할 겉곡식 24섬 $5\frac{45}{59}$ 말, 바쳐야 할 겉곡식 125섬 $4\frac{14}{59}$ 말.

풀이법에 따라서, 돌아온 날 수와 농사 지은 날 수를 놓고, 바쳐야 할 겉곡식을 곱해서 각각 나뉨수로 삼는다. 1년 354일을 나눗수로 삼아서, 나뉨수를 나눗수로 나눈다.

계산법에 따라서 돌아온 날 수 54일을 겉곡식 150섬과 곱하면, 870이 되고, 다시 1년 354로 나누면, 24섬 5말이 되며, 나머지와 나눗수를 모두 6으로 나눠주면, $\frac{45}{59}$ 말이 된다. 바쳐야 할 겉곡식의 수량을 구하기 위해서는 농사 지은 날 296일을 놓고, 150섬으로 곱하면, 44,400이 된다. 1년 354로 나눠주면, 125섬 $4\frac{14}{59}$ 말이 되어 문제에 들어맞는다.

주해 이 문제는 다음에 오는 [下-35]와 비슷한 내용을 담고 있다.

今有客歲作(臣淳風等謹按問意, 三百五十四日.)要與粟一百五十斛. 已與之粟, 先五十八日歸. 問折粟. 與粟各幾何?
答曰, 折粟二十四斛五斗, 五十九分斗之四十五. 與粟一百二十五斛四斗, 五十九分斗之十四.
術曰, 置歸, 作日數, 以與粟乘之, 各自爲實. 以一歲, 三百五十四日爲法. 實如法得一.
草曰, 置歸日五十八日以粟一百五十斛乘之,得八百七十. 又以歲三百五十四除, 得二十四石五斗, 餘與法皆六除之,得五十九分斗之四十五. 求與粟數, 置作日二百九十六, 以一百五十斛乘之,得四萬四千四百. 以歲三百五十四除之, 得一百二十五斛四斗, 五十九分斗之十四. 合前問.

[下-27] 쌀찧기 한 사람이 하루에 쌀 6되를 먹는다. 이제 35일 동안 쌀 7,492섬 8말을 소비했다면, 모두 몇 사람이나 되는가?
답 : 3,568인.

풀이법에 따라서 쌀의 수량을 놓아 나뉨수로 삼고, 6되를 35일과 곱한 값을 나눗수로 삼아서, 나뉨수를 나눗수로 나눈다.

계산법에 따라서 쌀 7,492섬 8말을 놓고, 6되를 35일과 곱한 2섬 1말을 나눗수로 삼아서, 곱한 값을 나눠주면, 3,568인이 되어 앞서의 문제에 들어맞는다.

今有廩人[93]人日食米六升. 今三十五日, 食米七千四百九十二斛八斗. 問人幾何?
答曰, 三千五百六十八人.
術曰, 置米數爲實. 以六升乘三十五日爲法. 實如法得一.
草曰, 置米七千四百九十二斛八斗. 以六升乘三十五日, 得二斛一斗爲法. 以除積數, 得三千五百六十八人. 合前問.

[下-28] 58인이 29일 동안 국수 95섬 3말 $1\frac{1}{3}$ 되를 먹었다. 1인당 얼마나 먹었는가?

답 : $5\frac{2}{3}$ 되.

풀이법에 따라서 국수의 섬, 말, 되 수를 놓아 나뉨수로 삼고, 사람 수와 먹은 날 수를 서로 곱하여 나눗수로 삼아서 나뉨수를 나눗수로 나눈다.

계산법에 따라서 국수의 수량을 놓아 3을 곱하고, 분자 1을 불러들이면, 28,594가 된다. 사람 수 58을 놓아 29와 곱하면, 1,682가 되고, 다시 3을 곱하면, 5,046이 되는데, 나눗수로 삼아서 나눠주면, 5되가 된다. 나머지를 모두 3으로 나눠주면, $\frac{2}{3}$, 곧 태반 되가 되어 앞서의 문제에 들어맞는다.

93) "늠인(廩人)"은 쌀광지기를 가리킨다.

> 今有五十八人, 二十九日食麵九十五斛三斗一升,少半升. 問人食幾何?
>
> 答曰, 五升, 太半升.
>
> 術曰, 置麵斛斗升數爲實. 以人, 日食相乘爲法. 實如法得一.
>
> 草曰, 置麵數, 以三因之, 內子一, 得二萬八千五百九十四. 置人數五十八, 以, 二十九乘之, 得一千六百八十二. 又以三因之, 得五千四十六爲法. 除得五升. 餘皆三約之, 得三分之二, 爲太半升. 合前問.

[下-29] 두 사람이 3일 동안 구리 1근 9냥 5수를 땜질할 수 있다. 지금 한달 동안 땜질한 것이 구리 9,876근 5냥 $4\frac{1}{3}$수라면, 연인원 몇 명분의 노동력이 들어갔겠는가?

답 : $1,253\frac{262}{363}$인.

풀이법에 따라서 두 사람이 3일 동안 땜질하여 얻은 근, 냥, 수를 놓아 수로 환산한다. 2인과 3일을 서로 곱한 값으로 그것을 나누면, 1인이 하루동안 땜질하는 수 값이 나오고, 24로 나누면, 1인이 하루동안 땜질하는 냥, 수 값이 나오며, 통분하여 분자를 더해주고, 다시 한 달 30일로 1인의 몫을 곱해준 값을 다시 수의 분모 3을 곱해서 나눗수로 삼는다. 또 지금 땜질한 구리의 근, 냥을 수로 바꿔주고, 소반 수는 $\frac{1}{3}$이므로, 3을 곱하고, 1을 더한 다음, 6으로 곱하여 나뉨수로 삼아서 나뉨수를 나눗수로 나눠주면, 사람수가 나오며, 딱 떨어지지 않는 것은 나눠서 분수로 나타낸다.

계산법에 따라서 두 사람이 3일 동안 땜질하여 얻은 1근 9냥 5수를 놓아 근을 16냥으로 바꾸면 25냥이 되고, 수의 비율 24를 곱하여 5수를 더하면, 605가 된다. 2인과 3일을 곱한 6을 나눗수로 삼아서 그것을 나누면, $100\frac{5}{6}$수가 되는데, 이것이 하루동안 땜질하는 수값이다. 24로 나눠주면, 1인이 땜질하는 4냥 $4\frac{5}{6}$수가 나온다. 다시 통분하여 분자를 더해주면, 605가 되고, 한 달 30일로 곱해주면, 18,150이 되며, 다시 분모 3을 곱하면, 54,450이 되는데, 나눗수로 삼는다. 지금 땜질한 수량을 놓아 16냥을 곱하고, 5냥을 더하면, 158,021냥이 되며, 다시 24수를 곱하고, 4수를 더하면, 3,792,508수가 된다. 다시 분모의 3을 곱하고, 1을 더하면, 11,377,525가 되며, 다시 나눗수의 분모 6으로 곱해주면, 68,265,150이 되는데, 나뉨수로 삼아서 나눗수로 나눠주면, 1,253인이 나오고, 나눗수와 나머지를 모두 150으로 약분하면, 나눗수는 363, 나머지는 262가 나와서 앞서의 문제에 들어맞는다.

今有二人三日錮銅得一斤九兩五銖. 今一月日, 錮銅得九千八百七十六斤五兩四銖, 少半銖. 問人功幾何?

答曰, 一千二百五十三人, 三百六十三分人之二百六十二.

術曰, 置二人三日所得錮銅得斤兩銖, 通之作銖. 以二人, 三日相乘除之, 爲一人一日之銖. 二十四而一. 還以一人一日所得兩銖, 通分內子, 復以一月三十日乘一人積分, 所得, 復以銖分母三通之, 爲法. 又以今錮銅斤兩通爲銖. 以少半銖者, 三分之一. 以三通, 內一, 以六乘之爲實. 實如法而一, 得人數. 不盡, 約之爲分.

草曰, 置二人三日所得銅一斤九兩, 以十六通斤, 得二十五兩. 又以銖數二十四乘之, 內五銖, 得六百五. 以二人乘三日得六爲法.

除得一百銖, 六分之五, 是一日所得之銖. 以二十四除之, 一人所得四兩四銖,六分銖之五. 却通分內子得六百五. 以一月三十日乘之, 得一萬八千一百五十. 又以通分母三因之, 得五萬四千四百五十爲法. 置今錮銅, 以十六兩通之, 內五兩, 得一十五萬八千二十一兩. 又以二十四銖乘之, 內四銖, 得三百七十九萬二千五百八銖. 又以通分母三因之, 內子一, 得一千一百三十七萬七千五百二十五. 又以法分母六因之, 得六千八百二十六萬五千一百五十爲實. 以法除之, 得一千二百五十三人. 法與餘皆一百五十約之, 法得三百六十三, 餘得二百六十二. 合前問.

[下-30] 정육면체의 한 변이 96자인데, 구체로 만들려고 한다. 지름이 얼마나 되겠는가?

답. $116\frac{11968}{40369}$자.

풀이법에 따라서 한 변을 세제곱하고, 다시 16을 곱한 다음, 9로 나눠서, 얻은 값의 세제곱근을 구하면, 구체의 지름(환경)이 나온다.

계산법에 따라서 96을 놓아 세제곱하면, 884,736이 되고, 다시 16을 곱하면, 14,155,776이 되며, 9로 나누면, 1,572,864가 되는데, 세제곱근을 구한다. 산가지 하나를 빌려서 아래에 놓고, 두 자리를 건너뛰어 백 자리에 이르러 멈추게 한다. 상에는 100을 놓고, 1,000,000을 하법 아래에 놓은 다음, 방법이라고 부른다. 방법으로 상상 100을 부르게 하여 실 1,000,000을 나눈다. 방법에 3을 곱하면, 3,000,000이 된다. 다시 1,000,000을 하법 아래에 놓은 다음, 염법이라고 부르고, 3을 곱한다. 방법은 한 자리 물리고, 염법은 두 자리 물리며, 하법은 세 자리 물린다. 다시 10을 상상 100 아래에 놓고, 또 1,000을 하법 아래에 놓으며, 우법이라고 부른다. 방, 염, 우의 세 법으로 모두 상상 10을 부르게 하여 실을 나눈 다음, 다시 염법을 2배하고, 우법을 3배하여 모두 방법을 따르게 한다. 또 11,000을 방법 아래에 놓고, 3을 곱한 다음, 염법이라고 부른다. 방법은 한 자리 물리고, 염법은 두 자리 물리며, 하법은 세 자리 물린 다음, 다시 6을 상상 아래에 놓고, 또 6을 하법 위에 놓은 다음, 우법이라고 부른다. 제곱하면, 36이 되고, 다시 6을 염법과 곱하면, 1,980이 되는데, 방, 염, 우의 세 법으로 모두 상상 6을 부르게 하여 나눠준다. 실을 나눈 다음, 염법을 2배하고, 우법을 3배하여 모두 방법을 따르게 하면, $116\frac{11968}{40369}$ 자가 되어 앞서의 문제에 들어맞는다.

주해 이 문제는 「구장산술」 "소광(少廣)"장의 23, 24번째 문제들과 비슷하다. 반지름을 r, 지름을 R, 구의 부피를 V라고 할 때,

$$V=\frac{4\pi r^3}{3}$$

$$R=2r=\sqrt[3]{\frac{6V}{\pi}}$$

라는 공식이 성립된다. 그런데 「구장산술」에서와 마찬가지로 여기서도 $\frac{6}{\pi}$을 $\frac{16}{9}$이라는 근사값으로--비록 전자는 약 1.91인데 비해서 후자는 1.78임에도 불구하고--접근하여 지름을

$$R=\sqrt[3]{\frac{16V}{9}}$$

라는 공식으로 구하는 것을 볼 수 있다. 결국 풀이법은 다음과 같은 계산과정을 나타낸다.

$$R=\sqrt[3]{\frac{16\times 96^{3}}{9}}=\sqrt[3]{\frac{16\times 884736}{9}}=\sqrt[3]{1572864}=116.29571$$

다음 문제([下-31])는 이 문제의 역산에 해당한다.

今有立方九十六尺, 欲爲立圓. 問徑幾何?
答曰, 一百一十六尺, 四萬三百六十九分尺之一萬一千九百六十八.
術曰, 立方再自乘, 又以十六乘之, 九而一. 所得, 開立方除之, 得丸徑.
草曰, 置九十六, 再自乘得八十八萬四千七百三十六. 又以十六乘之, 得一千四百一十五萬五千七百七十六. 以九除之, 得一百五十七萬二千八百六十四. 以立方法除. 借一算子於下, 常超二位, 步至百而止. 商置一百. 置一百萬於下法之上, 名曰方法. 以方法命上商一百, 除實一百萬. 方法三因之, 得三百萬. 又置一百萬於方法之下, 名曰廉法, 三因之. 方法一退, 廉法再退, 下法三退. 又置一十於上商一百之下. 又置一千於下法之上. 名曰隅法, 以方, 廉, 隅三法皆命上商一十, 除實畢. 又倍, 廉法, 三因隅法, 皆從方法. 又置一萬一千於方法之下, 二因之, 名曰廉法. 方法一退, 廉法再退, 下法三退, 又置六於上商之下. 又置六於下法之上, 名曰隅法. 乃自乘得三十六. 又以六乘廉法得一千九百八十. 以方, 廉, 隅三法, 皆命上商六, 除之. 除實畢, 倍廉法, 三因隅法, 皆從方法. 得一百一十六尺, 四萬三百六十九分尺之一萬一千九百六十八. 合前問.

[下-31] 구의 지름이 132자이다. 정육면체로 바꾸면, 한 변이 얼마나 되겠는가?

답 : $108\frac{34020}{34993}$ 자.

풀이법에 따라서 지름을 세제곱하고, 9를 곱하고 16으로 나눈 다음, 세제곱근을 구하면, 정육면체의 한 변이 나온다.

계산법에 따라서 지름 132자를 놓아 세제곱하면, 2,299,968이 되고, 다시 9를 곱하면, 20,699,712가 되며, 또 16으로 나누면, 1,293,732가 되는데, 세제곱근을 구하면, 앞서의 문제에 들어맞는다.

주해 구의 부피를 V, 지름을 R이라고 할 때, 앞 문제와 마찬가지로 여기서도

$$V=\frac{9R^3}{16}$$

라는 공식을 적용하고 있다. 그리하여 구를 변형시킨 정육면체의 한 변은 다음과 같이 계산된다.

$$\sqrt[3]{V}=\sqrt[3]{\frac{9R^3}{16}}=\sqrt[3]{\frac{9\times 132^3}{16}}$$
$$=\sqrt[3]{\frac{20699712}{16}}=\sqrt[3]{1293732}=108\frac{34020}{34993}\text{ 자.}$$

今有立圓徑一百三十二尺. 問爲立方幾何?
答曰, 一百八尺, 三萬四千九百九十三分尺之三萬四千二十.
術曰, 令徑再自乘, 九之, 十六而一. 開立方除之, 得立方.
草曰, 置徑一百三十二尺, 再自乘得二百二十九萬九千九百六十八. 又以九因之, 得二千六十九萬九千七百一十二. 又以十六除之, 得一百二十九萬三千七百三十二. 以開立方法除之, 得合前問.

[下-32] 정육면체 목재의 한 변이 3자인데, 톱으로 썰어서 정육면체 목침 125개를 만들려고 한다. 개당 한 변이 얼마나 되겠는가?

답 : 개당 한 변 6자.

풀이법에 따라서, 목재 한 변의 치 수를 세제곱하고, 개수로 나눠서, 얻은 값의 세제곱근을 구하면, 목침의 한 변이 나온다.

계산법에 따라서 30치를 세제곱하면, 27,000이 되고, 125개로 나누면, 216이 되는데, 세제곱근을 구한다. 상상 6을 위에 놓고, 산가지 하나를 아래에 빌리고, 6을 하법 위에 놓은 다음, 제곱하면, 36이 되는데, 방법이라고 부른다. 방법으로 상상을 나눠주면, 6치가 되어 앞서의 문제에 들어맞는다.

주해 이와 유사한 문제는 「손자산경」의 [中-15]에서 발견된다. 풀이법의 계산은 다음과 같은 3차 방정식의 근을 구하는 과정을 나타낸다. 즉, 목침의 한 변을 x라고 하면,

$$\left(\frac{30}{x}\right)^3 = 125$$

$$x^3 - 216 = (x-6)^3 = 0$$

$$\therefore\ x = 6.$$

今有立方材三尺, 鋸爲方枕一百二十五枚. 問一枚爲立方幾何?

答曰, 一枚方六寸.

> 術曰, 以材方寸數再自乘, 以枚數而一. 所得, 開立方除之, 得枕方.
> 草曰, 以三十寸再自相乘, 得二萬七千寸. 以枕一百二十五枚除之, 得二百一十六. 以開立方法除之. 置上商六於上, 借一算子於下, 置六於下法之上, 以自乘得三十六, 名曰方法. 以方法命上商除之, 得六寸. 乃合前問.

[下-33] 정자 하나를 50인이 7일 걸려서 만들었다. 지금 30인이 있는데, 며칠이나 걸리겠는가?

답 : $11\frac{2}{3}$일.

풀이법에 따라서 원래의 사람 수를 건축하는데 걸린 날수를 곱하여 나뉨수로 삼는다. 지금 있는 사람 수를 나눗수로 삼고, 나뉨수를 나눗수로 나눠준다.

계산법에 따라서 7을 놓고, 50인을 곱하면, 350이 된다. 30인을 나눗수로 삼아서 나눠주면, $11\frac{2}{3}$일이 나와서 앞서의 문제에 들어맞는다.

주해 이와 비슷한 문제는 [上-31], [下-35]에서도 찾아볼 수 있다.

> 今有亭一區, 五十人七日築訖. 今有三十人. 問幾何日築訖?
> 答曰, 十一日, 三分日之二.
> 術曰, 以本人數乘築訖日數爲實. 以今有人數爲法. 實如法得一.
> 草曰, 置七, 以五十人乘之, 得三百五十. 以三十人爲法, 除得十一日, 三分日之二. 合前問.

[下-34] 남의 돈을 빌렸는데, 이자를 재투자하면서 갚기로 했다. 처음에 이자를 재투자했을 때는 2배를 벌어 100전을 갚았고, 두 번째로 이자를 재투자했을 때는 3배를 벌어 200전을 갚았고, 세 번째로 이자를 재투자했을 때는 4배를 벌어 300전을 갚았고, 네 번째로 이자를 재투자했을 때는 5배를 벌어 400전을 갚았다. 이자 재투자를 마치고 모두 원금과 합한 것으로 곱해서 돌려주기로 하니, 이제 원금을 제외하고도 5,950전이 남는다. 최초의 원금은 얼마인가?

답 : 원금 150전.

풀이법에 따라서 처음에 갚은 돈을 놓아 3을 곱하고, 두 번째 갚은 돈과 더하고, 다시 4를 곱하고, 세 번째 갚은 돈과 더하고, 다시 5를 곱하고, 네 번째 갚은 돈과 더한 다음, 남은 돈과 더하여 나뉨수로 삼고, 네 차례 이자를 재투입한 배수들을 서로 곱하면, 120이 되고, 1을 뺀 나머지를 나눗수로 삼아서, 나뉨수를 나눗수로 나눈다.

계산법에 따라서 처음에 갚은 돈 100전을 놓고, 3을 곱하면, 300이 된다. 다시 두 번째로 갚은 돈을 더하면, 500이 되고, 4를 곱하면, 2,000이 된다. 다시 세 번째로 갚은 돈을 더하면, 2,300이 되고, 5를 곱하면, 11,500이 된다. 다시 네 번째로 갚은 돈을 더하고, 지금 갖고 있는 5,950과 더하면, 모두 17,850이 된다. 네 차례 이자를 재투입한 2, 3, 4, 5를 서로 곱하면, 120이 되고, 1을 뺀 나머지는 119가 되는데, 나눗수로 삼는다. 나뉨수를 나눠주면, 원금 150이 되어 앞서의 문제에 들어맞는다.

주해 이 문제는 이자를 재투자하여 마치 적립식 펀드처럼 키워서 원리금을 청산하는 영업 패턴을 보여준다는 점에서 주목되는데, 풀이법의 계산과정은 다음과 같다.

최초의 원금

$$= \frac{((((((100\times3)+200)\times4)+300)\times5)+400)+5950}{2\times3\times4\times5-1}$$

$$= \frac{17850}{119} = 150$$

今有負他錢, 轉利償之. 初去轉利得二倍, 還錢一百. 第二轉利得三倍, 還錢二百. 第三轉利得四倍, 還錢三百. 第四轉利得五倍, 還錢四百. 還畢皆轉利, 倍數皆通本錢. 今除初本, 有錢五千九百五十. 問初本幾何?

答曰, 本錢一百五十.

術曰, 置初利還錢. 以三乘之,幷第二還錢. 又以四乘之, 幷第三還錢. 又以五乘之, 幷第四還錢. 訖, 幷餘錢爲實, 以四轉得利倍數相乘, 得一百二十, 減一, 餘爲法. 實如法得一.

草曰, 置初還錢一百, 以三乘之, 得三百. 又幷第二還錢得五百. 以四乘之, 得二千. 又幷第三還錢, 得二千三百. 以五乘之, 得一萬一千五百. 又幷第四還錢, 幷今有錢五千九百五十, 共得一萬七千八百五十. 以四轉利二, 三, 四, 五相乘, 得一百二十. 除一, 餘一百一十九, 爲法. 除實得一百五十本. 合前問.

[下-35] 세 사람이 나흘 동안 품을 팔아 보리 5섬을 얻었다. 지금 7인이 있고, 한 달 동안 품을 팔면, 보리를 얼마나 얻겠는가?

답 : 87섬 5말.

풀이법에 따라서 7인을 한 달 30일과 곱하고, 다시 5섬을 곱하여 나뉨수로 삼는다. 3인을 4일과 곱하여 나눗수로 삼아서, 나뉨수를 나눗수로 나눈다.

계산법에 따라서 7인을 30일과 곱하면, 210이 되고, 다시 5섬을 곱하면, 1,050이 되는데, 나뉨수로 삼는다. 3인을 4일과 곱하면, 12가 되는데, 나눗수로 삼는다. 나뉨수를 나누면, 87섬 5말이 되어 곧 앞서의 문제에 들어맞는다.

주해 이와 비슷한 문제는 [上-31], [下-33]에서도 찾아볼 수 있다.

今有三人, 四日客作, 得麥五斛. 今有七人, 一月日客作, 問得麥幾何?

荅曰, 八十七斛五斗.

術曰, 以七人乘一月三十日, 又以五斛乘之, 爲實. 以三人乘四日爲法. 實如法而得一.

草曰, 以七人乘三十日, 得二百一十. 又以五斛乘之, 得一千五十爲實. 以三人乘四日得一十二爲法. 除實得八十七斛五斗. 卽合前問.

[下-36] 남의 비단을 갖고 장사를 시작한 사람이 어음을 거듭 발행하여 기한이 지남에 따라 이자로 지급할 비단을 하루에 1자, 이틀에 2자 하는 식으로 하루 1자씩 늘리기로 했는데, 지금 기한이 100일이

나 지난 상태이다. 이자로 지급할 비단은 얼마나 되는가?

답 : 126필 1장.

풀이법에 따라서 100일과 1일의 이자를 더해서 100일을 곱하고, 반으로 나눠주면, 곧 답이 나온다.

계산법에 따라서 101자를 놓고, 100일을 곱하면, 10,100자가 된다. 반으로 나누면, 5,050자가 되는데, 필의 환산율(필법) 40자로 나눠주면, 126필 1장이 나와서, 앞서의 문제에 들어맞는다.

주해 이 문제는 초항이 1자, 말항이 100자인 등차급수로 표시되는 이자를 계산하라는 것이다.

今有人擧取他絹, 重作劵, 要過限一日息絹一尺, 二日息二尺, 如是息絹日多一尺, 今過限一百日. 問息絹幾何?
答曰, 一百二十六疋一丈.
術曰, 幷一百日, 一日息, 以乘百日, 而半之. 卽得.
草曰, 置一百一尺, 以一百日乘之, 得一萬一百尺. 半之, 得五千五十尺. 以疋法四十尺除之, 得一百二十六疋一丈. 合前問.

[下-37] 어떤 부인이 강에서 그릇을 씻고 있었는데, 나루터 관리가 물었다. 웬 그릇이 그리 많소? 부인이 대답하기를, 집에 손님들이 오셨습니다. 두 사람이 밥을 같이 들고, 세 사람이 국을 같이 마시며, 네 사람이 고기를 같이 먹는데, 모두 합해서 그릇 65개를 쓰고 있으나, 손님이 몇인지 모르오니, 모두 얼마나 되는지요?

답 : 60명.

풀이법에 따라서 그릇 65개를 놓아 12로 곱하고, 13으로 나누면, 앞서의 문제에 들어맞는다.

주해 이 문제는 약간의 표현 차이가 있을 뿐 기본적으로 「손자산경」 [下-17]에서 빌려온 것이며, 저자 자신의 서문에서도 이 문제에 대한 관심을 읽을 수 있다. 또한 앞서 [上-21]에 나온 문제도 이를 변형시킨 문제이다. 1인당 사용하는 그릇 수는

$$\frac{1}{2}+\frac{1}{3}+\frac{1}{4}=\frac{13}{12}$$

인 셈인데, 그릇이 65개이므로, 손님 수는 자연히

$$65\div\left(\frac{1}{2}+\frac{1}{3}+\frac{1}{4}\right)=65\times\frac{12}{13}=60$$

이 된다.

이 문제는 「양휘산법」의 셋째 권인 「속고적기산법(續古摘奇算法)」에 38번째 문제로 인용되었다. 「양휘산법」은 이 문제의 풀이법에 대해서 다음과 같은 주석을 덧붙이고 있다.

"이 풀이법은 자세하지 못한데, 모름지기 합분을 먼저 적용하고, 그 다음에 호환을 이용하여야 할 것이며, 모두 자세한 계산(세초)을 참조하라.

계산에 따라서 분모를 오른쪽에 늘어놓고, 분자를 왼쪽에 늘어놓는다.

좌	우
1 그릇	2명
1 그릇	3명
1 그릇	4명

분모를 분자와 호승하고, 더하여 나눗수로 삼는다.
(2명, 3명을 왼쪽 아래의 1과 곱하면, 6이 되고,
2명, 4명을 왼쪽 가운데의 1과 곱하면, 8이 되고,
3명, 4명을 왼쪽 위의 1과 곱하면, 12가 되어,
모두 26 그릇이 되는데, 반으로 나누면, 13이 된다.)

분모를 서로 곱해서 나뉨수로 삼아서(2명, 3명, 4명을 서로 곱하면, 24명이 됨), 반으로 나누면, 12가 된다.

앞서의 풀이법을 적용하여, 12를 65 그릇과 곱하고, 13으로 나눈다."

今有婦人河上蕩杯. 津吏問曰, 杯何以多? 婦人曰, 家中有客, 不知其數. 津吏曰, 客幾何? 但, 二人共醬, 三人共羹, 四人共飯, 凡用杯六十五. 問人幾何?

答曰, 六十人.

術曰, 列置共杯人數於右方, 又置共杯數於左方. 以人數互乘杯數,并以爲法. 令人數相乘, 以乘杯數爲實. 實如法得一.

草曰, 人數二, 三, 四, 列於右行. 一, 一, 一, 杯數左行. 以右中三乘左上一得三, 又以右下四乘之, 得一十二. 又以右上二乘左中一得二, 又以右下四乘之, 得八. 以右上二乘左下一得二, 又以右中三乘左下二得六. 三位并之, 得二十六爲法. 又以二, 三, 四相乘得二十四. 以乘六十五杯得一千五百六十. 以二十六除之, 得六十人數爲實. 合前問.

[下-38] 수탉은 1마리에 5전, 암탉은 1마리에 3전이며, 병아리는 3마리에 1전이다. 무릇 100전으로 닭 100마리를 사려고 한다면, 수탉, 암탉, 병아리는 각각 얼마나 되겠는가?

답 : 수탉 4마리 20전, 암탉 18마리 54전, 병아리 78마리 26전, 또는 수탉 8마리 40전, 암탉 11마리 33전, 병아리 81마리 27전, 또는 수탉 12마리 60전, 암탉 4마리 12전, 병아리 84마리 28전.

풀이법에 따라서, 수탉을 매번 4씩 증가시키고, 암탉을 매번 7씩 감소시키고, 병아리를 매번 3씩 더하면, 곧 답이 나온다(그 이유는 얼마간 같은 값에 서로 융통되기 때문이지만, 그 이치를 완전히 이해할 수 없는 풀이법이다). 이 문제는 만약 이상의 풀이법을 좇아서 추산하려고 하면, 이해하기가 어렵다. 그러나 여러 판본들을 비교해 보아도 한결 같으니 그 원문이 오랫동안 탈루되고 훼손되지 않았나 의심되지만, 대개 유전되어온 지가 이미 오래되어 고증할 길이 없고, 한, 당 이래로 심지어 견란, 이순풍의 주석에서도 자세히 고칠된 적이 없었는데, 이번에 산학교수 사찰미가 풀이법과 계산법을 헤아려 세워서 만들어 덧붙이게 된 것이다.

그 풀이법에 따라서 100전을 놓아 9를 나눗수로 삼아서 나눠주면(9로 나눈 것은, 병아리 3마리에 1전씩 한다는 것은 곧 병아리가 마리 당 $\frac{1}{3}$ 전이라는 것이므로, 의당 수탉과 암탉을 각각 3배하여 더하면, 9가 되기 때문이다), 암탉의 수가 나온다. 딱 떨어지지 않는 것을 거꾸로 하법에서 뺀 값은 수탉 수가 되고, 별도로 닭의 전체 마리 수 100을 놓고, 수탉과 암탉의 수를 뺀 나머지는 곧 병아리 수가 되어 앞서의 문제에 들어맞는다. 수탉을 매번 4씩 증가시키고, 암탉을 매번 7씩 감소시키고, 병아리를 매번 3씩 더하는 것과 마찬가지로 혹은 수탉을 매번 4씩 감소시키고, 암탉을 매번 7씩 증가시키고, 병아리를 매번 3씩 빼줘도, 또한 답의 수가 나온다.

계산법에 따라서, 100전을 놓아 나뉨수로 삼는다. 다시 수탉 1, 암탉 1을 놓아 각각 병아리 3을 곱해주면, 수탉 3, 암탉 3이 되고, 수탉, 암탉, 병아리 셋을 모두 더하면, 9가 되는데, 나눗수로 삼는다. 나뉨수를 나눠주면, 11이 되는데, 암탉의 수로 삼고, 딱 떨어지지 않는 1을 거꾸로 하법 9에서 뺀 나머지 8을 수탉 수로 삼으며, 별도로 닭의 전체 마리 수 100을 놓고, 수탉 8, 암탉 11을 뺀 나머지 81을 병아리 수로 삼는다. 수탉 8을 놓아 5를 곱하면, 40이 되는데, 곧 수탉의 가격이 되고, 암탉 11을 놓아 3을 곱하면, 33이 되는데, 곧 암탉의 가격이 되며, 다시 병아리 81을 놓아 3으로 나눠주면, 27이 되는데, 곧 병아리의 가격이 나와서 앞서의 문제에 들어맞는다.

다른 계산법에 따라서, 수탉 8을 놓고, 4를 더하면, 12가 되고, 암탉 11에서 7을 빼면, 4가 되며, 병아리 81에 3을 더하면, 84가 되어 닭의 수가 100마리가 되니 역시 앞서의 문제에 들어맞는다.

또 다른 계산법에 따라서, 수탉 8을 놓고, 4를 빼면, 4가 되고, 암탉 11에 7을 더하면, 18이 되며, 병아리 81에서 3을 빼면, 78이 되는데, 이상과 같이 구하면, 각각 닭 100마리가 100전이 되는 값들을 얻게 되니 역시 앞서의 문제에 들어맞는다.

주해 이것은 소위 "백계술(百鷄術)"로 알려진 부정방정식 문제로서 역사적으로도 「장구건산경」의 성가(聲價)를 높이는 데 크게 기여해 왔다. 문제의 수탉, 암탉, 병아리의 마리 수를 각각 x, y, z라고 하면,

$$x+y+z=100 \qquad \text{-----①}$$

$$5x+3y+\frac{z}{3}=100 \qquad \text{-----②}$$

이라는 부정방정식이 성립된다. 그런데 x, y, z는 모두 양의 정수들이고, 최소한 z는 3의 배수가 아닐 수 없다. 또한 ②×3－① 하면, $14x+8y=200$, 즉, $7x+4y=100$라는 식을 얻게 되는데, 이 관계로부터 우리는 x가 4의 배수, y가 7의 배수라는 것을 알 수 있다. 우선 x에 주목하면, x가 가질 수 있는 값은 4, 8, 12로 좁혀지며, 이어서 그 값들을 ①식과 ②식을 3배한 것에 대입하면, 다음과 같은 세 쌍의 연립방정식과 그것들을 충족시키는 y, z 값을 차례로 얻게 된다. 즉,

i) x가 4일 경우에는
$y+z=96$,
$9y+z=240$,
$\therefore\ y=18,\ z=78$,

ii) x가 8일 경우에는
$y+z=92$,
$9y+z=180$,
$\therefore\ y=11,\ z=81$,

iii) x가 12일 경우에는
$y+z=88$,
$9y+z=120$,
$\therefore\ y=4,\ z=84$

로 각각 드러나는 것이다.

今有鷄翁一, 直錢五, 鷄母一, 直錢三, 鷄雛三, 直錢一. 凡百錢,買鷄百隻. 問鷄翁, 母, 雛各幾何?

答曰, 鷄翁四, 直錢二十, 鷄母十八, 直錢五十四, 鷄雛七十八, 直錢二十六.

又答, 鷄翁八, 直錢四十, 鷄母十一, 直錢三十三, 鷄雛八十一, 直錢二十七.

又答, 鷄翁十二, 直錢六十, 鷄母四, 直錢十二, 鷄雛八十四, 直錢二十八.

術曰, 鷄翁每增四, 鷄母每減七, 鷄雛每益三. 卽得. (所以然者, 其多少互相通融於同價. 則無術可窮盡其理.) 此問若依上術推算, 難以通曉. 然較之諸本幷同, 疑其從來脫漏闕文. 盖流傳旣久, 無可考證. 自漢,唐以來, 雖甄鸞[94], 李淳風注釋, 未見詳辨. 今將算學教授幷謝察微擬立術草, 創新添入.

其術曰, 置錢一百在地, 以九爲法, 除之(以九除之, 旣雛三, 直錢一, 則是每雛直三分錢之一, 宜以鷄翁母各三因, 倂之, 得九), 得鷄母之數. 不盡者返減下法, 爲鷄翁之數. 別列鷄都數一百隻在地, 減去鷄翁, 母數. 餘卽鷄雛. 得合前問. 若鷄翁每增四, 鷄母每減七, 鷄雛每益三. 或鷄翁每減四, 鷄母每增七, 鷄雛每損三. 卽各得又答之數.

草曰, 置錢一百文在地, 爲實. 又置鷄翁一, 鷄母一, 各以鷄雛三因之, 鷄翁得三, 鷄母得三. 幷鷄雛三幷之, 共得九, 爲法. 除實得一十一爲鷄母數. 不盡一, 返減下法九, 餘八爲鷄翁數. 別列鷄都數一百隻在地, 減去鷄翁八, 鷄母一十一, 餘八十一爲鷄雛數. 置鷄翁八以

94) 견란(甄鸞)은 북주(北周) 중산(中山) 무극(毋極)(오늘날의 하북성 무극) 출신으로 자는 숙준(叔遵)이라고 하며, 「오조산경」, 「오경산술」을 짓고, 「주비산경」, 「장구건산경」, 「손자산경」, 「수술기유」 등을 주해한 것으로 알려지는 등 수학사상 중요한 업적을 남겼으며, 동시에 천문・역산에도 밝아서 천화(天和) 원년(566)에 반포된 "천화력"은 바로 그의 주도로 만들어진 것이다.

五因之, 得四十, 卽鷄翁直錢. 又置鷄母十一, 以三因之, 得三十三, 卽鷄母直. 又置鷄雛八十一, 以三除之, 得二十七, 卽鷄雛直. 合前問.
又草曰, 置鷄翁八增四得一十二, 鷄母一十一減七得四, 鷄雛八十一益三得八十四, 得百鷄之數. 如前求之, 得百錢之數. 亦合前問.
又草曰, 置鷄翁八減四得四, 鷄母一十一增七得一十八, 鷄雛八十一損三得七十八. 如前求之, 各得百鷄百錢之數. 亦合前問.

「장구건산경」 해설

"산경십서"의 하나로 칭송을 받아온 「장구건산경」은 서명이 실명제로 되어 있는 데다 서문 말미에 "청하 장구건이 삼가 서문을 쓰다(淸河張丘建謹序)"라고 적혀 있어서 최소한 장구건이라는 인물이 지은 것만큼은 틀림없다고 여겨지는 책이다. 그러나 실제로 이 책의 저자와 쓰여진 연대에 관해서 알려져 있는 것은 거의 없다고 할 수 있다. 그에 관해서는 정사(正史)를 포함한 역사/전기적 기록들이 존재하지 않으며, 생몰 연대조차 제대로 확인되지 않는다. 「송사(宋史)」 105권 "예지(禮志)" 58에 북송 대관(大觀) 3년(1109) 예부에서 역사상의 위대한 산학자들에 대하여 제사를 모실 것을 청한 가운데 그를 "신성남(信成男)"--이 때의 "남"은 작위로서 남작을 가리킨다--으로 사봉(祀封)하자고 한 기록이 현재로서는 남아있는 최대의 단서라고 해야 할 정도이다. 그리고 서문에 나타난 "청하"라는 호가 관례에 따라서 출신지를 가리켰을 것으로 보면, 옛 지명 가운데 "청하"라는 지명은 오늘날의 산동성 임청현(山東省臨淸縣)을 가리키는 사주 청하(司州淸河)와 산동성 치박시(山東省淄博市)를 가리키는 제주 청하(齊州淸河) 내지 동청하(東淸河)의 둘로 압축된다. 더욱이 "신성"이라는 지명이 바로 "사주 청하"에 가까운 지점에 부합되는 것으로 밝혀짐으로써 지명 분석에 기초한 이와 같은 추론은 장구건을 최소한 산동성 출신으로 봐야 한다는 주장으로 이어져 오늘날 가장 유력한 견해로 간주되고 있는 형편이다(紀志剛, 1999: 109).

그러면 이번에는 「장구건산경」이 언제 쓰여졌는가를 따져보도록 하자. 우선, 그 서문에 "「하후양산경」의 직육면체 창고(방창),

「손자산경」의 그릇 씻기(탕배)와 같은 것들의 풀이법은 모두 그 오묘함을 아직 얻지 못하고 있다. 그러므로 다시 새로운 풀이법을 만들고 그 이치를 알아내서 여기에 덧붙이게 되었다.(其夏侯陽之方倉,孫子之蕩杯, 此等之術皆未得其妙. 故更造新術, 推盡其理, 附之於此.)"라고 밝혀놓았으므로, 이 책은 자칫하면 「손자산경」과 「하후양산경」보다 나중에 이루어졌을 것이라고 간주되기가 십상이다. 그러나 두 책의 찬술연대에 관해서도, 「손자산경」의 경우, 선진시대로부터 동진시대까지 적어도 5세기나 차이가 나는 여러 가지 이설들이 존재하는 데다, 「하후양산경」의 경우에도 여러 번 개찬(改纂)된 흔적이 있고, 8세기 당나라의 제도들까지 내용에 포함되어 있어서 그것들과 관련된 시기적 정보들이 정작 이 책이 언제 쓰여졌는지를 판단하는 데에는 별 도움이 되지를 못한다. 이런 점에서 더욱 주목할 만하고, 또 실제로 여러 산학사가들의 주목을 받아온 것이 바로 "비단을 호당 평균적으로 3필씩 바치도록 하였는데, 빈부격차에 따라서 9등급으로 나누어 바치게 하고, 등급별 차이는 2장이 되게 하였다"고 시작되는 「장구건산경」 내의 [中-13] 문제이다. 일찍이 전보종(錢寶琮)은 이 제도가 북위 문제(北魏文帝) 즉위 원년(466)에 반포되어 태화(太和) 9년(485) 균전제(均田制)로 대체될 때까지 실시되었다는 점을 들어 「장구건산경」이 만들어진 시기를 466-484년 사이로 보았다. 그러나 최근에는 풍립승(馮立升, 1990) 등이 "구품혼통(九品混通)"적인 조세제도가 이미 북위 초기에 시행되고 있었다는 사실(「위서(魏書)」 卷四上 "世祖紀" 太延元年 十二月詔를 참조)에 주목하면서 431-450년 사이로 올려 잡는 것이 우세한 견해로 대두된 상태이다(紀志剛, 1999 : 110).

내용 면에서 볼 때, 이 책은 대체로 「구장산술」과 「손자산경」의 전통을 계승하면서도 특히 분수계산, 등차수열, 영부족, 대종평방법, 그리고 "백계술(百鷄術)"로 알려진 부정방정식 등의 측면에서 독자적인 기여를 한 점이 돋보인다. 이 책이 기존의 주류 산학전통을 충실히 따르고 있다는 점은 그것의 문제들 가운데 「구장산술」, 「손자산경」과 유사한 문제들을 대충 꼽아보기만 해도 다음과 같이 인상적인 리스트로 나타난다는 데서 충분히 엿볼 수 있을 것이다.

「장구건산경」	「구장산술」	「손자산경」
[上-10](封山周棧), [上-11](三人直夜)		[下-35](三女歸家)
[上-13](葭生池中)	[句股-6](葭生池中)	
[上-16](鄴洛相去)	[均輸-20](鳧雁俱起), [均輸-21](甲乙相逢), [盈不足-19](良駑馬相逢)	[下-33](輪匝幾何)
[上-17](官出庫金), [上-18](十人分金), [中-1](出銀以次)	[衰分-1](分鹿以次), [衰分-6]-[衰分-7](分稟以次), [衰分-8](出錢以次), [均輸-17](金箠列衰), [均輸-19](有竹九節)	[中-25](分橘以次)
[上-21](客盤幾何), [下-37](河婦蕩杯)		[下-17](河婦蕩杯)
[上-22]-[上-23] (女善/不善織)	[衰分-4](女子善織)	[中-27](女子善織)
[上-24](賣絹染絹)	[盈不足-15](以漆易油)	
[上-25](生絲練絲)	[均輸-10](絡絲練絲)	
[上-29](金銀稱重)	[盈不足-18](金銀稱重)	
[上-30](添粟舂米)	[盈不足-9](添粟舂米)	
[中-2](有人盜馬)	[均輸-14](兎走犬追)	

[中-3](馬行轉遲)	[衰分-4](女子善織), [盈不足-12](兩鼠對穿)	[中-27](女子善織)
[中-4](良馬駑馬), [中-5](疾行遲行), [中-6](乙行及甲)	[均輸-12](善行不善行), [均輸-16](客去忘衣), [盈不足-19](良駑馬相逢)	
[中-15](三女刺文)	[均輸-26](五渠注水)	
[中-16](麥輸太倉)	[均輸-9](程傳委輸)	
[中-17](持錢之洛)	[盈不足-20](持錢之蜀)	
[中-18](淸酒醑酒)	[盈不足-13](醇酒行酒)	
[中-22](弧田)	[方田-35]-[方田-36](弧田)	
[下-3](倚木於垣)	[句股-8](倚木於垣)	
[下-12](三錦直絹), [下-13](三兄弟持絹), [下-14](三人持錢)	[方程-1](禾實一秉), [方程-10](甲乙持錢)	
[下-16](行道雇錢)	[均輸-7](取傭負鹽)	
[下-17]-[下-18] (粟米之法)	[粟米-1]-[粟米 31] (粟米之法)	[中-5]-[中-8] (粟米之法)
[下-22](雀燕稱重)	[盈不足-16](玉石幷重)	
[下-25](平地聚粟)	[商功-23](平地聚粟)	[下-3](平地聚粟)
[下-30]-[下-31] (立方爲球)	[少廣-23]-[少廣-24] (立圓徑)	
[下-32](方材爲枕)		[中-15](方木作枕)

그러나 전통에 대한 충실한 추종은 종종 무비판적, 비성찰적 태도와 결합되는 경향을 드러내면서 과학발달에는 바람직한 결과를 가져오지 못하기가 일쑤이다. 아마도 그런 예 가운데 가장 대표적인 것은 호전(弧田)일 테지만, 구의 부피 역시 비슷한 경우가 아닐 수

없다. 이를테면, [下-30]과 [下-31]에 나오는 구의 부피 문제는「구장산술」"소광(少廣)"장의 23, 24번째 문제들로부터 직접적인 영향을 받은 사례들이다. 그런데 반지름을 r, 지름을 R이라고 할 때, 구의 부피 V와 r 또는 R의 관계는

$$V=\frac{4\pi r^3}{3}$$

$$R=2r=\sqrt[3]{\frac{6V}{\pi}}$$

라는 공식으로 표시되어야 함에도 불구하고,「장구건산경」은「구장산술」을 좇아서 $\frac{6}{\pi}$을 $\frac{16}{9}$이라는 근사값으로--비록 전자는 약 1.91인데 비해서 후자는 1.78임에도 불구하고--접근하여

$$R=\sqrt[3]{\frac{16V}{9}}$$

라는 공식에 집착한 것으로 드러난다. 하지만, 좀더 솔직하게 말하자면, 이 사례는 결국 오류가 오류를 낳으며, 그 잘못을 강화한 것에 지나지 않는다고 해야 할 것이다. 역자는 이번에 "동양수학대계"의 일환으로 이 책 등과 함께 조선시대를 대표하는 산학서의 하나라는 의미로 숙종때 나온 홍정하의「구일집」에 대한 역주 작업도 병행하였는데, 바로 그 과정에서 구의 부피를 둘러싼 이와 같은 최초의 잘못들이 후일 얼마나 큰 스케일로 확대 재생산되었는지를 직접 목도하고는 그만 경악을 금치 못하고 말았던 경험이 있다. 그것은「구일집」에 이 잘못된 공식이--역자가 대강 헤아린 바로는--적어도 33

번이나(그 책 문제들의 일련번호로는 [170]-[178], [439]-[452], [463], [464], [468]-[473], [499], [500]) 등장하여 책 전체의 몰골을 크게 훼손시키고 있는 것이 발견되었기 때문이다. 일례를 들자면, 이 문제들 가운데에는 그가 9권 "잡록"에 자부심 넘치는 비망록으로 기록해 놓았듯이, 당시 청나라 사절단의 일원으로 조선에 왔던 사력 하국주를 찾아가 만난 자리에서 첫 번째로 제기한 다음과 같은 문제도 포함되어 있다.

[448] 새알 같이 생긴 돌(박옥) 한 덩어리가 있고, 그 속에 정육면체 옥(방옥)이 들어있는데, 그 나머지 빈 껍질의 무게는 265근 15냥 5전이다. 껍질의 두께(각후)--즉, 구 한 가운데에 들어있는 정육면체의 표면 중앙으로부터 구면까지의 가장 두꺼운 거리--는 4치 5푼이라고 한다. 옥의 변과 돌의 지름은 각각 얼마인가?
답 : 돌의 지름 14치, 옥의 변 5치.

이 문제는, 옥의 변을 a라고 할 때, 제대로 된 구의 부피 공식을 적용하면, 다음 식 및 그래프가 보여주는 바와 같이

$$f(a) = \frac{4\pi}{3}\left(\frac{a}{2} + 4.5\right)^3 - a^3 - \frac{4255.5}{3}$$
$$= -.4764\,a^3 + 14.1372\,a^2 + 127.2345\,a - 1036.7965 = 0,$$

$$\therefore\ a = 5.4524,\ 35.4742,\ -11.2517$$

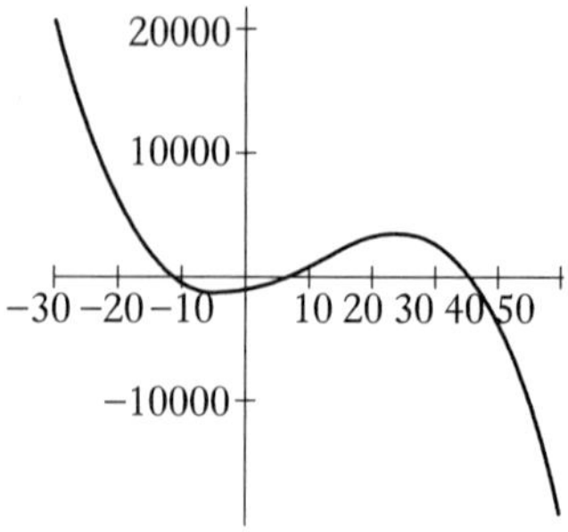

근을 구할 수 있는 것이지만, 유감스럽게도, 홍정하는 잘못된 공식을 적용한 결과

$$g(a) = -7a^3 + 243a^2 + 2187a - 16135 = 0$$

이라는 식을 얻어서 5.4524와는 상당한 차이가 있는 5를 근으로 보고하고 있는 것이다.

이 잘못된 공식은 심지어 오늘날까지도 대다수 중국 산학사가들의 주목을 끌지 못한 채 문제시조차 안된 상태로 남아있을 정도이다(紀志剛, 1999, 133-134 ; 2000 : 97). 역자로서는 이 지적이 어째서 정정당당한 비판과 폭로(debunking)가 자신들의 문화전통과 고전을 소중히 여기는 한층 높은 수준의 형식일 수 있는지를 보여주는 하나의 예시로 여겨지기를 바랄 뿐이다.

한편, 장구건의 독자적인 기여에 관해서는 위에서 열거한 것들 가운데, 역주와의 불필요한 중복을 최소화한다는 의미에서 특히 분수계산 가운데 주기(周期) 문제와 "백계술"에 초점을 맞춰 살펴보려고 한다. 주기 문제는 [上-10]과 [上-11]에서 발견되는데, 「손자산경」 [下-35]의 "친정 집을 찾아오는 세 딸(三女歸家)" 문제와 일맥상통한다고 볼 수 있다. 특히 첫 번째 문제는 국유림 울타리 325리를 하루에 150리를 가는 갑, 120리를 가는 을, 90리를 가는 병이 같이 출발해서 돌다가 다시 만날 때까지의 주기를 구하라는 것이다. 갑, 을, 병은 각각 하루에 $\frac{325}{150}$, $\frac{325}{120}$, $\frac{325}{90}$ 바퀴씩 돌게 되므로, 문제에서 구하는 주기는 이 세 분수의 최소공배수인 $\frac{325}{30}=10\frac{5}{6}$일로 드러난다.

또한, 둘째 문제인 [上-11]은 단위시간당 속도가 9, 7, 5보인 세 병사가 720보, 960보, 1,200보로 서로 크기가 다른 세 병영 둘레를 돌다가 같은 지점에서 순환 회수를 묻는 것이다. 이 문제는 크기가 다른 궤도들을 좀더 명시적으로 부각시킴으로써 행성주기에 대한 천문학적 계산을 연상케 한다. 여기서 세 순찰병들이 자신의 병영을 일주하는데 걸리는 시간이 갑 $\frac{720}{9}$, 을 $\frac{960}{7}$, 병 $\frac{1200}{5}$이라는 것은 곧, 단위시간당 그들이 움직이는 바퀴 수가 갑 $\frac{9}{720}$, 을 $\frac{7}{960}$, 병 $\frac{5}{1200}$라는 것을 뜻하며, 이 세 값을 통분하면, 각각 $\frac{180}{14400}$, $\frac{105}{14400}$, $\frac{60}{14400}$이 된다. 이 세 값 사이의 비례는 그들이 함께 출발한 뒤 다시 만날 때까지의 바퀴 수에도 그대로 적용되며, 그 값은 12:7:4이다. 즉, 갑이 12바퀴(8,640보), 을이 7바퀴(6,720보), 병이 4바퀴(4,800보) 돌면, 셋이 다시 출발점에서 만나게 되는 것이다.

이 문제들과 「손자산경」의 [下-35] 같은 것들이 후대의 수학적/천문학적 사고에 깊은 영향을 주었는지는, 이를테면, 또 다시 「구일집」을 들먹인다고 할 때, 그것의 9권 첫머리에 나오는 [476]-[485]를 보아도 익히 짐작할 수 있는 일이다. 그것들 가운데 하나만 인용한다면, 다음과 같다.

[477] 원형 연못의 둘레가 $365\frac{1}{4}$자이다. 큰 개미와 작은 개미가 함께 가는데, 하루에 작은 개미는 1자, 큰 개미는 $13\frac{7}{19}$자를 간다고 한다. 큰 개미와 작은 개미는 며칠 후에 만나게 되는가?

그러면 이제, 마지막으로 "백계술" 문제를 들여다보기로 하자.

[下-38] 수탉은 1마리에 5전, 암탉은 1마리에 3전이며, 병아리는 3마리에 1전이다. 무릇 100전으로 닭 100마리를 사려고 한다면, 수탉, 암탉, 병아리는 각각 얼마나 되겠는가?
답 : 수탉 4마리 20전, 암탉 18마리 54전, 병아리 78마리 26전, 또는 수탉 8마리 40전, 암탉 11마리 33전, 병아리 81마리 27전, 또는 수탉 12마리 60전, 암탉 4마리 12전, 병아리 84마리 28전.

이 문제는 역사적으로도「장구건산경」의 성가(聲價)를 높이는데 크게 기여해 왔는데, 문제가 요구하는 바는, 수탉, 암탉, 병아리의 마리 수를 각각 x, y, z라고 할 때, 성립되는

$$x + y + z = 100 \qquad \text{-----①}$$

$$5x + 3y + \frac{z}{3} = 100 \qquad \text{-----②}$$

이라는 부정방정식을 풀라는 것이다. 그런데 x, y, z는 모두 양의 정수들이고, 최소한 z는 3의 배수가 아닐 수 없다. 또한 ②×3－① 하면, $14x + 8y = 200$, 즉, $7x + 4y = 100$라는 식을 얻게 되는데, 이 관계로부터 우리는 x가 4의 배수, y가 7의 배수라는 것을 알 수

있다. 우선 x에 주목하면, x가 가질 수 있는 값은 4, 8, 12로 좁혀지며, 이어서 그 값들을 ①식과 ②식을 3배한 것에 대입하면, 다음과 같은 세 쌍의 연립방정식과 그것들을 충족시키는 y, z 값을 차례로 얻게 된다. 즉,

i) x가 4일 경우에는

$y+z=96$,

$9y+z=240$,

$\therefore\ y=18,\ z=78$,

ii) x가 8일 경우에는

$y+z=92$,

$9y+z=180$,

$\therefore\ y=11,\ z=81$,

iii) x가 12일 경우에는

$y+z=88$,

$9y+z=120$,

$\therefore\ y=4,\ z=84$

로 각각 드러나는 것이다.

끝으로 이 역주 작업은 주로 靖玉樹 編,「中國歷代算學集成」上卷에 수록된 영인본을 기초로 하면서 郭書春·劉鈍 교점본「算經十書」의 해당 부분을 크게 참조하여 이루어졌다는 것을 밝히는 바이다.

지금까지 우리는 「장구건산경」의 저자와 그것이 이루어진 시기에 관해서 알아보고, 책의 내용에 관해서도 개략적으로나마 훑어보았다. 장구건에 관한 전기적 기록이라고는 이름 석 자밖에 없다는 사실은 아마도 그가 활동했던 옛날 중국에서도 산학자들의 사회적 위치가 그만큼 낮았다는 증거일는지 모른다. 그러나 12세기 북송 때와 같이 그를 비롯한 산학사의 큰 별들에 대하여 작위까지 추증해 가며 업적을 기린 시기가 있었고, 그 이전에도 교육과 관리의 선발 내지 배치를 위해서 산학이 중시된 역사적 사례들은 얼마든지 존재한다. 오늘날 우리가 진정한 의미의 과학발달을 도모하고 과학적/문화적 르네상스를 추구한다면, 근대에 접어들면서부터 자신들의 과학적 뿌리를 내팽개치고 되돌아보기를 거부해왔던 해묵은 자기비하적 태도는 이제 과감히 청산해야 마땅할 것이다.

참고문헌

「九章算術」.

「算數書」.

「孫子算經」.

「列仙傳」.

「五曹算經」.

「爾雅」.

「太平御覽」.

「夏侯陽算經」.

楊輝.「詳解九章算法」.

楊輝.「楊輝算法」.

劉徽.「海島算經」

郭書春・劉鈍 校點. 1998.「算經十書」. 遼寧教育出版社.

關增建. 2000.「計量史話」. 北京: 中國大百科全書出版社.

紀志剛 編. 1999.「孫子算經・張邱建算經・夏侯陽算經導讀」. 湖北教育出版社.

紀志剛. 2000.「南北朝隋唐數學」. 河北科學技術出版社.

靖玉樹 編. 1994.「中國歷代算學集成」. 上卷. 山東人民出版社.「中國古代科學史綱」.

陳俊愉・程緒珂 編. 1990.「中國花經」. 上海文化出版社.

차종천. 2000.「九章算術・周髀算經」. 범양사출판부.

馮立升. 1990. "張邱建算經的成書年代問題." 李迪 編,「數學史研究文集」 1.

하후양산경 夏侯陽算經

[당] 한연 지음 (唐 韓延 撰)

하후양산경 서문(夏侯陽算經序)

한연(韓延)[95]

대개 9경(즉, 사서오경)에 박식하게 통달하는 것이 유학의 으뜸이고, 육예를 소상하게 배우는 것이 기술의 밑둥이니, 만약 재주와 심성이 유연하고 밝지 않다면, 어찌 이에 참여할 수 있겠는가? 그런데 수학(산수)은 복희씨로부터 일어나서, 황제가 3수를 정하여 10등급을 만들었고, 예수가 그것들을 토대로 구장을 저술했으며, 유우씨에 이르러, 도량형이 통일되었다. 공자는 "무게와 부피 측정(권량)을 신중히 하고, 길이 재기(법도)를 세심히 하라"고 하였다. 한대에는 다섯 수를 갖추었으니, 일에는 기, 십에는 협, 백에는 장, 친에는 데, 민에는 연이었다. 길고 짧은 것(장단)을 재면, 호리도 잃지 않고, 많고 적은 것(다소)을 헤아리면, 규촬도 잃지 않으며, 가볍고 무거운 것(경중)을 달면, 서루도 잃지 않는다.

오조와 손자가 저술하고 만든 것이 풍부하고 다양하며, 견란과 유휘는 그것들에 주석을 가하였다. 지난날을 상고해보건대, 그 능력

95) 「신당서(新唐書)」 59권은 "「夏侯陽算經」 一卷,甄鸞注" 외에 "韓延「夏侯陽算經」 一卷"의 존재를 알리고 있어서 한연이 경우에 따라서 「하후양산경」의 편찬자 또는 위작자일 수 있음을 말해준다. 오늘날 「하후양산경」으로 전해지고 있는 3권 짜리 판본은 북송 원풍(元豐) 7년(1084)에 판각된 것인데, 8세기 당나라의 시대상 및 제도와 관련된 내용이 많이 포함되어 있어서 본래의 모습을 짐작하기가 쉽지 않다. 매영조(梅榮照, 1966)는 현전본이 대략 770-780년 사이에 이루어진 것으로 보고 있으며, 오문준 등(1999: 277-284)은 그것을 아예 「한연산술(韓延算術)」이라고 부를 정도이다.

이 절묘하더라도 모아서 바로 잡은 것들을 오늘날에는 듣고 보기가 드물다. 나는 어렸을 적부터 이 학문에 뜻을 두고 좋아하여 대충 고금의 문헌들을 찾아서 갖추고 열람해왔으나, 수를 밝히고 풀이법을 꾸미는 일 같은 것은 알 수 없는 한계에 부딪치고, 남겨진 말을 찾아서 고찰하다 보니 대강조차 삐뚤어지게 알게 된다. 또한 조·용·조를 따져서 매기는 일은 의지할 기법이 없고, 보수는 기이하게 남아 있을 뿐, 녹아서 스러질 것만 같다. 쌀과 낟알을 바꾸는 비율 계산에 관한 산경의 뜻이 넉넉지 못한 데다 실제 물량과 소모 물량의 되가 구별되지 않으니 어떻게 나눌 것이며, 3분, 5분한 데서 하나를 건진대서야 어찌 원리를 밝히겠는가? 하물며 오늘날의 법식과 옛날의 수가 같지 않으니, 어찌 표준을 정할 수 있으랴? 역대의 실상에 연혁이 있고, 논의들에 장단점이 있는 데다 산경의 풀이법들은 심오하여 그 뜻을 헤아리기 어렵다. 그리하여 내를 건너고 뭍을 지나며, 모임에 참석하고 유파를 묶으면서 편찬하고 가다듬어 보았으나, 문헌은 번다하고 좇을 것은 적어 두려움만 넘치고 의혹에 휩싸인 채로 여러 옛 풀이법을 모으다보니, 촛불이 다하고 붓이 맥을 잃기 일쑤였다. 삼가 같고 다름을 기록하여, 좌측에 늘어놓는 바이다.

夫博通九經[96]爲儒門之首, 學該六藝爲伎術之宗, 若非材性通明, 孰能與于此也. 然算數起自伏羲, 而黃帝定三數爲十等, 隷首[97]因以著九章. 逮乎有虞[98], 乃同律度量衡. 孔子曰, 謹權量, 審法度. 漢備五數, 紀于一, 協于十, 長于百, 大于千, 衍于萬. 度長

96) "구경(九經)"은 유교의 경전인 "사서오경(四書五經)"을 가리킨다.

短者不失毫釐, 量多少者不失圭撮, 權輕重者不失黍絫. 五曹, 孫子述作滋多, 甄鸞[99], 劉徽[100]爲之詳釋. 稽之往古, 妙絶其能, 儲校今時, 少有聞見. 余以總角[101], 志好其文, 略尋古今, 備覽差互. 其如明數造術, 詎曉端倪, 尋考遺言, 頗知梗概. 且計課租庸調, 無術可憑. 步數奇殘, 若爲銷盡. 求變米穀, 經旨未贍. 正耗共升,何由剖析. 三分五分取一, 法理爲明焉. 況今式與古數不同, 奚能則定. 代相沿革, 互議短長, 經術尤深, 難可意測. 是以跋涉川陸, 參會宗流, 纂定研精, 刊繁就省, 怯蕩疑惑, 括諸古法, 燭盡毫芒. 謹錄異同, 列之于左.

97) "예수(隷首)"는 황제(黃帝)때 숫자를 만들었다고 일컬어지는 인물이지만, 정작 출처는 저자미상의 「世本」뿐이다.

98) "유우(有虞)"는 고대의 씨족명으로서 그 우두머리가 바로 순(舜)이었다.

99) 견란(甄鸞)은 북주(北周) 중산(中山) 무극(毋極)(오늘날의 하북성 무극) 출신으로 자는 숙준(叔遵)이라고 하며, 「오조산경」, 「오경산술」을 짓고, 「주비산경」, 「장구건산경」, 「손자산경」, 「수술기유」 등을 주해한 것으로 알려지는 등 수학사상 중요한 업적을 남겼으며, 동시에 천문·역산에도 밝아서 천화(天和) 원년(566)에 반포된 "천화력"은 바로 그의 주도로 만들어진 것이다.

100) "유휘(劉徽)"는 위진(魏晋)시대 인물로서 생몰연대는 알 수 없으나, A.D. 263년 「구장산술」을 주석, 편찬하고, "중차(重差)" 1권을 지어 그 말미에 붙였는데, 후자는 나중에 분리되어 「해도산경(海島算經)」이라고 불리게 되었다.

101) "총각(總角)"은 고대에 어린이 머리 양쪽에 묶던 작은 변발을 말하며, 미성년을 가리킨다.

하후양산경 상권(夏侯陽算經卷上)

1. 곱셈과 나눗셈에 대한 설명(明乘除法)

하후양은 다음과 같이 말한다. 일반적으로 계산법에 있어서는 간략하게 나누는 것을 훌륭하게 여긴다. 분수는 통분하고, 분모가 고르지 않은 것은 같게 하며, 자리가 높은 것은 낮춘다. 약분이 되는 것은 약분하고, 짝수는 반으로 나누고, 5는 2배하고 반으로 나누며, 1, 3, 7, 9를 몫으로 적절히 활용한다. 이렇게 되지 않으면, 몇 분의 몇이라고 분수로 부른다. 분모로 나눈 것은 반드시 곱해줘야 하니, 그런 다음에야 제 값으로 정해진다. 분자 가운데 반으로 나누어지는 것은 반으로 나누고, 반으로 나누어지지 않는 것은 분모를 곱하여 불러들이도록 한다. 이것들이 계산하는데 가장 필요한 방법이다. 일반적으로 분수로 나누는데 있어서 정수 부분은 쉽게 마칠 수 있으나, 나머지는 다루기 곤란해서 마음 고생이 바로 이것으로부터 빚어지는 바, 마땅히 사안에 따라서 구해야 할 것이다. 나머지에서 자를 구하거나, 자에서 치를 구하려면, 모두 한 자리 올려서 10배한다. 근에서 냥을 구하려면, 2×8배하고, 냥에서 수를 구하려면, 3×8배하며, 수에서 누와 서를 구하려면, 모두 한 자리 올려서 10배한다. 말에서 되, 홉, 작, 촬을 구하려면, 모두 한 자리 올려서 10배한다. 리에서 보를 구하려면, 300배하고, 보에서 자를 구하려면, 6배한다. 리, 호, 사, 홀의 경우도 그 뜻에 따라 알 수 있을 것이다.

일반적으로 곱셈·나눗셈의 계산법에 있어서는 먼저, 9×9단을 알아야 하고, 1은 세로, 십은 가로로 배열하고, 백은 세우고, 천은 누이니 천과 십은 마주보게 하고, 만과 백은 상응하게 한다. 6 이상이 차고, 5가 위에 있으면, 6은 곱셈을 하지 않으며, 5는 홀로 늘이지 않는다. 위아래를 서로 곱할 때, 실은 중앙에 놓는다. 10이 넘으면, 자리 수를 올리고, 채워지지 않은 것은 그 자리에 놓는데, 나눗수로 나눠주면, 의당 몫을 구할 수 있다. 세로 계산은 서로 비슷하게 하고, 가로 계산은 상응케 하는데, 다음 오른쪽 줄로 왼쪽에 이르기까지 그렇게 한다. 걸린다고 말할 때, 위에 십보가 있으면, 십, 백보가 있으면, 백, 천보가 있으면, 천, 만보가 있으면, 만에 이르게 한다. 위에 숫자가 보일 때마다 그것으로 아래 자리를 두게 하는데, 위가 10을 채우지 못하면, 아래는 1을 채우지 못한다. 걸리는 것은 많고 적음에 따라 하며, 그것으로써 법식을 삼는다. 적은 것으로 많은 것을 부를 때에는 나눗수를 곱한 값을 분모로 삼고, 몫의 나뉨수를 분자로 삼는다. $\frac{1}{2}$는 중반, $\frac{2}{3}$는 태반, $\frac{1}{3}$는 소반, $\frac{1}{4}$는 약반이라고 하는데, 이것들은 모두 물시계(누각)와 관련된 수이다.

대개 계산하는데 있어서는 다섯 가지 곱셈(5승)과 다섯 가지 나눗셈(5제)가 있다.(제는 산만하고 번잡스러운 것을 제거하므로, 그리하여 덜어서 줄이는 것을 가리킨다. 승은 적은 것이 많은 것을 올라타게 하므로 그리하여 올라타서 늘리는 것을 가리킨다. 승은 늘리고, 제는 줄이는 것이니, 따라서 “승제”라고 한다.)

첫 번째, 법제(위아래에 자리를 마련하고, 적은 것으로 많은 것을 부르게 하며, 10이 넘으면, 자리 수를 올리고, 채워지지 않은 것은 그 자리에 놓으며, 실은 중앙에 둔다. 따라서 법제라고 한다.),

두 번째, 보제(섬에서 말을 구하거나, 말에서 되를 구하거나, 되에서 홉을 구하거나, 홉에서 작을 구하거나, 작에서 초를 구하거나,

그리고 장에서 자를 구하거나, 자에서 치를 구하거나, 치에서 푼을 구할 때와 같이 모두 자리를 올려서 10배 하거나 100배 하라고 하니, 따라서 보제라고 한다.)

세 번째, 약제(최대공약수로 얻은 값으로 나뉨수를 간략하게 하고, 나눗수를 간략하게 하는 것과 같이 각각 분수가 되니, 따라서 약제라고 한다.)

네 번째, 개평방제(산가지 하나를 빌려서 하법으로 삼아 걸리는데, 한 자리를 건너뛴다. 10의 제곱은 100이고, 100의 제곱은 만이며, 100의 제곱근은 10이고, 만의 제곱근은 100이다. 따라서 개평방제라고 한다.)

다섯 번째, 개립방제(산가지 하나를 빌려서 하법으로 삼아 걸리는데, 두 자리를 건너뛴다. 10의 세제곱은 1,000이고, 100의 세제곱은 백만이며, 1,000의 세제곱근은 10이고, 백만의 세제곱근은 100이다. 따라서 개립방제라고 한다.)

「시무산술」에서는 "곱하기 10은 한 자리 올리고, 곱하기 100은 두 자리, 곱하기 1,000은 세 자리, 곱하기 10,000은 네 자리 올리며, 나누기 10은 한 자리 내리고, 나누기 100은 두 자리, 나누기 1,000은 세 자리, 나누기 10,000은 네 자리 내린다"고 지적하고 있다.

주해 본문 가운데 보이는 "언십자과(言十自過)"는, 「양휘산법」에서 말하는 "언십과신"과 마찬가지로, 곱셈이나 나눗셈의 몫의 자리를 한 자리 올려서 적는 것을 가리킨다. 이와 관련해서는, 따라서 그 책의 「산법통변본말」 가운데 보이는 "곱셈, 나눗셈, 가감법의 활용(乘除加減用法)"이라는 제목 하의 다음과 같은 설명을 참조하면 좋을 것이다.

올라가는 곱셈, "상승"은 곱하임수의 1단위부터 시작하여 가장 높은 자릿수까지 진행하는 곱셈을 가리킨다.

올라가는 곱셈과 나눗셈에 있어서는 몫이 한 자리일 때, 곱하임수 또는 나뉨수 자리에 맞춰서 적는 법(언여대신)과 몫이 두 자리일 때, 10을 곱하임수 또는 나뉨수 자리를 지나쳐서 적는 법(언십과신)을 이용한다. $1\times3=3$에 3 하나를 덧붙이면, $2\times3=6$이 되고, 또 3 하나를 덧붙이면, $3\times3=9$가 되는데, 모두 제 자리에서 나오지 않으므로, "언여대신"이라고 부른다. $3\times3=9$ 위에 또 다시 3 하나를 덧붙이면, $4\times3=12$가 되는데, 그 10은 한 자리에 맞춰서 윗자리로 돌려놓는다. 그러므로 "언십과신"이라고 부른다.

내려가는 곱셈, "하승"은 곱하임수의 가장 높은 자릿수부터 시작하여 1단위까지 진행하는 곱셈을 가리킨다.

내려가는 곱셈과 가감에 있어서는, 몫이 두 자리일 때, 10을 곱하임수 또는 나뉨수 자리에 맞춰서 적는 법(언십당신)과 몫이 한 자리일 때, 곱하임수 또는 나뉨수 자리 아래에 놓는 법(언여하포)를 이용한다.

곱셈은 결국 곱하임수의 자리를 늘리게 마련이므로, 따라서 "언십과신"이니 "언여대신"이니 한 것이다. 줄어드는 곱셈과 가감에 있어서는, 모두 몫으로 첫 자리를 삼고, 무릇 10을 곱하임수 또는 나뉨수 자리에 맞춰서 적으며, 마치 다음 자리를 좇아서 놓듯이, 적으므로, 따라서 계산법도 "언십당신"이니 "언여하포"니 한 것이다.

한편, “ $\frac{1}{2}$ 은 중반, $\frac{2}{3}$ 는 태반, $\frac{1}{3}$ 은 소반, $\frac{1}{4}$ 은 약반이라고 하는데, 이것들은 모두 물시계(누각)와 관련된 수이다.”라고 한 지적은 매우 유용한 정보로 받아들여진다. 그것은, “태반”이나 “중반”과 같은 표현은 지금껏 흔히 사용되고 있음에도 불구하고, 보통 그런 용어들의 출처랄까 기원에 관해서는 제대로 알려진 적이 없었기 때문이다. 이런 의미에서 본다면, 송 신종(神宗)때 “신법”을 준비하느라 숙직까지 마다 않던 왕안석이 읊은 시 “당직하며 지새운 밤(夜直)”에 묘사된 물시계에는 필시 “약반”의 물도 남지 않았으리라.

金爐香盡漏聲殘	구리화로에 향 스러지고 각루 소리 잦아들자
剪剪輕風陣陣寒	싸늘한 바람은 살랑거리기만 해도 춥다.
春色惱人眠不得	봄빛에 애태우는 사람 잠 못 이루는 사이
月移花影上欄干	달빛은 꽃 그림자를 난간 위까지 옮기네.

夏侯陽曰, 夫算之法, 約省爲善. 有分者通之, 分不均者同之, 位高者下之[102], 可約者約之, 偶則半之, 五則倍而折之. 一, 三, 七, 九, 商用所宜. 於此不得, 乃爲之命分. 分母入者須出之, 然後爲定. 子可半者半之,不可半者倍母而入之. 此算之要道也. 凡除分者全數[103]易了, 奇殘難用. 心意之勞正在於此. 後當隨事釋之. 其物殘分求尺,

102) “位高者下之”는, 예컨대, 나뉨수와 나눗수가 10의 배수들일 때와 같은 경우에, 자리 수를 줄일 수 있는 것은 줄인다는 뜻이다.

103) “전수(全數)”는 나눗셈의 결과 몫으로 얻어진 정수 부분을 말한다.

尺之求寸, 皆上十之[104]. 斤之求兩,二而八之. 兩之求銖, 三而八之.[105] 銖之求累[106],黍,皆上十之. 斗之求升, 合, 勺, 撮, 皆上十之. 里之求步, 三百之. 步之求尺, 六之. 釐, 毫, 絲, 忽, 可以意知.

夫乘除之法, 先明九九, 一縱十橫, 百立千僵, 千, 十相望, 萬, 百相當. 滿六以上, 五在上方, 六不積算, 五不單張. 上下相乘, 實居中央. 言十自過, 不滿自當[107]. 以法除之, 宜得上商. 縱算相似, 橫算相當. 以次右行, 極於左方. 言步之, 上見十步至十, 見百步至百, 見千步至千, 見萬步至萬. 悉觀上數, 以安下位. 上不滿十, 下不滿一. 步隨多少, 以爲楷式. 以少呼多, 因法爲母, 積實爲子[108]. 二分之一爲中半, 三分之二爲太半, 三分之一爲少半, 四分之一爲弱半, 此漏刻之數也.

凡算者, 有五乘, 五除.(除者散繁除約, 乃以除減爲名. 乘者令少乘多, 乃以乘長爲稱. 乘盈, 除縮, 故曰乘除也.)

一曰法除.(上下置位, 以少呼多, 言十自過, 不滿自當, 實居中央, 故曰法除也.)

二曰步除.(如斛中求斗, 斗中求升, 升中求合, 合中求勺, 勺中求抄,及丈中求尺, 尺中求寸, 寸中求分, 皆言上十之, 上百之, 故曰步除也.)

---

104) "상십지(上十之)"는 한 자리 올려서 10배한다는 뜻으로서 이 책에서 매우 빈번히 사용되는 개념이다.

105) "斤之求兩,二而八之. 兩之求銖,三而八之."는 "근에서 냥을 구하려면, 2×8배 하고, 냥에서 수를 구하려면, 3×8배 한다"는 뜻인데, 각각 1근=16냥, 1냥=24수라는 관계를 잇달아 곱하는, 이른 바 "중인법(重因法)"을 써서 표시한 것이다.

106) "유(絫)"와 통하기도 하나, 이하 모두 "累"로 통일하였다.

107) "言十自過,不滿自當"은 "10이 넘으면, 자리 수를 올리고, 채워지지 않은 것(즉, 한 자리로 남아 있는 것)은 그 자리에 놓는다"는 뜻이다.

108) 사실 "夫乘除之法,..."으로 시작되는 이 문단 전체에서 서술하는 계산법은 일일이 추적하기가 매우 어려운 것으로 드러나, 번역도 그만큼 잠정적일 수밖에 없다.

三曰約除.(如等數所得者約實, 約法, 各得分數, 故曰約除也.)
四曰開平方除.(借一算爲下法, 步之, 超一位. 冪方十, 其積有百. 冪方百, 其積有萬. 至百言十, 至萬言百,故曰開平方除也.)
五曰開立方除.(借一算爲下法, 步之, 超二位. 立方十, 其積有千. 立方百, 其積有百萬. 至千言十, 至百萬言百, 故曰開立方除也.)
時務[109]云, 十乘加一等, 百乘加二等, 千乘加三等, 萬乘加四等. 十除退一等, 百除退二等, 千除退三等, 萬除退四等.

2. 도량형에 대한 논의(辨度量衡)

전조에서는 길이의 측정이 홀에서 일어나며, 10홀은 1사, 10사는 1호, 10호는 1리, 10리는 1푼, 10푼은 1치, 10치는 1자, 10자는 1장, 10장은 1인, 4장은 1필, 5장은 1단, 6자는 1보, 240보는 1무, 300보는 1리로 삼는다고 규정한다.

창조에서는 부피의 측정이 속에서 일어나며, 10속은 1규, 10규는 1촬, 10촬는 1초, 10초는 1작, 10작은 1홉, 10홉은 1되, 10되는 1말, 10말은 1섬으로 삼는다고 규정한다.

금조에서는 무게의 측정이 서에서 일어나며, 10서는 1루, 10루는 1수, 24수는 1냥, 16냥은 1근, 30근은 1균, 4균은 1석으로 삼는다고

109) "시무(時務)"는 삼국시대 위나라의 양위(楊偉)가 지은 「시무산술」을 가리키나 지금은 일실되어 전하지 않는다.

규정한다.

한서 율력지는 다음과 같이 적고 있다. 길이의 측정은 길고 짧음을 재는 것에 관한 것으로서 원래 황종의 길이에서 기원하였다. 중간 크기 낱알의 검은 기장을 써서 기장 하나(1서)의 너비로 재며, 90푼이 황종의 길이이다. 1서는 1푼, 10푼은 1치, 10치는 1자, 10자는 1장, 10장은 1인으로 하니 다섯 길이는 "심"이다.

부피 측정은 부피의 많고 적음에 관한 것으로서 원래 황종의 약에서 기원하였다. 길이의 척도를 활용하여 그 가운데 얼마나 들어가는지를 살피는데, 중간 크기 낱알의 검은 기장을 써서 1,200개의 낱알이 약이며, 2약은 1홉, 10홉은 1되, 10되는 1말, 10말은 1섬으로 하니 다섯 부피는 "가"이다.

무게 측정은 물건을 평평하게 매달아 가볍고 무거움을 아는 것에 관한 것으로서 원래 황종의 무게에서 기원하였다. 1약은 기장 1,200개가 들어가고, 12수의 무게가 나가며, 24수는 1냥, 16냥은 1근, 30근은 1균, 4균은 1석으로 하니 다섯 무게는 "근"이다(냥의 냥은 황종의 무게로서, 24수는 24기를 나타내고, 16냥 1근은 4계절과 4방위의 곱을 나타내고, 30근 1균은 1월을 나타내며, 4균 1석은 4계절을 나타낸다). 저울추와 물건이 고르게 되니 저울을 낳고("저울추와 물건이 고르게 된다"고 한 것은 딱 맞게 멈췄을 때의 평형을 일컫는다), 저울의 움직임은 컴퍼스를 낳고, 컴퍼스의 원은 곡척을 낳고, 곡척의 정사각형은 줄을 낳으며, 줄의 곧음은 수준기를 낳는다(수준기를 세워서 줄을 바라보고, 물로 평평하게 함)는 것이 다섯 가지 법칙이다.

컴퍼스는 원을 작도하는 도구로서 그 종류의 도형을 얻도록 하며, 곡척은 정사각형을 작도하는 도구로서 그 형태를 잃지 않도록

해준다. 컴퍼스와 곡척은 서로 대비케 해야 음양의 자리가 서열을 이루고, 원과 정사각형이 이루어진다. 수준기는 평평한지 헤아리게 하고, 바른 것을 취하며, 줄은 위아래를 바르고 곧게 하여 씨줄, 날줄이 사방으로 통하게 한다. 수준기와 줄이 결부되고, 저울의 추와 대의 기능이 결합되어야 장인들이 정해진 법식을 따를 수 있다(이상은 옛날의 제도임).

수도에 있는 여러 주무 관청과 여러 주는 각각 저울과 자를 말, 되, 홉 등의 다섯 척도와 더불어 공급하며, 모두 구리를 써서 그렇게 한다.

창고령의 규정에 따르면, 여러 표준 도량형기는 관 제조창에 두며, 큰 것은 5섬, 중간 것은 3섬, 작은 것은 1섬 짜리 쇠띠를 두르고, 심사필증을 표시한 다음에 공급하여 사용케 하라고 되어 있다(현재 사용중인 것에 의거함).

田曹云, 度之所起, 起於忽. 十忽爲一絲, 十絲爲一毫, 十毫爲一釐,十釐爲一分, 十分爲一寸, 十寸爲一尺, 十尺爲一丈, 十丈爲一引. 四丈爲一匹, 五丈爲一端. 六尺爲一步. 二百四十步爲一畝. 三百步爲一里.

倉曹云, 量之所起, 起於粟. 十粟爲一圭, 十圭爲一撮, 十撮爲一抄, 十抄爲一勺, 十勺爲一合, 十合爲一升, 十升爲一斗, 十斗爲一斛.

金曹云, 稱之所起, 起於黍. 十黍爲一絫, 十絫爲一銖, 二十四銖爲一兩, 十六兩爲一斤, 三十斤爲一鈞, 四鈞爲一石.

漢書, 律曆志曰, 度者所以度長短, 本起於黃鐘之長. 以子穀秬黍中者[110)]一黍之廣度之, 九十分黃鐘之長. 一黍爲分, 十分爲寸, 十寸爲尺,十尺爲丈, 十丈爲引, 而五度審矣.

量者, 所以量多少, 本起於黃鐘之龠. 用度數審其容, 以子穀秬黍中者千二百實其龠. 合龠[111]爲合, 十合爲升, 十升爲斗, 十斗爲斛, 而五量嘉矣.

權者, 所以稱物平施, 知輕重, 本起於黃鐘之重. 一龠容千二百黍, 重十二銖. 二十四銖爲兩, 十六兩爲斤, 三十斤爲鈞, 四鈞爲石, 而五權謹矣.(兩者, 兩黃鐘之重. 二十四銖, 象二十四氣. 十六兩爲斤, 象四時乘四方. 三十斤爲鈞, 象一月. 四鈞爲石, 象四時也.) 權與物鈞而生衡.(謂錘與物鈞,所稱適停時,衡平也.) 衡運生規, 規圓生矩, 矩方生繩, 繩直生準.(立準以望繩,以水爲平也.) 是爲五則. 規者,所以規圓器械, 令得其類[112]也. 矩者, 所以矩方器械, 令不失其形也. 規矩相須, 陰陽位序, 圓方乃成. 準者, 所以揆平取正也. 繩者, 上下端直, 經緯四通也. 準繩連體, 權衡合德, 百工繇焉以定法式.(已上古法.)

在京諸司及諸州各給稱尺, 幷五尺度, 斗, 升, 合等樣, 皆用銅爲之. 倉庫令, 諸量函所在官造. 大者五斛, 中者三斛, 小者 斛, 以鐵爲緣[113], 勘平印書, 然後給用. (以今時用之也已.)

110) "子穀秬黍中者"는 "중간 크기 낟알의 검은 기장"을 뜻한다.

111) "합약(合龠)"은 2약을 가리킨다.

112) "其類"는 원 및 그와 관련된 일군의 도형들을 가리키는 것으로 여겨진다.

113) "以鐵爲緣"은 부피 측정용기를 비롯한 목기들을 견고하게 만들기 위하여 흔히 철선을 둘러쳤던 점과 "緣"자가 "선을 둘러서 장식하다"는 뜻이 있음에 주목하여 "철선을 두르다"로 옮기기로 한다.

3. 섬의 비율이 같지 않음에 대한 지적(言解法不同[114])

창조에 따르면, 옛날에는 한 변이 1자인 정사각형 땅을 1자 6치 2푼의 깊이로 파서 곁곡식 1섬을 보관했다고 한다. 한 왕망에 이르러 구리로 한 섬들이 통을 다시 주조하여 1자 6치 2푼의 부피를 적용하였다. 송 원가 2년(425)에 이르러서는 서수가 다시 주조했으며, 2자 3치 9푼을 썼다. 양 대동 원년에는 견란이 그것을 바로 잡아 2자 9치 2푼을 썼다. 그러나 시대가 달라지고 사정이 변해 도량형도 같지 않게 되므로, 고금을 종합하여 임시로 바로 잡아야 시행할 수 있다. 만약 그것을 점검하려면, 땅을 파서 너비가 1자인 정사각형 움을 만들어 현재 사용중인 계량 통으로 잰 쌀 1섬을 움 속에 집어넣고, 평두목으로 고르게 차도록 하여 모자라거나 남으면, 그때그때 늘리거나 줄여서 취한 쌀을 알맞게 한다. 그렇게 하고 나서 그것을 꺼내서 재면, 깊이를 알게 되어 한 섬의 크기를 정할 수 있다.

주해 왕망의 한 섬들이 구리통(銅嘉量)의 실제 모습은 다음과 같다(國家計量總局 等, 1993: 186-191).

114) 이 부분은 「양휘산법 · 속고적기산법」에서 "한 섬의 부피를 제대로 정하는 법(正解法)"이라는 제목의 논의 가운데 통째로 인용되었다.

倉曹云, 古者鑿地方一尺, 深, 一尺六寸二分, 受粟一斛. 至漢王莽改鑄銅斛, 用積一尺六寸二分.[115] 至宋元嘉[116]二年徐受重鑄, 用二尺三寸九分. 至梁大同[117]元年甄鸞校之, 用二尺九寸二分. 然時異事變, 斗尺不同, 以古就今[118], 臨時校定, 始可行用. 若欲審之,以掘地作穴方廣一尺已下, 以今時用斗量米一斛, 置諸穴中, 概[119]令平滿. 如有少剩, 臨時增減, 取米適乎 然後出之輕量, 以知深淺, 乃可以爲斛法定數.

115) "至漢王莽改鑄銅斛,用積一尺六寸二分."은 왕망이 서한 말년 제위를 찬탈한 직후(A.D. 9년)에 국사(國師)인 유흠(劉歆, B.C. 53?-A.D. 23)을 시켜서 구리로 계량용기를 주조하여 시행케 한 것을 가리킨다(關增建, 2000: 40-42를 참조).

116) "원가(元嘉)"는 남조 송 문제(文帝)가 424년에 개원한 연호이다.

117) "대동(大同)"은 525-546년 사이의 12년 동안 사용된 연호이다.

118) 여기서 "以古就今"은 "옛 제도로 오늘을 좇게 하다"라고 새겨 "고금을 종합하다"는 뜻으로 옮겼다.

119) "개(概)"는 부피 측정용기에 담겨진 내용물을 고르게 하는데 쓰이는 평두목을 가리킨다.

[上-1] 직육면체 움(방교)의 길이가 1장 3자, 너비가 6자, 깊이가 1장이다. 겉곡식을 얼마나 저장할 수 있겠는가?

답 : 481섬 4말 $8\frac{4}{27}$되.

풀이법에 따라서, 길이 자수를 놓고, 너비 자수를 곱한 다음, 다시 깊이를 곱하면, 부피의 자(세제곱 자)가 된다. 섬의 비율로 나눠주면, 곧 겉곡식의 수량이 나온다(무릇 섬의 비율은 1자 6치 2푼이다).

今有方窖, 長一丈三尺, 廣六尺, 深一丈. 問受粟幾何?
答曰, 四百八十一斛四斗八升, 二十七分升之四.
術曰, 置長尺數, 以廣尺數乘之, 又以深乘之, 得積尺. 以斛法除之,卽粟數. (凡斛法一尺六寸二分.)

[上-2] 둥근 대둥구미(원천)의 둘레가 3장, 높이가 1장 6자이다. 겉곡식을 얼마나 저장할 수 있겠는가?

답 : 740섬 7말 $4\frac{2}{27}$되.

풀이법에 따라서 둘레 자수를 놓고, 제곱한 다음, 높이를 곱하고, 12로 나눠주면, 부피의 자(세제곱 자)가 된다. 섬의 비율로 나눠주면, 곧 겉곡식의 수량이 나온다.

주해 대둥구미의 형태는 원통형이고, 풀이법의 공식은 부피(V)가

$$V = \frac{\text{둘레}^2 \times \text{높이}}{12} \simeq \pi \times \text{반지름}^2 \times \text{높이}$$

로 표시된다는 것을 나타낸다. 이와 같은 공식은 「산수서」의 "정재(井材)" 문제, 「구장산술」 "상공"장의 마지막([28]) "원통형 곳간(圓囷)" 문제 등에서도 발견된다.

> 今有圓窖, 周三丈, 高一丈六尺. 問受粟幾何?
> 答曰, 七百四十斛七斗四升, 二十七分升之二.
> 術曰, 置周尺數自相乘, 以高數乘之, 十二而一, 得積尺. 以斛法除之, 卽粟數.

[上-3] 평지에 겉곡식을 모았는데, 아래 둘레가 3상, 높이가 4자이다. 겉곡식의 양은 얼마인가?

답 : 61섬 7말 2 $\frac{68}{81}$ 되.

풀이법에 따라서 둘레 자수를 놓고, 제곱한 다음, 높이를 곱하고, 36으로 나눠주면, 부피의 자가 된다. 섬의 비율로 나눠주면, 곧 겉곡식의 수량이 나온다.

주해 이 문제는 「오조산경」 "창조" [9]와 같으며, 「구장산술」 "상공"장의 23번째 문제나 「손자산경」 [下-3]과도 비슷하다. 부피(V)를 구하는 풀이법의 공식은 기본적으로 「구장산술」 "상공"장의

$$V=\frac{\text{아래 둘레}^2\times\text{높이}}{36}$$

라는 “평지취속” 공식에 1섬=1자 6치 2푼이라는 비율을 접목시킨 것으로 볼 수 있으며, 실제 계산은 다음과 같이 진행된다.

$$V=\frac{30^2\times 4}{36\times 1.62}=\frac{100}{1.62}\text{섬}=61.728395\text{섬}=61\text{섬 }7\text{말 }2\frac{68}{81}\text{되}.$$

> 今有平地聚粟, 下周三丈, 高四尺. 問受粟幾何?
> 答曰, 六十一斛七斗二升, 八十一分升之六十八.
> 術曰, 置周尺數自相乘, 以高乘之, 三十六而一, 得積尺. 以斛法除之, 卽粟數.

[上-4] 창고의 남북 길이가 1장 5자, 동서 길이가 3장 5자, 높이가 8자이다. 겉곡식을 얼마나 저장할 수 있겠는가?

답 : 2,592섬 5말 $9\frac{7}{27}$되.

풀이법에 따라서, 동서, 남북의 장, 자 수를 서로 곱하고, 높이를 곱하면, 부피의 자(자^3)가 된다. 섬의 비율로 나눠주면, 곧 겉곡식의 수량이 나온다.

주해 이 문제와 다음 두 문제들([上-5]와 [上-6])은 바로 「장구건산경」의 서문에서 “「하후양산경」의 직육면체 창고, 「손자산경」의 그릇 씻기와 같은 것들의 풀이법은 모두 그 오묘함을 아직 얻지 못하고 있다"고 하여 중시한 바 있다. 그러나 이 문제가 평이한 점에 비춰보면, 장구건이 "오묘하다"고 느꼈을 만한 것은 오히려 다음의 두 문제일 것으로 여겨진다.

> 今有倉, 南北一丈五尺, 東西三丈五尺, 高八尺. 問受粟幾何?
> 答曰, 二千五百九十二斛五斗九升, 二十七分升之七.
> 術曰, 以東西, 南北丈尺相乘, 又以高乘之, 得積尺. 以斛法除之, 卽粟數.

[上-5] 창고의 너비가 2장 6자, 길이가 3장 4자, 깊이가 1장 2자이다. 그 안에는 길이 1장 2자, 둘레 3자인 기둥 둘과 길이 2장 6자, 변 5자인 견 둘과 길이 2장 6자, 변 3자인 대들보 둘이 있다. 겉곡식을 얼마나 저장할 수 있겠는가?

답 : 6,240섬 1말 $2\frac{28}{81}$되.

풀이법에 따라서, 너비와 길이를 놓아 서로 곱하고, 깊이를 곱하면, 10,608자가 되고, 기둥 둘레 3자를 제곱한 9자를 길이로 곱하면, 108자가 되는데, 2배한 216자를 12로 나누면, 18자가 되고, 견의 변을 제곱하여 한 자리 물리면, 2치 5푼이 되고, 다시 그 길이를 곱하면, 6자 5치가 되는데, 2배하면, 13자가 되며, 양의 변을 제곱하면, 9자가 되고, 다시 그 길이를 곱하면, 234자가 되는데, 2배하면, 468자가 된다. 기둥, 견, 대들보의 부피를 더하면, 499자가 되고, 큰 값에서 빼주면, 나머지는 10,109자가 되는데, 섬의 비율로 나눠주면,

곧 겉곡식의 수량이 나온다.

今有倉, 廣二丈六尺, 長三丈四尺, 深一丈二尺. 中有二柱, 長一丈二尺, 圓三尺. 牽[120]二枚, 長二丈六尺, 方五寸. 梁二枚, 長二丈六尺, 方三尺. 問受粟幾何?

答曰, 六千二百四十斛一斗二升, 八十一分升之二十八.

術曰, 置廣, 長相乘, 以其深乘, 得一萬六百八尺. 柱圓三尺自相乘得九尺, 以乘其長得一百八尺, 倍之得二百一十六尺,以十二除之得一十八尺. 牽方自相乘, 退位得二寸五分. 復乘其長, 得六尺五寸. 倍之,得一十三尺. 梁方自相乘得九尺, 復乘其長, 得二百三十四尺. 倍之,得四百六十八尺. 幷柱, 牽, 梁得四百九十九尺. 以減大數, 餘一萬一百九尺. 以斛法除之, 卽粟數.

[上-6] 창고의 길이가 31장 6자, 너비가 72자, 높이가 17자이다. 그 안에는 둘레 3자 5치, 길이 17자인 기둥 9개, 변 2자 8치, 길이 17자인 기둥 6개, 길이 32자, 너비 2자인 대들보 3개, 그리고 길이 32자, 변 7치인 견 3개가 있다. 겉곡식을 얼마나 저장할 수 있겠는가?

답 : 237,899섬 4말 $3\frac{53}{54}$ 되.

풀이법에 따라서 길이와 너비를 놓아 서로 곱하고, 높이를 곱해서 실로 삼는다. 원기둥 둘레를 제곱하여 길이로 곱하고, 12로 나누고, 9배하여 실로 삼고, 기둥의 변을 제곱하여 길이로 곱하고, 6배하

120) "견(牽)"은 일반적으로 밧줄을 가리키지만, 길이가 대들보와 마찬가지인 점으로 미루어 볼 때, 보완적인 지지대로 쓰였을 것으로 여겨질 뿐, 그 정확한 뜻은 짐작하기 어렵다.

여 실로 삼고, 양의 두께와 너비를 곱하고, 길이를 곱하고, 3배하여 실로 삼으며, 견의 변을 제곱하고, 길이를 곱하고, 3배하여 실로 삼는다. 기둥, 대들보, 견 등의 실을 더한 것을 창고 전체의 실에서 뺀 부피를 섬의 비율로 나눠주면, 곧 곁곡식의 수량이 나온다.

今有倉, 長三十一丈六尺, 廣七十二尺,高一十七尺. 中有九柱, 各圓三尺五寸, 長一十七尺. 又有六柱,各方二尺八寸, 長一十七尺. 梁三枚,長三十二尺, 厚, 廣二尺. 牽三枚, 長三十二尺, 各方七寸. 問受粟幾何?
答曰, 二十三萬七千八百九十九斛四斗三升, 五十四分升之五十三.
術曰, 置長, 廣相乘, 以高乘爲實. 圓柱周自乘,以長乘,十二而一, 九因之爲實. 柱方自乘, 以乘長, 六因之爲實. 梁厚, 廣相乘, 以乘長, 三因之爲實. 牽方自乘, 以乘長, 三因之爲實. 幷柱, 梁, 牽等, 減倉實爲積尺. 以斛法除之, 卽粟數.

4. 조·용·조의 부과(課租庸調)

부역령에 따르면, 호의 성인 남자 1인으로부터 거둘 현물세는 곁곡식 2섬, 각 향토에 따라서 달리 나는 토산물세는 비단이나 깁은 각각 2장, 베는 2장 5자이다. 비단과 깁의 수송비는 면 3냥이고, 베의 수송비는 삼 3근이다. 만약 호의 할당량이 단, 필, 둔, 려를 이루지 못하면, 모두 장과 자를 반으로 나눈다.

부역으로 적용되는 7장 5자의 비율을 구하기 위해서는, 사람 수를 놓아 3배하고, 반으로 나누며, 장과 자를 반으로 나눈다. 다른 법에 따르면, 사람 수를 놓아 7장 5자를 곱수로 삼아서 곱하고, 5장으로 나누며 미처 채워지지 않은 것은 나머지 사람의 장, 자로 하는데, 대체로 이와 같이 한다. 또 다른 법에 따르면, 사람 수를 거듭 늘이고 아랫자리를 한 자리 물려서 5배하고, 윗자리에 더하며, 장과 자는 반으로 나눈다. 다른 법에 따르면, 정의 수를 놓고, 한 자리를 물린 다음, 3×5배하고, 장과 자는 반으로 나눈다. 무릇 한 해 가운데 윤달로 예컨대 5월, 10월(혹은 9월이라고도 한다)처럼 두 달이 제외되면, 농사철을 위하여 부역을 감면해준다. 만약 부역을 50일이나 했으면, 조·용·조를 모두 감면해주는데, 대체로 이와 같이 한다.

두 자리를 물리고, 5를 곱하며, 장과 자는 반으로 나눈다.

윤년에 적용되는 성인 남자 1명당 2자 5치의 비율을 구하기 위해서는, 사람 수를 놓아 두 자리를 물리고, 5를 곱하며, 장과 자는 반으로 나눈다.

윤년에 적용되는 성인 남자 1명당 2단 2장 2자 5치의 비율을 구하기 위해서는, 정의 수를 놓고, 7×7배하고, 한 자리를 물리고, 반으로 나눈다. 장과 자는 반으로 나눈다. 다른 법에 따르면, 정의 수를 놓고, 245를 곱하고, 두 자리를 물리고, 5를 곱하며, 장과 자는 반으로 나눈다.

윤년에 적용되는 성인 남자 1명당 1단 3장 2자 5치의 부역으로 낼 베의 비율을 구하기 위해서는, 사람 수를 겹쳐 놓고, 각각 3을 곱하고, 아랫자리를 한 자리 물리고, 윗자리에 더한 다음, 반으로 나누며, 장, 자 이하는 거듭 반으로 나눈다.

윤달이 없는 해에 적용되는 성인 남자 1명당 2단 1장 5자의 비율을 구하기 위해서는, 사람 수를 겹쳐 놓고, 윗자리를 2배하고, 아랫자리는 한 자리를 물리고, 3을 곱하며, 장과 자는 반으로 나누고, 윗자리에 더한다. 다른 법에 따르면, 정의 수를 놓고, 23을 곱하고, 한 자리 물리고, 5를 곱하며, 장과 자는 반으로 나눈다.

성인 남자에게 적용되는 1명당 4장의 토산물세로 내는 베(조려포)의 비율을 구하기 위해서는, 정의 수를 놓고, 8배하고, 한 자리를 물리고, 5배하며, 장과 자는 반으로 나눈다.

윤년에 적용되는 성인 남자 1명당 2단 2장 2자 5치의 용·조의 비율을 구하기 위해서는, 사람 수 세 자리를 늘어놓아 윗자리를 2배하고(단), 가운데 자리는 한 자리를 물려서 4배하고(장), 아래 자리는 두 자리를 물려서 5배하며(자), 장과 자는 반으로 나누는데, 100인 이상은 반으로 나누지 않는다. 세 자리를 더하면, 곧 전체 구하는 값이 나온다.

만약 성인 남자 1명당 용·조가 베 2장 5자를 넘으면, 전체를 2단 2장 5자로 하는데, 역시 사람 수 두 자리를 늘어놓아 윗자리를 2배하고(단), 가운데 자리는 한 자리를 물려서 5배하고(장), 나머지 사람의 장, 자는 반으로 나누어 두 자리를 더하면, 곧 전체 구하는 값이 나온다.

만약 성인 남자 1명당 용·조가 베 1자 6치 7푼을 넘으면, 전체를 2단 1장 6자 6치 7푼으로 하는데, 역시 사람 수 다섯 자리를 늘어놓아 윗자리는 2배하고(단), 다음 자리는 한 자리 물려서 3배하고(장), 그 다음 자리는 두 자리 물려서 3배하고(자), 또 그 다음 자리는 세 자리 물려서 3배하고(치), 아랫자리는 네 자리 물려서 4배하며(푼), 나머지 사람의 장, 자는 반으로 나누어 더하면, 곧 전체 구하는 값이 나온다.

일반적으로 베를 계산하는데 있어서는 장, 자, 이하를 따르게 하여 모두 그것들의 배수로 환산한다.

주해 여기서 기술한 조·용·조 부과 방식은 당 두우(杜佑)의 「통전(通典)」 6권 "식화6"에 기록되어 있는 개원(開元) 25년(737)의 제도와 완전히 일치하며, 「구당서(舊唐書)」 48권 "식화지(食貨志)"에서 말하는 무덕(武德) 7년(624)의 제도와도 큰 차이가 없다고 한다(紀志剛, 1999: 256-7).

賦役令, 諸戶一丁租粟二斛. 其調, 各隨鄕土所出, 絹, 絁各二丈, 布二丈五尺. 輸絹, 絁者綿三兩, 輸布者麻三斤. 若當戶不成端, 匹, 屯, 綟者, 皆丈尺折半之.
求庸七丈五尺法, 置丁數, 三因之, 折半. 丈尺折半之.[121] 又法,置丁數, 以七丈五尺爲法乘之, 以五丈除之. 不滿爲奇丁丈尺. 牠皆仿此. 又法, 重張丁數, 下位退一等,五因之,以添上位. 丈尺折半.[122] 又法, 置丁數, 退一等, 三而五之, 丈尺折半之. 凡年中除閏月外, 有二月謂五月,十月(一云九月.)爲農事之月, 免庸. 若役五十日, 租, 庸, 調幷免. 牠皆仿此.
退二等, 五因之. 丈尺折半之.

---

121) "求庸七丈五尺法...丈尺折半之."는 사람수×7.5장 = (사람수×10장)×3÷2^2을 나타내는 것으로 여겨진다.

122) "重張丁數...以添上位."는 사람수×7장 5자 = 사람수×(1 + 0.5)×10÷2를 나타낸다.

求每丁閏有二尺五寸法, 置丁數, 退二等, 五因之. 丈尺折半之.[123]
求有閏年每丁布二端二丈二尺五寸法, 置丁數, 七而七之,退一等, 折半. 丈尺折半之.[124] 又法,置丁數,以二百四十五乘之,退二等, 丈尺折半之.
求庸閏布, 每丁一端三丈二尺五寸法, 重置丁數, 各三因之, 下位退一等, 添上位, 訖, 半之. 其丈尺以下更半之.[125]
求無閏年每丁布二端一丈五尺法,重置丁數, 上位二因之,下位退一等, 三因之,丈尺折半,添上位.[126] 又法,置丁數, 以二十三乘,退一等. 丈尺折半之.
求每丁調緂布四丈法,置丁數 ,八因,退一等. 丈尺折半之.[127]
求每丁閏年庸, 調布二端二丈二尺五寸法,列置丁數三位, 上位二因,(端也.)中位退一等,四因, (丈也.) ,下位退二等, 五因.(尺也.) 丈尺半之. 百丁以上不折半. 幷三位,卽都數.[128]
若每丁庸,調幷剩布二丈五尺, 都當二端二丈五尺. 亦列丁數二位,上位二因, (端也.)中位退一等,五因,(丈也.), 奇丁丈尺折半之. 幷二位, 得都數.[129]

---

123) "求每丁閏...丈尺折半之."는 사람수×2.5자 = (사람수 ×100자)÷100×5÷2를 나타내는 것으로 여겨진다.

124) "求有閏年...丈尺折半之."는 사람수×2단 2장 2자 5치 =(사람수 ×2단)×7^2 ÷10 ÷ 2^2을 나타낸다.

125) "求庸閏布...更半之."는 사람수×1단 3장 2자 5치 = 사람수×(3+0.3)×10÷2^2을 나타낸다.

126) "求無閏年...添上位."는 사람수×2단 1장 5자 = 사람수×(2+0.3)÷2×10을 나타낸다.

127) "求每丁調...丈尺折半之."는 사람수×4장 = (사람수 ×10장)×8÷10÷2을 나타내는 것으로 여겨진다.

128) "求每丁閏年庸,調...幷三位,卽都數." 가운데 "丈尺半之. 百丁以上不折半."는 불필요하게 들어간 연문(衍文)으로 보이는데, 전체적으로는 사람수×2단 2장 2자 5치 = 사람수×2.45단 = 사람수×(2+0.4+0.05)를 나타낸다.

若每丁庸, 調幷剩布一尺六寸七分, 都當二端一丈六尺六寸七分. 亦列丁數五位, 上位二因, (端也.)次位退一等三因, (丈也.), 次位退二等三因, (尺也.), 次位退三等三因, (寸也.), 下位退四等四因, (分也.), 奇丁丈尺折半之. 幷得都數.[130]
凡算布, 從丈尺已下皆倍本因之數.

5. 보수가 같지 않음에 대한 논의(論步數不等)

전조에서는 6자를 1보, 300보를 1리로 삼는다(이는 옛날의 법임).

잡령에 따르면, 땅을 재는데 있어서 5자를 1보, 360보를 1리로 삼는다.

전령에서는 너비가 1보이고 길이가 240보인 밭의 넓이를 1무로 삼는다(이는 현재 사용되고 있음).

田曹, 以六尺爲步, 三百步爲一里. (此古法.)
雜令, 諸度地以五尺爲一步, 三百六十步爲一里.
田令, 諸田廣一步, 長二百四十步爲畝. 畝百爲頃. (此今用之.)

---

129) "若每丁庸,調幷剩布...得都數."는 사람수×2단 2장 5자＝사람수×2.5단 ＝사람수×(2＋0.5)를 나타낸다.

130) "若每丁庸, 調幷剩布...幷得都數."는 사람수×2단 1장 6자 6치 7푼 ＝사람수×2.3334단 ＝사람수×(2＋0.3＋0.03＋0.003＋0.0004)를 나타낸다.

정사각형 밭(네 변이 같으므로 "방전"이라고 함)은 풀이법에 따라서 한 변을 제곱하면, 넓이의 보수가 나오는데, 무의 비율로 나눠준다.

직사각형 밭(길이가 길고, 너비가 좁으므로 "직전"이라고 함)은 풀이법에 따라서 길이와 너비를 곱하면, 넓이의 보수가 나오는데, 무의 비율로 나눠준다.

장구 모양의 밭("요고전"은 형태가 장구처럼 가늘다)은 풀이법에 따라서 세 너비를 더하고, 3으로 나눈 다음, 길이를 곱하면, 넓이의 보수가 나오는데, 무의 비율로 나눠준다.

원형 밭("원전"은 형태가 북의 면과 같음)은 풀이법에 따라서 둘레를 제곱하고, 12로 나누면, 넓이의 보수가 나온다. 다른 풀이법에 따라서 둘레의 반과 둘레의 반을 곱해도 역시 넓이의 보수가 나온다. 각각 넓이의 보수가 나오면, 무의 비율로 나눠준다.

고리 모양의 밭("환전(環田)"은 바깥이 둘러쳐진 데다 가운데는 비어서 고리와 같음)은 풀이법에 따라서 바깥쪽 둘레와 안쪽 둘레를 더하여 반으로 나눈 다음, 너비로 곱하면, 넓이의 보수가 나오는데, 무의 비율로 나눠준다.

포탄 모양의 밭("환전(丸田)"은 형태가 뒤집혀진 포탄과 같음)은 풀이법에 따라서 지름과 둘레를 곱하고, 4로 나누면, 넓이의 보수가 나오는데, 무의 비율로 나눠준다.

이등변삼각형 밭("규전"은 형태가 삼각형과 같음)은 풀이법에 따라서 길이의 반을 너비와 곱하면, 넓이의 보수가 나오는데, 무의 비율로 나눠준다.

활 모양의 밭("궁전"은 형태가 활 모양과 같음)은 풀이법에 따라서 시와 현을 곱하고, 다시 시를 제곱하고, 더해서 2로 나눈 다음,

무의 비율로 나눠준다.

체 모양의 밭("기전"은 한 변이 넓고, 다른 한 변은 좁음)은 풀이법에 따라서 두 너비를 더하여 반으로 나누고, 길이와 곱하면, 넓이의 보수가 나오는데, 무의 비율로 나눠준다.

네 변이 같지 않은 밭("사부등전"은 두 너비와 두 길이가 같지 않음)은 풀이법에 따라서 두 길이를 더하여 반으로 나누고, 두 너비를 더하여 반으로 나눈 다음, 서로 곱하면, 넓이의 보수가 나오는데, 무의 비율로 나눠준다.

方田(四方平等, 名曰方田.) 術曰, 方自乘, 爲積步. 以畝法除之.

直田(縱長而廣狹, 故曰直田.) 術曰, 縱, 廣相乘爲積步. 以畝法除之.

腰鼓田(形似腰鼓細.) 術曰, 幷三廣, 以三而一, 乘長, 爲積步. 以畝法除之.131)

圓田(形如鼓面.) 術曰,周自乘,以十二而一,爲積步. 又術,周乘徑,

131) 여기서는 "요고전"의 넓이(S)를 구하는 공식을 「오조산경」 "전조"의 [5]에서와 마찬가지로

$$S=\frac{1}{3}(\text{윗 너비}+\text{가운데 너비}+\text{아래 너비})\times\text{높이}$$

라고 밝히고 있고, 「양휘산법」 "전무비류승제첩법"의 [28] 문제나 명 정대위의 「산법찬요(算法纂要)」에서는

$$S=\frac{1}{4}(\text{윗 너비}+2\times\text{가운데 너비}+\text{아래 너비})\times\text{높이}$$

라고 표시하고 있어서 서로 대조를 이룬다. 그러나 전자는 전혀 얼토당토않은 공식이고, 후자는--그것이 흡사 일반적으로 맞는 것처럼 간주한 紀志剛(1999 : 288)의 지적과는 달리--가운데 너비가 높이를 정확히 양분할 경우에만 성립된다는 점에 주목할 필요가 있다.

四而一,亦得. 又術, 半周乘半徑, 亦得. 各得積步,幷以畝法除之.
環田(此外周而心空,如環.) 術曰, 幷外, 內周而半之, 以徑乘, 爲積步. 以畝法除之.
丸田(形如覆半彈丸.) 術曰,徑乘周,四而一,得積步. 以畝法除之.
圭田(三角之田.) 術曰,半長乘廣爲積步. 以畝法除之.
弓田(形如弓樣.) 術曰,矢乘弦,矢又自乘,幷之,二而一. 以畝法除之.
箕田(一頭廣,一頭狹.) 術曰,幷二廣而半之,以乘長,爲積步. 以畝法除之.
四不等田(二廣,二長不齊也.) 術曰,幷二長而半之,又幷二廣而半之,相乘,爲積步. 以畝法除之.[132)]

[上-7] 정사각형의 밭 21경 78무 180보가 있는데, 한 변은 얼마인가?
답 : 723보 나머지 171보.

풀이법에 따라서 먼저 경, 무를 위에 놓아 240보로 곱하면, 522,720보가 되는데, 180보를 더한 다음, 제곱근을 구한다. 산가지 하나를 빌려서 하법으로 삼고, 그것을 걸려서 한 자리 건너 백에 이르러 멈춘다. 만 자리 위에 상상 700을 놓는다. 밑에도 70,000을 실 자리 아래와 하법 위에 놓고 방법이라고 부른다. 상상을 부르게 하여 실을 나눈다. 방법을 2배하면 140,000이 된다. 방법을 한 자리 물

132) 여기서는 "사부등전"의 넓이(S)를, 두 너비를 a, b 두 길이를 c, d 라고 할 때, $S=\frac{a+b}{2}\times\frac{c+d}{2}$ 라고 밝히고 있으나, 사실상 그 값은, $p=\frac{a+b+c+d}{2}$, α=마주보는 두 각의 평균이라고 할 때, 다음과 같은 공식으로 표시되는 것이다(Gullberg, 1997 : 445를 참조).

$$S=\sqrt{(p-a)(p-b)(p-c)(p-d)-abcd\cos^2\alpha}$$

리고, 하법을 두 자리 물린다. 다시 상상 20을 앞의 상 뒤에 놓고, 다시 200을 방법 아래와 하법 위에 놓고, 우법이라고 부른다. 방, 우 두 법으로 상상을 부르게 하여 실을 나눈다. 우법을 2배하면, 400이 되는데, 상을 따르게 하고, 방법을 한 자리 물린 다음, 하법을 두 자리 물린다. 다시 상상 3을 앞의 상 20 뒤에 놓고, 다시 3보를 방법 아래와 하법 위에 놓고, 우법이라고 부른다. 방, 우 두 법으로 상상을 부르게 하여 실을 나눈다. 우법을 2배하면, 6이 되는데, 상과 방법을 따르게 하면, 1,446이 되니, 곧 이것으로부터 상방 723이 나오고, 나머지는 171보가 된다.

주해 1경=100무, 1무=240보이므로, 정사각형 밭의 넓이는

$$\begin{aligned}21\text{경 }78\text{무 }180\text{보} &= (21\times100+78)\times240+180\\ &= 522720+180=522900\text{보}\end{aligned}$$

로 변환되며, 문제는 바로 이 값의 제곱근을 구하라는 것으로 귀결된다. 여기서는

$$522900 = 723^2 + 171$$

이라는 점에 착안하여, 그 근을

$$\sqrt{522900} = 723 \ldots 171$$

이라고 정리한 것을 볼 수 있다. 제곱근의 정수근 이외의 나머지를 그냥 보고만 하고 마는 이와 같은 방식은 어느 면에서는 영부족법을 적용한 「산수서」의 "방전(方田)" 문제보다도 소박하다고 볼 수 있다.

今有田二十一頃七十八畝一百八十步. 問爲方幾何?

答曰, 七百二十三步, 奇一百七十一步.

術曰, 先置頃, 畝於上, 以二百四十步乘之, 得五十二萬二千七百二十步. 內零一百八十步. 以開方除之. 借一算爲下法. 步之, 超一位, 至百止. 萬上置上商七百. 下亦置七萬於實位之下, 下法之上, 名曰方法. 命上商, 除實, 訖. 倍方爲一十四萬. 方法一退. 下法再退. 又置上商二十於前商後. 又置二百於方法之下,下法之上, 名曰隅法. 以方, 隅二法皆命上商, 以除實, 訖. 倍隅法爲四百, 從上. 方法一退,下法再退. 又置上商三於前商二十之後. 又置三步於方法之下, 下法之上, 名曰隅法. 以方, 隅二法皆命上商, 除實, 訖. 倍隅法得六, 從上方法, 得一千四百四十六. 卽是上方得七百二十三, 奇一百七十一步.

6. 쌀과 낟알의 교환(變米穀)

창고령에서는 애찧은 쌀(조미)을 나눔에 있어서 벼 3섬은 애찧은 쌀 1섬 4말으로 나누어 바치도록 규정하고 있다.

낟알에서 쌀을 구하는 법은 14를 곱하고 3으로 나누는 것이다(나눈 다음에는 쌀의 수량으로 나누어 한 자리 물린다).

또 다른 법에 따라서, 42를 곱하고 9로 나누던가, 14를 곱하고 3으로 나누던가, 28을 곱하고 6으로 나누던가 한다.

쌀에서 낟알을 구하는 법은 3을 곱하고 14로 나누는 것이다.

또 다른 법에 따라서, 9를 곱하고 42로 나누던가, 3을 곱하고 14

로 나누던가, 6을 곱하고 28로 나누던가 한다.

겉곡식 5말은 여미 3말이 되는데, 30을 곱하고 50으로 나누면 되고, 패미 2말 7되가 되는데, 27을 곱하고 50으로 나누면 되고, 착미 2말 4되가 되는데, 24를 곱하고 50으로 나누면 되며, 어미 2말 1되가 되는데, 21을 곱하고 50으로 나누면 된다.

倉庫令云, 其折糙米者, 稻三斛折納糙米一斛四斗.
若穀求米法, 十四乘, 三除. (除畢以米數折退一等.)
又法, 四二乘, 九除, 一四乘, 三除, 二八乘, 六除.
若米求穀法, 三乘十四除.
又法, 九乘, 四二除, 三乘, 一四除, 六乘, 二八除.
粟五斗爲糲米三斗, 三十乘之. 五十而一. 爲粺米二斗七升, 二十七乘之, 五十而一. 爲糳米二斗四升, 二十四乘之, 五十而一. 爲御米二斗一升, 二十一乘之, 五十而一.

[上-8] 겉곡식 5,510섬 9말이 있는데, 1섬이 여미로는 6말, 패미로는 5말 4되, 착미로는 4말 8되, 어미로는 4말 2되가 된다면, 각각 얼마나 되겠는가?

답 : 여미 3,306섬 5말 4되, 패미 2,975섬 8말 8되 6홉, 착미 2,645섬 2말 3되 2홉, 어미 2,314섬 5말 7되 8홉.

풀이법에 따라서 곡식의 수량을 놓고, 한 자리 물린 다음, 6말을 곱하면, 여미의 수량이 되고, 5말 4되를 곱하면, 패미의 수량이 되고, 4말 8되를 곱하면, 착미의 수량이 되고, 4말 2되를 곱하면, 어미의 수량이 된다.

거꾸로 겉곡식을 구하는 법에 따르면, 여미의 수량을 놓았을 때는, 5를 곱하고, 3으로 나눠주고, 패미의 수량을 놓았을 때는, 한 자리 올려서 10배한 다음, 5말 4되로 나눠주고, 착미나 어미의 수량을 놓았을 때는, 각각 원래의 쌀의 수량으로 나눠주면, 모두 원래의 겉곡식의 수량이 나온다.

今有粟五千五百一十斛九斗,欲每斛爲糲米六斗,粺米五斗四升,糳米四斗八升,御米四斗二升. 問各幾何?
答曰,糲米三千三百六斛五斗四升.
粺米二千九百七十五斛八斗八升六合.
糳米二千六百四十五斛二斗三升二合.
御米二千三百一十四斛五斗七升八合.
術曰,置粟退一等,以六斗乘,爲糲米. 以五斗四升乘,爲粺米. 以四斗八升乘,爲糳米. 以四斗二升乘,爲御米.
返求粟法,置糲米數,以五因之,三除之. 置粺米數,以上十之,以五斗四升除之. 糳米,御米,各以本米數除之,皆得本粟.

[上-9] 곡식 1,843섬 8말 3되가 있는데, 조로 납부할 쌀로 바꾸기 위하여 곡식 매 3섬당 쌀 1섬 4말을 만들려고 한다. 얼마의 쌀을 얻겠는가?

답 : 8,060섬 4말 5되 4홉.

풀이법에 따라서, 곡식의 수량을 놓고, 1섬 4말을 곱수로 삼아 곱하고, 3섬을 나눗수로 삼아 나눠주면, 쌀의 수량이 나온다.

今有穀一千八百四十三斛八斗三升, 欲依租變米, 每穀三斛, 爲米一斛四斗. 問合得米幾何?
答曰, 八百六十斛四斗五升四合.
術曰, 置穀數, 以一斛四斗爲法乘之, 以三斛爲法除之, 得米數.

하후양산경 중권(夏侯陽算經卷中)

7. 토지세의 계산(求地稅)

[中-1] 밭 379무가 있는데, 1무당 세곡 3되를 내어 관에 납부해야 하며, 1섬당 2되를 모로 덧붙이게 되어 있다. 정과 모는 각각 얼마씩 바쳐야 하는가?

답 : 정 11섬 3말 7되, 모 2말 2되 7홉 4작.

풀이법에 따라서 밭의 무수를 놓고, 3되를 곱하면, 11섬 3말 7되가 되는데, 정으로 삼는다. 다시 2를 곱하면, 2말 2되 7홉 4작이 되는데, 모로 삼는다.

주해 이 문제는 [中-3]과 더불어 정과 모를 묻는 문제이다. 이와 같은 정, 모의 계산 문제는 「구장산술」 ("쇠분"장의 16, 17번째 문제들)은 물론, 심지어 「산수서」에서도 찾아볼 수 있는데, 풀이법의 계산은 다음과 같다.

정 = 379×3되 = 1137되 = 11섬 3말 7되,

모 = 11.37×2되 = 22.74되 = 2말 2되 7홉 4작.

> 今有田三百七十九畝,畝出稅穀三升納官,每斛加二升耗. 問輸正及耗各幾何?
>
> 答曰,正一十一斛三斗七升. 耗二斗二升七合四勺.
>
> 術曰,置田畝數,以三升因之,得一十一斛三斗七升爲正.　又二因之,得二斗二升七合四勺爲耗.

[中-2] 밭 1무당 세곡을 3되로 계산한다면, 1보에 대해서는 얼마로 계산되는가?

답 : 1보당 1작 2초 5촬.

풀이법에 따라서 곡식 3되를 놓고, 한 자리 올려 10배하기를 두 번 하면, 300작이 된다. 240보를 나눗수로 삼아서, 나눠주면, 답이 나온다.

> 今有田一畝計稅穀三升,問一步合計幾何?
>
> 答曰,一步,一勺二抄五撮.
>
> 術曰,置穀三升,再上十之,爲三百勺. 以二百四十步爲法,除之,卽得.

[中-3] 곡식 1,263섬 9말 6되 7홉 3작을 거두는 땅이 있는데, 1섬당 2되를 모로 덧붙이게 되어 있다. 정과 모의 합계는 얼마인가?

답 : 1,289섬 2말 4되 6홉 6작 4초 6촬.

풀이법에 따라서 곡식의 수량을 놓고, 사이를 띠고 2배를 더하면, 곧 답이 나온다.

주해 이 문제는 [中-1]과 더불어 정과 모를 묻는 문제이다. 풀이법에서 말하는 "사이를 띠고 2배를 더하는(격위가이)" 계산은 다음과 같이 나타난다.

$$
\begin{aligned}
&1,263\text{섬 } 9\text{말 } 6\text{되 } 7\text{홉 } 3\text{작}\times 1.02\\
&\quad = 1,263\text{섬 } 9\text{말 } 6\text{되 } 7\text{홉 } 3\text{작} + \frac{1,263\text{섬 } 9\text{말 } 6\text{되 } 7\text{홉 } 3\text{작}\times 2}{100}\\
&\quad = 1,289\text{섬 } 2\text{말 } 4\text{되 } 6\text{홉 } 6\text{작 } 4\text{초 } 6\text{촬}.
\end{aligned}
$$

今有地收穀一千二百六十三斛九斗六升七合三勺,斛別加二升耗. 問正,耗共計幾何?
答曰,一千二百八十九斛二斗四升六合六勺四抄六撮.
術曰,置穀,以隔位加二,卽得.

[中-4] 상급의 관전(상관전) 74무 153보가 있는데, 1무 당 임차료로 계산된 쌀(계미) 6말을 관에 바치게 되어 있으며, 관으로부터 낟알 3섬도 쌀 1섬 4두에 준해서 바치라는 영이 내려져 있다. 쌀과 낟알은 각각 얼마씩 되겠는가?

답 : 쌀 44섬 7말 8되 2홉 5작, 낟알 95섬 9말 6되 2홉 5작.

풀이법에 따라서 무수를 놓아 240보로 곱하고, 나머지 보를 더하면, 17,913보가 되는데, 나뉨수로 삼아서 1섬에 해당되는 상급 밭(상전곡법) 400보로 나눠주면, 쌀의 수량이 나온다. 낟알의 수량을 구하기 위해서는 쌀의 양을 3섬으로 곱한 134섬 3말 4되 7홉 5작을 쌀 1섬 4말로 나눠준다. (계미) 1말에 해당되는 상급 밭의 넓이(보수)와 낟알의 양을 알기 위해서는 밭 1무, 곧 240보를 놓고, 쌀 6말을 나눗수로 삼아서 나눈 40보가 계미 1말이 된다. 말의 비율(두법)을 한 자리 올리도록 10을 곱하면, 400보가 되어 곧 섬의 비율(곡법)이 되니, 상급 밭 1보 당 계미는 2홉 5작이 된다. 그것을 알기 위해서는 쌀 6말을 놓고 10을 두 번 곱하고 240보로 나눠주면 보에 해당되는 수량이 나온다.

今有上官田[133]七十四畝一百五十三步,畝別計米六斗輸官,官令納穀三斛準米一斛四斗. 問米及穀各幾何?
答曰,米四十四斛七斗八升二合五勺. 穀九十五斛九斗六升二合五勺.
術曰,置畝數,以二百四十步乘之,內餘步,得一萬七千九百一十三步,爲實. 以上田斛法[134]四百步除之,得米數. 欲求穀者,以三斛因米,爲一百三十四斛三斗四升七合五勺. 以米一斛四斗除之. 欲知上田一斗步數穀者,置田一畝二百四十步,以米六斗爲法,除得四十步計米 斗. 以斗法上十之爲四百步,卽斛法. 上田一步計米二合五勺. 欲知者,置米六斗,再上十之,以二百四十步除之,見每步之數.

[中-5] 중급의 관전 57무 150보가 있는데 1무 당 임차료로 계산된 쌀(계미) 5말을 관에 바치게 되어 있으며, 관으로부터 낟알 3섬도

133) "상관전(上官田)"은 지질 등급이 높은 국가 내지 관청 소유의 밭을 뜻하며, "차관전(次官田)" "하관전(下官田)"과 구별된다.
134) "상전곡법(上田斛法)"은 계미 1섬에 해당되는 상급 밭의 넓이를 가리킨다.

쌀 1섬 4두에 준해서 바치라는 영이 내려져 있다. 쌀과 낟알은 각각 얼마씩 되겠는가?

답 : 쌀 28섬 8말 1되 2홉 5작, 낟알 61섬 7말 $4\frac{3}{28}$ 되.

풀이법에 따라서 무수를 놓아 240보로 곱하고, 나머지 150보를 더하면, 13,830보가 되는데, 나뉨수로 삼아서 1섬에 해당되는 중급 밭(차전곡법) 480보로 나눠주면, 쌀의 수량이 나온다. 낟알의 수량을 구하기 위해서는 쌀의 양을 3섬으로 곱한 86섬 4말 3되 7홉 5작을 쌀 1섬 4말로 나눠주면, 낟알의 양이 나오는데 딱 떨어지지 않는 것과 나눗수를 모두 2배하여 몇 분의 몇이라고 부른다. 1섬에 해당되는 중급 밭은 어떻게 480보가 되었는가? 풀이법에 따라서 240보를 위에 놓고 쌀 5말을 나눗수로 삼아서 나눠준 48보가 1말의 비율이 되니 한 자리 올려서 10으로 곱한 480보가 곧 1섬에 해당되는 밭의 넓이가 되는 것이다. 중급 밭 1보의 계미가 $2\frac{1}{12}$ 홉이라는 것을 알기 위해서는 풀이법에 따라서 쌀 5말을 놓아 두 자리 올린 500홉을 실로 삼아서 240보로 나눠주면 2홉이 나오고 딱 떨어지지 않는 것은 자리를 물린 다음, 나눗수와 더불어 모두 반으로 나누어 몇 분의 몇이라고 부르면 곧 1보 당 비율이 나온다.

今有次官田五十七畝一百五十步,畝別計米五斗輸官,官令納穀三斛準米一斛四斗. 問米及穀各幾何?

答曰,米二十八斛八斗一升二合五勺. 穀六十一斛七斗四升二十八分升之三.

術曰,置畝數,以二百四十步乘之,內一百五十步,得一萬三千八百三十步爲實. 以次田法四百八十步除之,得米數. 欲求穀,以三斛因米得八十六斛四斗三升七合五勺. 以米一斛四斗除之,得穀數.

不盡者與法俱倍之,命分. 何以次田四百八十步爲斛法? 術曰,置二百四十步於上,米五斗爲法而一,得四十八步,以爲一斗之法. 上十之爲四百八十步,卽斛法. 欲知次田一步計米二合,一十二分合之一. 術曰,置米五斗,再上十之爲五百合,爲實. 以二百四十步除之,得二合. 不盡者退位,與法俱半之,命分,卽見每步之法.

[中-6] 하급의 관전 89무 195보가 있는데 1무 당 임차료로 계산된 쌀(계미) 4말을 관에 바치게 되어 있으며 관으로부터는 또한 낟알 3섬도 쌀 1섬 4두에 준해서 바치라는 영이 내려져 있다. 쌀과 낟알은 각각 얼마씩 되겠는가?

답 : 쌀 35섬 9말 2되 5홉, 낟알 78섬 9말 $8\frac{3}{14}$ 되.

풀이법에 따라서 무수를 놓아 240보로 곱하고 나머지 195보를 더하면 21,555보가 되는데, 나뉨수로 삼아서 1섬에 해당되는 하급 밭(하전곡법) 600보로 나눠주면 쌀의 수량이 나온다. 낟알의 수량을 구하기 위해서는 쌀의 양을 3섬으로 곱한 107섬 7말 7되 5홉을 나뉨수로 삼고, 1섬 4말로 나눠주면 낟알의 양이 나오는데 딱 떨어지지 않는 것은 분수로 부른다. 1섬에 해당되는 하급 밭은 어떻게 600보가 되었는가? 풀이법에 따라서 240보를 위에 놓고, 쌀 4말을 나눗수로 삼아서 나눠준 60보가 1말의 비율이 되니 한 자리 올려서 10으로 곱한 600보가 곧 1섬에 해당되는 밭의 넓이가 되는 것이다. 하급 밭 1보의 계미가 $1\frac{2}{3}$ 홉이라는 것을 알기 위해서는 풀이법에 따라서, 쌀 4말을 놓아 두 자리 올린 400홉을 실로 삼아서 240보로 나눠주면 1홉이 나오고 딱 떨어지지 않는 것은 자리를 물린 다음 나눗수와 더불어 모두 8로 나누어 분수로 부른다.

今有下官田八十九畝一百九十五步,畝別計米四斗輸官,官亦令納穀三斛準米一斛四斗. 問合計米及穀幾何?
答曰,米三十五斛九斗二升五合. 穀七十八斛九斗八升,一十四分升之三.
術曰,置田畝數,以二百四十步乘之,內一百九十五步,得二萬一千五百五十五步,爲實. 以下田斛法六百步除之,得米數. 欲求穀者,以三斛因米,得一百七斛七斗七升五合爲實. 以一斛四斗除,爲穀數. 不盡者命分. 何以知下田六百步爲法? 術曰,置二百四十步,以米四斗爲法除,得六十步,爲一斗之法. 上十之,爲六百步,乃爲一斛之法. 欲知下田一步計米一合,三分合之二,術曰,置米四斗,再上十之爲四百合,爲實. 以二百四十步除之,得一合. 不盡者與法俱八約之,命分.

8. 녹봉·급료의 분배(分祿料[135])

[中-7] 관에서 보유하고 있는 본전 880관에 대한 1관당 월별 이자 수입이 60인데, 계산된 이자는 52관 800문이며, 그 가운데 600문은 관사 식사비로 충당한다. 52관 200문을 관직의 높낮이에 따라 함께 배분 비율을 나누어 태수 10분, 별가 7분, 사마 5분, 녹사참군 2인 각 3분, 사창참군 3분, 사법참군 3분, 사호참군 3분, 참군 2인 각 2분으로 하였다. 각자에게 할당되는 금액은 얼마인가?

135) "녹료(祿料)"는 일반적으로 녹봉, 급료를 뜻하지만, 이하의 문제에서는 특히 식사비(식료)에 초점을 맞추고 있다.

답 : 태수 10분, 계 12관 $731\frac{29}{41}$문, 별가 7분, 계 8관 $912\frac{8}{41}$문, 사마 5분, 계 6관 $365\frac{35}{41}$문, 녹사참군 2인은 각각 3분 3관 $819\frac{21}{41}$문씩으로서 2인 모두는 7관 $639\frac{1}{41}$문, 사창참군 3분, 계 3관 $819\frac{21}{41}$문, 사법참군 3분, 계 3관 $819\frac{21}{41}$문, 사호참군 3분, 계 3관 $819\frac{21}{41}$문, 참군 2인은 각각 2분 2관 $546\frac{14}{41}$문씩으로서 2인 모두는 5관 $92\frac{28}{41}$문.

풀이법에 따라서 본전 880관을 놓아 6을 곱하고, 두 자리 물려서 이자의 액수로 삼는다. 먼저 관사 식사비 600문을 빼고, 나머지를 여러 관리들이 골고루 나누도록 한다. 배분 비율들을 더한 41을 나눗수로 삼아서 나눠주면, 1관 273문과 딱 떨어지지 않는 나머지 $\frac{7}{41}$문이 나온다. 따로 그것을 놓아 각각의 배분 비율(소구분)로 곱해주면, 각자에게 할당되는 금액과 비율 값이 나온다.

주해 문제에서 말하고 있는 관직 고하에 따른 이자 분배법은 「구당서(舊唐書)」 "직관지(職官志)"와 「통전(通典)」 "직관" 제17 "녹질(祿秩)"에 기록된 방법과 기본적으로 일치하며, 대종(代宗, 762-779) 때의 제도를 나타낸다고 한다(紀志剛, 1999 : 257).

今有官本錢八百八十貫文,每貫月別收息六十,計息五十二貫八百文. 內六百文充公廨[136]食料. 五十二貫二百文逐官高卑共分,太守十分,別駕七分,司馬五分,錄事參軍二人各三分,司倉參軍三分,司法參軍三分,,司戶參軍三分,參軍二人各二分. 問各錢幾何?

答曰,太守十分,計十二貫七百三十一文,四十一分文之二十九.

別駕七分,計八貫九百一十二文,四十一分文之八.

司馬五分,計六貫三百六十五文,四十一分文之三十五.

錄事參軍二人各三分,各得三貫八百一十九文,四十一分文之二十一.

二人共七貫六百三十九文,四十一分文之一.

司倉參軍三分,計三貫八百一十九文,四十一分文之二十一.

司法參軍三分,計三貫八百一十九文,四十一分文之二十一.

司戶參軍三分,計三貫八百一十九文,四十一分文之二十一.

參軍二人各二分,各二貫五百四十六文,,四十一分文之十四. 二人共五貫九十二文,四十一分文之二十八.

術曰,置本錢八百八十貫文,以六因之,退二位爲息數. 先除六百文公廨食料,餘令諸官均分. 并諸分得四十一分爲法,除之,得一貫二百七十三文,不盡四十一分文之七. 副置之,各以所求分乘之,各得其錢及分數.

[中-8] 현에서는 (관리에게) 매달 7관 361문 5푼 2리의 급료를 부과하는 영을 내렸다. 거두는 차에 자리 이동이 있게 되었는데, 구관은 6일 근무했으며, 신관은 24일 근무했다. 신·구관은 각각 얼마씩 얻겠는가?

답 : 구관 1관 472문 3푼 4호, 신관 5관 889문 2푼 1리 6호.

---

136) "공해(公廨)"는 관사(官舍), 청사를 뜻한다.

풀이법에 따라서 부과액을 놓아 30일을 곱해 나눗수로 삼아서 나눠주면 1일에 해당하는 돈 245문 3푼 8리 4호가 된다. 6배하면, 구관이 얻는 액수가 나오고 3배한 다음, 8배하면, 신관이 얻는 액수가 나온다.

주해 이 문제의 풀이과정에서 볼 수 있듯이 24를 곱하는 대신에 3을 곱한 다음 8을 곱하는 것은 소위 "중인법(重因法)"이라고 불리는 것으로서 이 책의 곳곳에서 매우 빈번히 사용되고 있다.

今有縣令每月課料七貫三百六十一文五分二釐. 尋卽交承[137],舊官任六日,新官任二十四日. 問新,舊官各得幾何?
答曰,舊官得一貫四百七十二文三分四毫.
新官得五貫八百八十九文二分一釐六毫.
術曰,置錢數,以三十日爲法,除之,得一日之錢二百四十五文三分八釐四毫. 六因之,得舊官數. 三,八因之,得新官數.

9. 식량 등 물자 지급에 관한 계산(計給糧)

[中-9] 병사 9,567인이 있는데 1인당 비단 2필을 지급한다면 비단

137) "교승(交承)"은 자리를 바꾸고 승계하는 것을 가리킨다.

은 얼마나 되는가?

답 : 19,134필.

풀이법에 따라서 먼저 병사 수를 놓고 2배하면 곧 답이 나온다.

주해 비슷한 문제가 [下-42]에도 보인다. 또한「오조산경」“병조” [6]도 이와 유사한 문제이다.

> 今有兵九千五百六十七人,人給絹二匹. 問絹幾何?
> 答曰,一萬九千一百三十四匹.
> 術曰,置兵數,以二因之,卽得.

[中-10] 병사 6,792인이 있는데, 1인당 쌀 2되를 지급한다면, 하루치, 한 달치, 1년치는 각각 얼마나 되는가?

답 : 하루치 135섬 8말 4되, 한 달치 4,075섬 2말, 1년치 48,902섬 4말.

풀이법에 따라서 먼저 병사 수를 놓고 2배하면 하루치가 나온다. 한 자리 올려서 10배하면 10일치가 나올 것이다. 3배하면 한 달치가 된다. 12를 곱하면 1년치가 된다.

주해 이와 비슷한 문제는「오조산경」“병조” [3]에서도 찾아볼 수 있다.

今有兵六千七百九十二人,人日給米二升. 問一日,一月,一年各幾何?
答曰,一日,一百三十五斛八斗四升. 一月,四千七十五斛二斗. 一年,四萬八千九百二斛四斗.
術曰,置兵數,以二因之,得一日之數. 上十之,得十日之數. 以三因之,得一月之數. 以十二因之,得一年之數.

[中-11] 말 7,680필이 있는데, 1필당 하루에 사료를 5되씩 지급한다면, 하루치는 얼마나 되는가?
답 : 하루에 384섬.

풀이법에 따라서 먼저 말의 필수를 놓고, 5배하면, 38,400되가 되는데 두 자리를 물리면 섬수가 된다.

주해 이 문제는 말의 필수가 10배로 되어 있을 뿐, 다음의 [中-12]와 서로 역산 관계에 있다. 「오조산경」 "병조" [11]도 이와 비슷한 문제이다.

今有馬七千六百八十四,匹日給料五升. 問一日幾何?
答曰,一日,三百八十四石.
術曰,置馬匹數,以五因之,得三萬八千四百升,再退爲石數.

[中-12] 겉곡식 3,840섬이 있는데 말 1필당 하루에 5되씩 지급하려고 한다. 몇 마리에게 지급하는가?

답 : 말 76,800필에게 지급한다.

풀이법에 따라서 먼저 겉곡식의 수량을 놓고 한 자리 올려서 10배하기를 두 번 하면 되가 된다. 5되로 나눠주면 말의 필수가 나온다.

주해 이 문제는 말의 필수가 10배로 되어 있을 뿐 바로 앞의 [中-11]과 서로 역산 관계에 있다.

今有粟三千八百四十斛,欲給馬每匹五升. 問給幾何?
答曰,給馬七萬六千八百匹.
術曰,置粟數,再上十之,爲升. 以五升除之,得馬匹數.

[中-13] 술 565섬 8말 3되가 있는데 병사 1인당 3되씩 지급하려고 한다. 몇 명에게 지급할 수 있겠는가?

답 : 병사 18,861인에게 지급한다.

풀이법에 따라서 술의 수량을 놓고 한 자리 올려서 10배하기를 두 번 하면 되가 된다. 3되로 나눠주면 병사의 수가 나온다.

今有酒五百六十五斛八斗三升,欲給兵每人三升. 問給幾何?
答曰,給兵一萬八千八百六十一人.
術曰,置酒數,再上十之爲升. 以三除之,得兵數.

[中-14] 병사 8만명이 있는데, 병사 5인당 장 2되를 지급한다면, 하루치는 얼마인가?

답 : 하루에 320섬을 지급한다.

풀이법에 따라서 먼저 병사 수를 놓고 2배하면 16만이 된다. 병사 5인으로 나눠주면 곧 장의 양이 나온다.

주해 이 문제는 다음의 [中-15]와 서로 역산 관계에 있다.

今有兵八萬人,凡五兵共給醬二升. 問日給幾何?

答曰,日給三百二十斛.

術曰,置兵數,以二因之,得一十六萬. 以五兵除之,得醬數.

[中-15] 병사 5인당 장 2되를 지급하는데, 320섬을 지급하였다. 몇 명에게 지급했겠는가?

답 : 병사 8만명에게 지급했다.

풀이법에 따라서 먼저 장의 양을 놓고 한 자리 올려서 10배하는 것을 2번하면 되가 된다. 5배하면, 16만이 된다. 2되로 곱한 것을 나눗수로 삼아서 나눠주면 곧 답이 나온다.

주해 이 문제는 바로 앞의 [中-14]와 서로 역산 관계에 있다.

今有醬二升給五兵. 見有三百二十斛. 問給幾何?
答曰,給兵八萬人.
術曰,置醬數,再上十之,爲升. 以五因之,得一十六萬. 以二升爲法,除之,卽得.

[中-16] 병사 48,625인이 있는데 1인당 5일마다 소금 2되를 지급한다면 한 달에는 얼마나 되는가?

답 : 한 달에는 5,835섬.

풀이법에 따라서 먼저 병사 수를 놓고 2배하고 두 자리를 물리면 5일치 소금의 양인 972섬 5말이 된다. 한 달치 양을 구하려면 6배해 준다.

주해 이 문제도 다음과 같이 "중인법(重因法)"을 써서 계산하라는 것이다.

$$(48625\times 2\text{되})\times 6 = 972.5\text{섬}\times 6 = 5835\text{섬}.$$

今有兵四萬八千六百二十五人,人凡五日給鹽二升. 問一月幾何?
答曰,一月,五千八百三十五斛.
術曰,置兵數,以二因之,退二等,得五日鹽數九百七十二斛五斗. 求一月數,以六因之.

[中-17] 병사 7인당 식초 3되씩 지급하는데, 지금 457섬이 있는 것으로 나타난다. 몇 명에게 지급할 수 있겠는가?

답 : 병사 106,633$\frac{1}{3}$인에게 지급할 수 있다.

풀이법에 따라서 식초의 수량을 놓고 한 자리를 올려 10배하기를 두 번 하면 되가 된다. 7을 곱하고 다시 3되로 나눠주면 곧 답이 나온다.

今有醋三升給七兵. 見有四百五十七斛. 問給幾何?
答曰,給兵十萬六千六百三十三人,三分人之一.
術曰,置醋數,再上十之,爲升. 以七因之,又以三升除之,卽得.

10. 각가의 산정(定脚價)

[中-18] 현물세(조)로 바칠 베 13,795단 3장 7자가 있는데 낙양으로 보내게 되었다. 계산된 물량이 낙양을 따라와 도착하면 1단마다 18문을 수각으로 충당하고, 또 1문의 적첩을 충당하는데 모두 그 자체에서 추려내려고 하며 그 베는 시가(시고)에 따라 1단에 150문씩 한다. 정, 수각, 적첩 등의 세 가지는 각각 얼마씩 되는가?

답 : 정포 12.244단 3장 6자 9$\frac{139}{169}$치, 수각 1,469단 1장 8자

$4\frac{64}{169}$치, 적첩 81단 3장 1자 $5\frac{135}{169}$치.

풀이법에 따라서, 원래의 베의 수량을 놓아 장, 자수를 2배하고, 시가 150문을 곱해주면, 2,069,361문이 되는데, 나뉨수로 삼고, 150문을 놓아 수각 18문과 또 적첩 1문까지 더하면, 169문이 되는데, 나눗수로 삼아서 나뉨수를 나눠주면, 정포 12,244단이 나온다. 딱 떨어지지 않는 것 125문은 자리를 올려서 5배하면, 6,250이 되는데 하법으로 나눠주면 3장 6자 9치가 되며 나머지와 나눗수는 함께 자리를 물려서 $\frac{139}{169}$치라고 분수로 부른다. 수각을 구하기 위해서는 먼저 원래의 베의 수량을 놓아 장, 자, 치를 환산해서 배수로 나타내서 수각 18문을 곱해주면 248,323문 3푼 2리가 되는데 나뉨수로 삼고 나눗수 169로 나눠주면 1,469단이 나온다. 딱 떨어지지 않는 것 63문 3푼 2리는 자리를 올려서 5배하면, 3,116이 되고 하법으로 나눠주면 1장 8자 4치가 되며 나머지는 $\frac{64}{169}$치라고 분수로 부른다. 적첩을 구하기 위해서는 원래의 베의 수량을 놓아 장, 자, 치를 환산해서 배수로 나타낸 값을 1문으로 곱해주면, 13,795문 7푼 4리가 되고 나눗수로 나눠주면 81단이 나오며 딱 떨어지지 않는 것은 106문 7푼 4리가 되는데 자리를 올려서 5배하면, 5,337이 되고, 하법으로 나눠주면 3장 1자 5치가 되며 나머지와 나눗수의 자리를 모두 물리면 $\frac{135}{169}$치가 되니 분수로 부른다.

주해 이 문제는 적첩까지 구하고 있으나 정과 각을 묻는 문제는 [中-19], [中-21], [中-22], [下-11], [下-12], [下-16], [下-27], [下-37], [下-40]에서도 찾아볼 수 있다. 다음 두 문제와 더불어 이

문제의 풀이를 위해서도 1단=5장이라는 변환 비율이 중요한 역할을 한다. 예컨대, 정포의 경우 구체적인 계산은 다음과 같이 나타난다.

$$\text{정포} = 13795\text{단 } 3\text{장 } 7\text{자} \times \frac{150}{150+18+1} = 13795.74 \times \frac{150}{169},$$
$$= 12244.739644\text{단} = 12244\text{단 } 3\text{장 } 6\text{자 } 9\frac{139}{169}\text{ 치}.$$

今有租布一萬三千七百九十五端三丈七尺,送納洛州[138]. 計從州到彼[139],別一十八文充水脚,又抽一文充積疊,并於數內抽給. 其布準時估[140]端別一百五十文, 問正及水脚,積疊等三色各幾何?

答曰,正布,一萬二千二百四十四端三丈六尺九寸,一百六十九分寸之一百三十九.

水脚,一千四百六十九端三丈一尺五寸一百六十九分寸之六十四.

積疊,八十一端三丈一尺五寸,一百六十九分寸之一百三十五.

術曰,置元布數,倍丈尺[141],以估一百五十文乘,得二百六萬九千三百六十一文,爲實. 置一百五十文,加水脚一十八文,又加積疊一文,得一百六十九文爲法. 除實,得正布一萬二千二百四十四端. 不盡一百二十五文,進位,五因之,得六千二百五十,以下法除之,得三丈六尺九寸. 不盡者與法俱退位,得一百六十九分寸之一百三十九,爲命分也. 欲知水脚,先置元布數,倍丈尺寸,以水脚一十八文乘之,得二十四萬八千三百二十三文三分二釐,爲實. 以法一百六十九除,得一千四百六十九端. 不盡六十二文三分二釐,進位,五因之,得三千一百一十六. 以下法除之,得一丈八尺四寸. 不盡,一百六十九

138) "낙주(洛州)"는 다음 구절에 "州"로 약칭되고 있는데, 그냥 "州"라고만 표기한 것은 [中-21], [中-22], [下-11], [下-16]에서 찾아볼 수 있다. 그것들 역시 낙양을 가리킨다고도 볼 수 있겠지만, 무리가 없지 않으므로, 이하에

分寸之六十四爲命分也. 欲求積疊,置元布數,倍丈尺寸,訖,所得以一文因之,得一萬三千七百九十五文七分四釐. 以法除之,得八十一端. 不盡一百六文七分四釐,進位,五因之,得五千三百三十七. 以下法除,得三丈一尺五寸. 不盡者與法俱退,得一百六十九分寸之一百三十五,爲命分也.

[中-19] 베 396단 2장 5자가 있는데 1단마다 180문을 충당하고 그 베의 시가는 1단에 360문인데 함께 그 자체에서 추려내려고 한다. 정과 각은 각각 얼마나 되는가?

답 : 정 264단 1장 6자 $6\frac{2}{3}$치, 각 132단 8자 $3\frac{1}{3}$치.

풀이법에 따라서 베의 수량을 놓고 장, 자수를 2배하고 180문을 곱하면 71,370문이 되는데 나뉨수로 삼는다. 각전 180문을 늘어놓고 시가 360문을 더하면 540문이 되는데 나눗수로 삼아서 나뉨수를 나눠주면 각의 단수가 나오고 딱 떨어지지 않는 90문은 자리를 올리고 5배하면 4,500이 된다. 하법으로 나눠주면 8자 3치가 나오고 딱 떨어지지 않는 것과 나눗수의 자리를 함께 18로 나눠주면, $\frac{1}{3}$치가 되니 분수로 부른다. 전체 수량에서 그것을 뺀 나머지가 곧 정이 된다.

서는 "주"라고 옮기기로 한다.

139) "計從州到彼"의 뜻은 분명치 않다. 여기서는 "계산된 물량이 낙양으로 운송되어 도착하다"로 옮기기로 한다.

140) "시고(時估)"는 시가 또는 시세를 말한다.

141) "倍丈尺"은 [中-19]와 [中-20]의 풀이법에도 등장하는데, 1단=5장이므로, 장을 0.2배하면 단수로 변환된다는 것을 뜻한다.

주해 이 문제는 [中-18], [中-21], [中-22], [下-11], [下-12], [下-16], [下-27], [下-37], [下-40]과 더불어 정과 각을 묻는 문제이다. 정은

$$\text{정} = 396\text{단 } 2\text{장 } 5\text{자} \times \frac{360}{360+180}$$
$$= 396.5\text{단} \times \frac{2}{3} = 264\frac{1}{3}\text{단} = 264\text{단 } 1\text{장 } 6\text{자 } 6\frac{2}{3}\text{치}$$

로 계산되고 그 값의 반이 각이 된다.

今有布三百九十六端二丈五尺,端別一百八十文充脚, 其布準時估端三百六十文, 并於數內抽給. 問正,脚各幾何?
答曰,正,二百六十四端一丈六尺六寸,三分寸之二. 脚,一百三十二端八尺三寸,三分寸之一.
術曰,置布數,倍丈尺,以一百八十文乘之,得七萬一千三百七十文爲實　列脚錢一百八十文,并入價錢三百六十文,得五百四十文爲法. 實如法得脚端. 不盡九十文,進位,五因之,得四千五百. 以下法除,得八尺三寸. 不盡者與法俱一十八約之. 得三分寸之一,爲命分. 以減都數,餘卽正.

[中-20] 베 25,428단 2장 7자가 있는데, 베를 처분하여 비단으로 물자를 가볍게 하고자 한다. 비단 1필의 값은 3관 870문이고, 베 1단의 값은 2관 600문이다. 비단의 수량은 얼마로 계산되는가?

답 : 비단 17,083필 3장 $9\frac{59}{129}$치.

풀이법에 따라서 베의 수량을 놓아 장, 자수를 2배하고 1단 값 2관 600문을 곱하면 66,114관 204문이 되며, 비단 값 3관 870문으로 나눠주면 비단의 필수가 나온다. 나누어 떨어지지 않는 2,994문은 자리를 올려서 4배하면 119,760이 되고 하법으로 나눠주면 3장 9치가 되는데 딱 떨어지지 않는 것과 나눗수를 모두 3으로 나눠주면 $\frac{59}{129}$치가 된다.

주해 풀이법이 의미하는 바에 관해서는 앞 문제([中-19])의 주해를 참조할 수 있을 것인데, 구체적인 계산은 다음과 같이 나타난다.

$$(25428.54\times2.6)\div3.87=66114.204\div3.87=17083.773\text{필},$$
$$66114.204-17083\times3.87=66114.204-66111.21=2.994,$$
$$\frac{2994\times40}{387}=\frac{119760}{387}=309\frac{177}{387}=309\frac{59}{129}\text{치}=3\text{장 }9\frac{59}{129}\text{치}$$

今有布二萬五千四百二十八端二丈七尺,欲折布爲輕貨絹[142]. 其絹匹價三貫八百七十文,其布端價二貫六百文. 問計絹幾何?
答曰,絹一萬七千八十三匹三丈九寸,一百二十九分寸之五十九.
術曰,置布數,倍丈尺,以價二貫六百文乘之,得六萬六千一百一十四貫二百四文. 以絹價三貫八百七十文除,得絹匹. 不盡二千九百九十四文,進位,四因之,得一十一萬九千七百六十. 以下法除之,得三丈九寸. 不盡者與法俱三約之,得一百二十九分寸之五十九.

142) "欲折布爲輕貨絹"의 뜻은 분명치 않다. 여기서는 "베를 처분하여 비단으로 물자를 가볍게 하고자 하다"로 옮기기로 한다.

[中-21] 양세미 1,578섬 9말을 주로 보내는데 1말 당 13문을 충당할 각으로 그 자체에서 추려내려고 하며 시가는 1말에 130문이다. 정미와 각가는 각각 얼마나 되는가?

답 : 정미 1,435섬 3말 $6\frac{4}{11}$ 되, 각가 143섬 5말 $3\frac{7}{11}$ 되.

풀이법에 따라서 쌀의 수량을 놓고 1말 당 130문을 곱해서 나뉨수로 삼는다. 다시 130문을 놓아 각 13문을 더하면 143문이 되는데, 나눗수로 삼아서 나눠주면 정미의 수량이 나온다. 각미를 구하기 위해서는 1말 당 13문을 세미의 수량을 곱해서 나뉨수로 삼고 143문을 나눗수로 삼아서 나눠주면 각가가 나온다.

주해 이 문제는 [中-18], [中-19], [中-22], [下-11], [下-12], [下-16], [下-27], [下-37], [下-40]과 더불어 정과 각을 묻는 문제이다. 또한 이 문제와 [中-22], [下-16] 및 [下-27]에서 언급된 "양세"제도는 이 책이 이루어진 연대가 최소한 동 제도가 실시되기 시작한 780년 이후라는 점을 시사하는 것이어서 주목된다. 정미와 각가는 각각 다음과 같이 계산된다.

$$\text{정미} = 1578\text{섬 } 9\text{말} \times \frac{130}{130+13} = 1435\text{섬 } 3\text{말 } 6\frac{4}{11}\text{ 되},$$

$$\text{각가} = 1578\text{섬 } 9\text{말} \times \frac{13}{143} = 143\text{섬 } 5\text{말 } 3\frac{7}{11}\text{ 되}.$$

今有兩稅[143]米一千五百七十八斛九斗送州. 每斗脚一十三文,幷於身內抽充. 時估斗別一百三十文. 問正及脚各幾何?
答曰,正米,一千四百三十五斛三斗六升,一十一分升之四.
脚價,一百四十三斛五斗三升,一十一分升之七.
術曰,置米數,以每斗一百三十文乘之,爲實. 又置一百三十文,加脚一十三文,得一百四十三文,爲法. 除得正米數. 欲求脚米數,以每斗一十三文乘稅數爲實. 以一百四十三文爲法. 除之卽脚數.

[中-22] 양세전 1,524관 240문을 주로 보내는데 1관 당 17문 7푼을 충당할 각으로 그 자체에서 추려내려고 한다. 정전과 각가는 각각 얼마나 되는가?

답 : 정전 1,497관 $730\frac{1790}{10177}$문, 각가 26관 $509\frac{8387}{10177}$문.

풀이법에 따라서 세전 액수를 놓고 1관에 17문 7푼을 더한 1관 17문 7푼을 나눗수로 삼아서 나눠주면 정전의 액수가 나온다. 각가를 구하기 위해서는 17문 7푼을 비율로 삼아서 정전과 곱해주면 각가가 나온다.

주해 이 문제는 [中-18], [中-19], [中-21], [下-11], [下-12], [下-16], [下-27], [下-37], [下-40]과 더불어 정과 각을 묻는 문

143) "양세(兩稅)"는 당 덕종(德宗) 건중(建中) 원년(780)에 양염(楊炎)이 중심이 되어 당시 크게 허물어진 조·용·조를 대신하기 위하여 수립·실시케 된 부세제도로서 현 거주지를 기초로 주·객호(主·客戶)를 구분하지 않고, 빈부 등급을 감안하여 여름, 가을 두 차례로 걸쳐서 거둔 것이다(陳登原, 1998: 99-104를 참조).

제이다. 또한 이 문제와 같이 "양세"제도를 다룬 문제는 [中-21], [下-16], [下-27]에서도 발견된다. 정전은 다음과 같이 계산된다.

$$1524.24\text{관} \times \frac{10000}{10177} = 1497\text{관}\ 730\frac{1790}{10177}\text{문}$$

今有兩稅錢一千五百二十四貫二百四十文送州. 每貫一十七文七分充脚,於身內抽給. 問正錢及脚價各幾何?
答曰,正錢,一千四百九十七貫七百三十文,一萬一百七十七分文之一千七百九十.
脚價,二十六貫五百九文,一萬一百七十七分文之八千三百八十七.
術曰,置稅錢數,以一貫文加一十七文七分爲一貫一十七文七分,爲法,除之,得正錢數. 欲求脚價,以一十七文七分爲法乘正錢,得脚價.

11. 경중의 측정(稱輕重[144])

[中-23] 가구 565호가 있는데 실 1근 11냥 8수씩 별도로 납부키로 되어 있다. 실은 얼마나 될 것인가?
답 : 8섬 5근 3냥 8수.

144) "경중(輕重)"은 서문에서도 무게를 나타내는 것으로 사용되었으나, 포함된 문제들이 구체적으로 물납([中-23], [中-24]), 철 생산([中-25]-[中-28]), 포상([中-29]) 등을 다루고 있어서 관중(管仲)의 경제정책과의 관련도 완전히 배제할 수는 없을 것이다(謝浩范 · 朱迎平(1996)을 참조).

풀이법에 따라서 호수를 놓고 아래에 27냥을 늘어놓아 24수를 곱하고 8수를 더하면 656수가 되는데 호수로 곱해주면 370,640수가 된다. 24수를 나눗수로 삼아서 나눠주면 15,443냥 8수가 되고 16냥을 나눗수로 삼아서 나눠주면 965근 3냥이 되며 30근을 나눗수로 삼아서 나눠주면 32균 5근 3냥이 되며 4균을 나눗수로 삼아서 나눠주면 8섬 5근 3냥 8수가 된다.

今有戶五百六十五戶,別納絲一斤一十一兩八銖. 問得絲幾何?

答曰,八石五斤三兩八銖.

術曰,置戶數,下列二十七兩,以二十四銖乘之,內八銖,爲六百五十六銖. 以乘戶數,得三十七萬六百四十銖. 以二十四銖爲法,除得一萬五千四百四十三兩零八銖. 以一十六兩爲法,除得九百六十五斤三兩. 以三十斤爲法,除得三十二鈞五斤三兩. 以四鈞爲法,除得八石五斤三兩八銖.

[中-24] 성인 남자 1,865인이 있는데 1인당 실 1근 13냥 17수를 바친다. 실은 모두 얼마나 되겠는가?

답 : 실 3,462근 14냥 1수.

풀이법에 따라서 성인 남자의 수를 놓은 다음 다시 실 1근을 $2\times8=16$냥으로 삼아 13냥을 더하고 3과 8로 곱해서 17수를 더하면 713수가 되는데 성인 남자의 수를 곱하면 1,329,745수가 된다. 24수를 나눗수로 삼아서 나눠주면, 55,406냥 1수가 되고 16냥을 나눗수로 삼아서 나눠주면 3,462근 14냥 1수가 된다.

주해 풀이법의 계산과정은 다음과 같다.

1근 13냥 17수 = (16 + 13)×24 + 17수 = 713수,

713×1865수 = 1329745수 = 3462근 14냥 1수.

今有丁一千八百六十五人,人納絲一斤一十三兩一十七銖. 問絲幾何?
答曰,絲三千四百六十二斤一十四兩一銖.
術曰,置丁數. 又以絲一斤,二而八之,爲一十六兩,內一十三兩. 三而八之,內一十七銖,爲七百一十三銖. 以乘丁數,得一百三十二萬九千七百四十五銖. 以二十四銖爲法,除得五萬五千四百六兩一銖. 以一十六兩爲法,除得三千四百六十二斤一十四兩一銖.

[中-25] 생철 6,281근을 제련해서 황철로 만들려고 하는데 1근당 5냥이 소모된다. 황철은 모두 얼마나 만들 수 있겠는가?

답 : 황철 4,318근 3냥.

풀이법에 따라서 생철의 수량을 놓고 11을 곱하고 16으로 나눠 주면 답이 나온다.

주해 이 문제와 다음 문제를 보면 생철에서 황철로 정련될 때 무게가 16:11로 줄어들고 또 다시 황철에서 강철로 정련될 때 16:13으로 줄어든다는 것을 알 수 있다. 다음은 송응성(宋應星, 1997:386-387)의 「천공개물(天工開物)」에 묘사된 전통적 방식으로 철을 생산하는 광경이다.

今有生鐵六千二百八十一斤,欲煉爲黃鐵,每斤耗五兩. 問爲黃鐵幾何?
答曰,黃鐵四千三百一十八斤三兩.
術曰,置生鐵數,以一十一兩乘,以一十六兩除之,卽得.

[中-26] 황철 4,318근 3냥을 제련해서 강철로 만들려고 하는데, 1근당 3냥이 소모된다. 강철은 모두 얼마나 만들 수 있겠는가?
답 : 강철 3,508근 8냥 10수 5루.

풀이법에 따라서 황철의 수량을 놓고 13을 곱하고 16으로 나눠주면 답이 나온다.

今有黃鐵四千三百一十八斤三兩,欲煉爲鋼鐵,每斤耗三兩. 問鋼鐵幾何?
答曰,鋼鐵三千五百八斤八兩一十銖五累.
術曰,置黃鐵數,以一十三兩乘之,一十六兩除之,卽得.

[中-27] 강철 2,500근이 있는데, 종전의 소모량을 감안해서 줄인 황철을 구하려고 한다. 황철은 모두 얼마나 되겠는가?

답 : 황철 3,706근 $14\frac{10}{13}$ 냥.

풀이법에 따라서 강철의 수량을 놓고 16을 곱하고 13으로 나눠주면 답이 나온다.

주해 이 문제는 다음의 [中-28]과 서로 역산 관계에 있다.

今有鋼鐵二千五百斤,依前所耗數,却求爲黃鐵. 問得幾何?
答曰,黃鐵三千七百六斤一十四兩,一十三分兩之一十.
術曰,置鐵數,一十六乘之,一十三除之,即得.

[中-28] 황철 3,706근 $14\frac{10}{13}$ 냥이 있는데, 강철을 구하려고 하면, 얼마나 되는가?

답 : 2,500근.

풀이법에 따라서 황철의 수량을 놓고 13을 곱하고 16으로 나눠주면 답이 나온다.

주해 이 문제는 바로 앞의 [中-27]과 서로 역산 관계에 있다.

今有黃鐵三千七百六斤一十四兩,一十三分兩之一十,欲求鋼鐵. 問得幾何?
答曰,二千五百斤.
術曰,置黃鐵數,一十三乘之,一十六除之,卽得.

[中-29] 관에서 보유하고 있는 은 3,462근 14냥 1수를 병사 1,865인에게 내리는 상으로 충당하려고 한다. 1인당 얼마나 얻겠는가?
답 : 1인당 1근 13냥 17수.

풀이법에 따라서 은의 근수를 놓고, 2×8배하고, 14냥을 불러들인 다음 다시 3×8배하고, 1수를 불러들이면 1,329,745수가 된다. 병사의 수로 나누면, 713수가 된다. 24수를 나눗수로 삼아서 나눠주면 29냥 17수가 된다. 16냥을 나눗수로 삼아서 나눠주면 1근 13냥 17수가 된다.

今有官銀三千四百六十二斤一十四兩一銖,充賞賜兵一千八百六十五人,問人得幾何?
答曰,人得一斤一十三兩一十七銖.
術曰,置銀斤,以二而八之,內一十四兩,又三而八之,內一銖,得一百三十二萬九千七百四十五銖. 以兵數除之,得七百一十三銖. 以二十四銖爲法除之,得二十九兩零一十七銖. 以一十六兩爲法除之,得一斤一十三兩一十七銖.

하후양산경 하권(夏侯陽算經卷下)

12. 여러 가지 나눗셈에 대한 논의(說諸分)

[下-1] 황금 1근이 있는데 비단으로 환산하면 1,200필의 값이 나간다. 1냥은 비단으로 환산하면 얼마나 되는가?

답 : 1냥 값은 비단 75필.

풀이법에 따라서 비단의 수량을 놓고 16냥으로 나눠주면 답이 나온다.

> 今有黃金一斤,値絹一千二百匹. 問每兩値絹幾何?
> 答曰,一兩値絹七十五匹.
> 術曰,置絹數,以一十六兩除之,卽得.

[下-2] 실 192냥이 있는데, 수로 환산하면, 얼마나 되는가?

답 : 4,608수.

풀이법에 따라서 실의 수량을 놓고, 24를 곱하면, 답이 나온다.

> 今有絲一百九十二兩,問爲銖幾何?
> 答曰,四千六百八銖.
> 術曰,置絲數,以二十四乘之,卽得.

[下-3] 비단 1필이 있는데 18관의 값이 나간다. 장, 자, 치로 환산하면 얼마나 되는가?

답 : 1장 4관 500문, 1자 450문, 1치 45문.

풀이법에 따라서 돈의 액수를 놓고 4장으로 나누면 1장 값이 된다. 한 자리 물리면 1자 값이 되고 다시 한 자리 물리면 1치 값이 된다.

주해 이 문제는 [下-13]과 기본적으로 같은 유형의 문제이다. 또한, 비슷한 문제가 「오조산경」 "금조" [8]에도 나온다.

> 今有錦一匹,値錢一十八貫. 問丈,尺,寸各得幾何?
> 答曰,一丈,四貫五百文. 一尺,四百五十文. 一寸,四十五文.
> 術曰,置錢數,以四丈除之,得丈價. 一退爲尺價. 再退爲寸價.

[下-4] 금 1근이 있는데, 가격이 100관이다. 1냥은 얼마인가?

답 : 1냥 6관 250문.

풀이법에 따라서 1근 가격을 놓고 16냥으로 나눠주면 답이 나온다.

> 今有金一斤,値錢一百貫. 問一兩幾何?
> 答曰,一兩,六貫二百五十文.
> 術曰,置錢數,以一十六兩除之,卽得.

[下-5] 금 1근이 있는데, 50인으로 하여금 그것을 나누게 하였다. 1인당 몫은 얼마인가?

답 : 1인당 7수 6루 8서를 얻는다.

풀이법에 따라서 1근을 놓고 2×8배하면 냥이 되고, 3×8배하면 수가 된다. 사람 수로 나눠주면 답이 나온다.

주해 「오조산경」 "금조" [9]도 이와 비슷한 문제이다.

今有金一斤,令五十人分之,問人得幾何?
答曰,人得七銖六累八黍.
術曰,置金一斤,二而八之爲兩,三而八之爲銖. 以人數除之,卽得.

[下-6] 실 324근이 있는데 9냥을 비단 1필로 환산하면 비단은 얼마나 되는가?

답 : 576필.

풀이법에 따라서 실의 수량을 놓고 2×8배하고, 9로 나눠주면 답이 나온다.

주해 「오조산경」 "금조" [5]와 일치한다.

今有絲三百二十四斤,欲九兩爲絹一匹,問絹幾何?
答曰,五百七十六匹.
術曰,置絲斤數,二而八之,以九而一,卽得.

[下-7] 하호의 돈이 123관 500문 모자라는데 조례에 맞춰서 상호로부터 보조를 받게 되었다. 상호는 31,250관을 소유하는 것으로 나타났다면 1관당 평균 얼마가 되겠는가?

답 : 1관당 3문 9푼 5리 2호.

풀이법에 따라서 하호의 액수를 놓고 상호가 소유한 것으로 나타난 액수로 나눠주면 답이 나온다.

주해 풀이법의 계산은 다음과 같다.

$$123.5 \div 31250 \times 1000 = 3.952\text{문}.$$

今有下戶缺錢一百二十三貫五百文,準條於上戶均攤. 今有上戶見在錢三萬一千二百五十貫文,問合每貫均著幾何?
答曰,每貫三文九分五釐二毫.
術曰,置下戶錢數,以上戶見在錢除之,卽得.

[下-8] 17관 525문이 있는데 3마리에 5문씩 하는 닭을 사려고 하면 모두 몇 마리나 되겠는가?

답 : 닭 10,515마리.

풀이법에 따라서 돈의 액수를 놓고 3을 곱하고 5로 나눠주면 답이 나온다.

今有一十七貫五百二十五文,欲五文買鷄三只,問得幾何?
答曰,得鷄一萬五百一十五只.
術曰,置錢數,以三因之,五而一,卽得.

[下-9] 돈 2관 400문으로 주석 1근을 살 수 있다면 1냥, 수, 루 값은 얼마인가?

답 : 1냥 150문, 1수 6문 2푼 5리, 1루 6푼 2리 5호.

풀이법에 따라서 돈의 액수를 놓고 16으로 나눠주면 1냥 값이 나온다. 1수 값을 알려면 1냥 값을 놓고 24로 나누면 된다. 1수 값을 한 자리 물리면 1루 값이 된다.

今有錢二貫四百文,買錫一斤,問兩,銖,累幾何?
答曰,兩,一百五十文. 銖,六文二分五釐. 累,六分二釐五毫.
術曰,置錢數,以十六除之,得兩價. 欲知銖價,卽置兩價,以二十四除爲銖價. 退銖價一等爲累價.

[下-10] 15집이 세금 10관을 공동 납부하게 되어 갑 3인은 각자 1관씩, 을 5인은 각자 700문씩, 병 7인은 각자 500문씩 냈는데, 후속 조치가 취해져서 모두 7관 300문을 환급 받게 되었다. 원래의 납부액에 따라서 환급 받는다면, 각각 얼마나 되겠는가?

답 : 갑 3인에게 각각 730문씩 환급(270문은 납부), 을 5인에게 각각 511문씩 환급(189문은 납부), 병 7인에게 각각 365문씩 환급(135문은 납부).

풀이법에 따라서 환급 총액을 놓아 100으로 나누면 100문 당 환급액이 되고, 100문을 놓아 그 값을 빼주면 나머지는 100문당 납부액이 된다. 각각 이 값을 놓아 각자가 낸 액수를 곱해주면 각각의 해당 금액이 나온다.

今有十五家共納兩稅錢一十貫文. 甲三人,人各一貫文,乙五人,人各七百文,丙七人,人各五百文. 續奉符令,都却還七貫三百. 問隨元納數,給付各幾何?

答曰,甲三人各還七百三十文. (各有二百七十文在.)

乙五人各還五百一十一文. (各有一百八十九文在.)

丙七人各還三百六十五文. (各有一百三十五文在.)

術曰,置却還數,以百除之,所得爲每百還錢之數. 置百文減之,餘爲每百錢在庫之數. 各置此數,以各人所納錢數乘之,各得其數.

[下-11] 비단 1,525필 3장 7자 5치를 주로 보내려고 하는데 1필마다 15문을 충당할 각으로 그 자체에서 추려내려고 하며, 그 비단의 시가(시고)는 1필당 1관 100문이다. 정과 각은 각각 얼마나 되는가?

답 : 정 1,505필 1장 6자 $3\frac{151}{223}$ 치, 각 20필 2장 1자 $1\frac{72}{223}$ 치.

풀이법에 따라서 비단의 수량을 놓고 장, 자 이하는 반으로 나누고 5배한 다음, 시가 1관 100문을 곱하면 1,678관 531문 2푼 5리가 된다. 다시 1관 100문을 놓고, 15문을 더하여 나눗수로 삼아서 나눠주면 1,505필이 나오고 딱 떨어지지 않는 것은 456문 2푼 5리가 되는데 자리를 올리고 4를 곱하면, 18,250이 된다. 하법으로 나눠주면 1장 6자 3치가 되고 딱 떨어지지 않는 것과 나눗수의 자리를 함께 물리고 두 배하면 $\frac{151}{223}$ 치가 된다. 각의 수량을 알기 위해서는 원래의 비단 수량을 놓고 장, 자, 치는 반으로 나누고 5배한 다음 다시 각전 15문을 곱하면 22,889문 6리 2호 반이 된다. 1관 115문을 나눗수로 삼아서 나누면 20필이 나오고 딱 떨어지지 않는 것은 589문 6리 2호 반이 되는데 자리를 올리고 4를 곱하면 23,562문 반이 된다. 하법으로 나눠주면 2장 1자 1치가 되고 딱 떨어지지 않는 것은 앞시와 마찬가지로 나눠주면 $\frac{72}{223}$ 치가 된다.

주해 이 문제는 [中-18], [中-19], [中-21], [中-22], [下-12], [下-16], [下-27], [下-37], [下-40]과 더불어 정과 각을 묻는 문제이다. 정이 시가를 반영한 비율로 계산되고 있다--물론 각이 금액으로 책정된 만치 불가피하지만--는 점이 눈길을 끈다.

今有絹一千五百二十五匹三丈七尺五寸,欲送州. 每匹一十五文充脚,并於身內抽給. 其絹時估,每匹一貫一百文. 問正及脚各幾何?

答曰,正,一千五百五匹一丈六尺三寸,二百二十三分寸之一百五十一. 脚,二十四匹二丈一尺一寸,二百二十三分寸之七十二.

術曰,置絹數,於丈尺已下折半五因,以時估一貫一百文乘,得一千六百七十八貫五百三十一文二分五釐. 復置一貫一百文加一十五文爲法,除得一千五百五匹. 不盡四百五十六文二分五釐,進位,四因之,得一萬八千二百五十. 以下法除之,得一丈六尺三寸. 不盡者與法退位,倍之,得二百二十三分寸之一百五十一. 欲知脚價者,置元絹數,丈,尺,寸折半,五因,又以脚錢一十五文乘之,得二萬二千八百八十九文六釐二毫半. 以一貫一百一十五文爲法,除得二十四. 不盡五百八十九文六釐二毫半,進位,四因之,得二萬三千五百六十二文半. 以下法除之,得二丈一尺一寸. 不盡者如前約之,得二百二十三分寸之七十二.

[下-12] 비단 1필에 각이 15문이다. 1장, 1자, 1치 당으로 환산하면, 얼마나 되는가?

답 : 장당 3문 7푼 5리, 자당 3문 7리 5호, 치당 3리 7호 5사.

풀이법에 따라서 각 15문을 놓고 4장으로 나누면 장당 각의 값이 된다. 한 자리 물리면 자당 각의 값이 되고 다시 한 자리 물리면, 치당 각의 값이 된다.

주해 이 문제는 [中-18], [中-19], [中-21], [中-22], [下-11], [下-16], [下-27], [下-37], [下-40]과 더불어 정과 각을 묻는 문제이다.

今有絹一匹,當脚一十五文. 問丈,尺,寸各幾何?
答曰,丈,三文七分五釐. 尺,三分七釐五毫. 寸,三釐七毫五絲.
術曰,置脚一十五文,以四丈除之,得一丈脚數. 退一等得尺,再退一等得寸脚數.

[下-13] 비단 1필이 있는데 1관 100문의 값이 나간다. 장, 자, 치로 환산하면 얼마나 되는가?

답 : 1장 275문, 1자 27문 5푼, 1치 2문 7푼 5리.

풀이법에 따라서 돈의 액수를 놓고 4장으로 나누면 1장 값이 된다. 한 자리 물리면 1자 값이 되고 다시 한 자리 물리면 1치 값이 된다.

주해 이 문제는 [下-3]과 기본적으로 같은 유형의 문제이다.

今有絹一匹,値一貫一百文. 問丈,尺,寸各幾何?
答曰,丈,二百七十五文. 尺,二十七文五分. 寸,二文七分五釐.
術曰,置錢數,以四丈除之,得丈價. 退一等得尺價. 再退得寸價.

[下-14] 쌀 2,567섬 5말이 있는데, 그 쌀이 거칠기에 다시 찧으려고 하면 매 8되당 1근이 소모된다. 익힌 쌀은 모두 얼마나 되겠는가?

답 : 익힌 쌀 2,246섬 5말 6되 2홉 5작.

풀이법에 따라서 쌀의 수량을 놓고 7을 곱하고 8로 나누면 답이 나온다. 거꾸로 쌀을 구하려면 8을 곱하고 7로 나눈다.

今有米二千五百六十七斛五斗,其米粗,欲再春,每八升耗一斤. 問合得熟米幾何?

答曰,熟米二千二百四十六斛五斗六升二合五勺.

術曰,置米數,以七因,八除,得數. 返求米,以八因,七除.

[下-15] 쌀 1,532섬 7말이 있는데 남에게 빌려줘서 8되당 1되의 이자를 붙이려고 한다. 본전과 이자를 합치면 얼마나 되겠는가?

답 : 1,724섬 2말 8되 7홉 5작.

풀이법에 따라서 쌀의 수량을 놓고 9를 곱하고 8로 나눈다. 만약 원금을 구하려면 8을 곱하고 9로 나눈다.

今有米一千五百三十二斛七斗,欲貸與人,每八升加息一升. 問本,息共幾何?

答曰,一千七百二十四斛二斗八升七合五勺.

術曰,置米數,以九因,八除之. 若求元數,八因,九除之.

[下-16] 양세전 2,000문이 있는데 주에 보내기 위하여 1관 당 그 자체 내에서 추려내어 10문씩 각에 충당한다면 정과 각은 각각 얼마나 되겠는가?

답 : 정 1,980관 $198\frac{2}{101}$문, 각 19관 $801\frac{99}{101}$문.

풀이법에 따라서 돈의 액수를 놓고 그 아래에 1관을 놓은 다음, 다시 각 10문 더한 것을 나눗수로 삼아 나눠주면, 정의 액수가 된다. 전체 금액에서 뺀 나머지가 곧 각전이다.

주해 이 문제는 [中-18], [中-19], [中-21], [中-22], [下-11], [下-12], [下-27], [下-37], [下-40]과 더불어 정과 각을 묻는 문제이다. 또한 이 문제와 같이 "양세"제도를 다룬 문제는 [中-21], [中-22], [下-27]에서도 발견된다.

今有兩稅錢二千文. 欲送州,每貫數內抽一十文充脚. 問正及脚各幾何?
答曰,正,一千九百八十貫一百九十八文,一百一分文之二.
脚,一十九貫八百一文,一百一分文之九十九.
術曰,置錢數,下置一貫文,又加脚十文爲法,除之,得正數. 却減都錢,餘卽脚錢.

[下-17] 주단 5,625필이 있는데 1필당 겹옷 7벌씩 만들려고 하면 모두 몇 벌이나 되겠는가?

답 : 39,375벌.

풀이법에 따라서 주단의 수량을 놓고 7을 곱하면 답이 나온다.

今有綢五千六百二十五匹,匹欲作複[145]七條. 問合幾何?
答曰,三萬九千三百七十五條.
術曰,置綢數,以七因之,卽得.

[下-18] 한 변이 1치인 정육면체 금의 무게는 1근이다. 한 변이 6치인 정육면체 금의 무게는 얼마나 되겠는가?

답 : 216근.

풀이법에 따라서 금의 치수를 놓고 세제곱하면 곧 답이 나온다.

今有金方一寸,重一斤. 有金方六寸,問重幾何?
答曰,二百一十六斤.
術曰,置金寸數,再乘之,卽得.

[下-19] 비단 2,454필이 있는데 1필 당 가격이 1관 700문씩이라면 모두 얼마나 되는가?

답 : 4,171관 800문.

145) "복(複)"은 안감을 댄 겹옷(重衣)을 가리킨다.

풀이법에 따라서 먼저 비단의 수량을 놓고 7배하여 덧붙인 다음 한 자리 물리면 답이 나온다.

今有絹二千四百五十四匹,每匹値錢一貫七百文. 問計錢幾何?
答曰,四千一百七十一貫八百文.
術曰,先置絹數,七添之,退位一等,卽得.

[下-20] 베 13,463단 2장 5자 6치가 있는데 1단 값이 1관 800문이다. 모두 얼마나 되는가?

답 : 24,234관 321문 6푼.

풀이법에 따라서 먼저 베의 수량을 놓고 장과 자는 2배로 한다. 아래를 따라 0.8배를 덧붙이고 막 바로 숫자의 머리부분에 이르러 한 자리 물리면 답이 나온다.

다른 풀이법에 따라서 한 자리 물리고 1배를 뺀 나머지를 2배해도 역시 결과는 마찬가지이다.

今有布一萬三千四百六十三端二丈五尺六寸,每端値錢一貫八百文. 問計錢幾何?
答曰,二萬四千二百三十四貫三百二十一文六分.
術曰,先置布數,丈尺倍之. 從下八添,直至數首,退一等,卽得.
又術,退位,減一,餘以二因之,亦得.

[下-21] 베 18,463자 4치 2푼이 있는데 단으로 환산하면 얼마나 되는가?

답 : 369단 1장 3자 4치 2푼.

풀이법에 따라서 먼저 자수를 놓고 50자로 나눠주면 답이 나온다.

今有布積尺一萬八千四百六十三尺四寸二分,問爲端幾何?
答曰,三百六十九端一丈三尺四寸二分.
術曰,先置尺數,以五十尺除之,卽得.

[下-22] 비단 3,463필 1장 3자 4치가 있는데, 1필당 3관 500문씩 한다. 모두 얼마나 나가겠는가?

답 : 12,121관 672문 5푼.

풀이법에 따라서 먼저 비단의 수량을 놓고 장, 자 이하는 반으로 나누어 5배하고 5×7 배하면 답이 나온다.

다른 풀이법에 따라서 앞자리를 따라 7배하고 반으로 나누어도 답이 나온다.

今有絹三千四百六十三匹一丈三尺四寸,每匹三貫五百文,問計錢幾何?
答曰,一萬二千一百二十一貫六百七十二文五分.
術曰,先置絹數,丈尺已下折半五因,以五七因之,卽得.
又術,從頭七因訖,折半,卽得.

[下-23] 비단 13,463자 5치 4푼이 있는데 필로 환산하면 얼마나 되는가?

답 : 336필 2장 3자 5치 4푼.

풀이법에 따라서 먼저 비단의 자수를 놓고 1필 40자를 나눗수로 나눠주면 답이 나온다.

> 今有絹積尺一萬三千四百六十三尺五寸四分,問爲匹幾何?
> 答曰,三百三十六匹二丈三尺五寸四分.
> 術曰,先置積尺數,以匹四十尺爲法除之,卽得.

[下-24] 실 1,525근이 있는데 1냥당 170문씩 한다면 모두 얼마나 되는가?

답 : 4,148관.

풀이법에 따라서 먼저 실의 수량을 놓고 2와 8로 곱하고 냥의 값을 곱하면 답이 나온다.

다른 풀이법에 따라서 0.7배를 덧붙여도 역시 답은 마찬가지이다.

주해 이 문제는 「오조산경」 "금조" [4]와 비슷한 문제이다.

> 今有絲一千五百二十五斤,每兩一百七十文,問錢幾何?
> 答曰,四千一百四十八貫.
> 術曰,先置絲數,以二,八因之,以兩價乘之,卽得.
> 又術,添七亦得.

[下-25] 실 3,485냥이 있는데, 실 5냥을 써서 깁 비단 1필씩 짜게 하면 깁 비단은 얼마나 되겠는가?

답 : 697필.

풀이법에 따라서 먼저 실의 수량을 놓고 2를 곱하고 한 자리 물리면 답이 나온다.

또는 5냥으로 나눠줘도 역시 결과는 마찬가지이다.

今有絲三千四百八十五兩. 令織紗一匹用絲五兩. 問得紗幾何?

答曰,六百九十七匹.術曰,先置絲數,以二因之,退位一等,卽得.

又術,以五兩除之,亦得.

[下-26] 실 13,467냥이 있는데 근으로 환산하면 얼마나 되는가?

답 : 841근 11냥.

풀이법에 따라서, 먼저 실의 냥수를 놓고, 반으로 네 번 나누면, 근이 된다. 0을 만났을 때, 6배를 덧붙이면, 나뉨수가 복원된다.

또는 나뉨수를 16으로 나눠줘도, 역시 결과는 마찬가지이다.

今有絲一萬三千四百六十七兩,問斤幾何?

答曰,八百四十一斤一十一兩.

術曰,先置絲兩數,四折半卽是斤. 逢零,六添之,歸實.

又術,以十六除之,亦得.

[下-27] 양세전 43,675관 200문이 있는데, 그 자체에서 추려내어 각에 충당하기를 1관당 200문씩 한다면, 정과 각은 각각 얼마나 되겠는가?

답 : 정 36,396관, 각 7,279관 200문.

풀이법에 따라서 먼저 원금을 놓고, 반으로 나누고, 6으로 나누면, 정의 액수가 된다. 정의 액수를 2배하면, 곧 각이 된다.

다른 풀이법에 따라서 돈의 액수를 놓고, 그 자체 밖에서 2배한 것을 빼도, 정이 된다. 2배하면, 각이 된다.

주해 이 문제는 [中-18], [中-19], [中-21], [中-22], [下-11], [下-12], [下-16], [下-27], [下-37], [下-40]과 더불어 정과 각을 묻는 문제이다. 또한 이 문제와 같이 "양세"제도를 다룬 문제는 [中-21], [中-22], [下-16]에서도 발견된다.

今有兩稅錢四萬三千六百七十五貫二百文,抽身內充脚,每貫二百文,問正及脚各幾何?
答曰,正,三萬六千三百九十六貫文. 脚,七千二百七十九貫二百文.
術曰,先置元錢,折半,六除,是正錢數. 將正錢二因,卽得脚.
又術,但置錢數,身外減二,得正. 倍之,得脚.

[下-28] 돈 3,463관 500문이 있는데 한 관당 42문을 예비비(숙)로 할당한다면 숙은 얼마나 되겠는가?

답 : 145관 467문.

풀이법에 따라서 먼저 돈의 액수를 놓고, 6배하고, 7배한 다음, 한 자리 물리면 곧 답이 된다.

> 今有錢三千四百六十三貫五百文,欲每貫塾[146]四十二文,問塾幾何?
> 答曰,一百四十五貫四百六十七文.
> 術曰,先置錢數,以六,七因之,退位卽得.

[下-29] 비단 42필이 있는데 1필당 4관 366문 4푼 7리 8호 9사 4홀씩 한다면 모두 얼마나 되는가?

답 : 183관 392문 1푼 1리 5호 4사 8홀.

풀이법에 따라서 먼저 비단 한 필의 값을 놓고 7을 곱하고 6을 곱하면 답이 나온다.

> 今有絹四十二匹,每匹當錢四貫三百六十六文四分七釐八毫九絲四忽,問錢幾何?
> 答曰,一百八十三貫三百九十二文一分一釐五毫四絲八忽.
> 術曰,先置絹匹之價,以七,六因之,卽得.

---

146) 여기서 "숙(塾)"의 의미를 단정짓기는 어려우나, 그것이 원래 문 옆의 방(門側堂)을 가리킨다는 점에서 아마도 일종의 예비비, 비상금, 또는 비자금이라고 보면 될 것이다.

[下-30] 돈 5,463관 450문이 있는데 관례에 따라 한 관당 50문을 숙맥으로 충당한다면 숙의 합계는 얼마나 되겠는가?

답 : 273관 172문 5푼.

풀이법에 따라서 먼저 돈의 액수를 놓고 반으로 나누고 자리를 물리면 곧 답이 된다.

다른 풀이법에 따라서 5를 곱해도 역시 답은 마찬가지이다.

> 今有錢五千四百六十三貫四百五十文,準例每貫納五十文充塾陌,問合塾幾何?
> 答曰,二百七十三貫一百七十二文五分.
> 術曰,先置錢,折半,退位,卽得.
> 又術,五因之,亦得.

[下-31] 찹쌀 3,463섬 6말이 있는데 한 말당 술 1말 4되를 만든다면 술은 얼마나 되겠는가?

답 : 4,849섬 4되.

풀이법에 따라서 먼저 쌀의 수량을 놓고, 2를 곱하고, 7을 곱하면, 곧 답이 된다.

다른 풀이법에 따라서 4배를 덧붙여도 역시 답은 마찬가지이다.

> 今有糯米三千四百六十三斛六斗,每斗醞酒一斗四升,問酒幾何?
> 答曰,四千八百四十九斛四升.
> 術曰,先置米數,以二,七因之,卽得.
> 又術,以四添之,亦得.

[下-32] 콩 13,473섬 5말이 있는데 한 말당 메주 1말 5되를 만든다면 메주는 얼마나 되겠는가?

답 : 20,181섬 7말 5되.

풀이법에 따라서 먼저 콩의 수량을 놓고 5배를 덧붙이면 곧 답이 된다. 다른 풀이법에 따라서 1말 5되를 곱해도 역시 답은 마찬가지이다.

今有大豆一萬三千四百七十三斛五斗,每斗造豉一斗五升,問豉幾何?

答曰,二萬一百八十一斛七斗五升.

術曰,先置豆數,以五添之,卽得.

又術,以一斗五升乘之,亦得.

[下-33] 밀 56,473섬 5말이 있는데 한 말당 곡 5근을 만든다면 곡은 얼마나 되겠는가?

답 : 2,823,675근.

풀이법에 따라서 먼저 밀의 수량을 놓고 아래를 따라 5배하면 곧 답이 나온다.

今有小麥五萬六千四百七十三斛五斗,每斗造曲五斤,問曲幾何?

答曰,二百八十二萬三千六百七十五斤.

術曰,先置麥數,從下五因之,卽得.

[下-34] 쌀 13,464섬 5말이 있는데 한 말당 120문씩 한다면 얼마나 되겠는가?

답 : 16,157관 400문.

풀이법에 따라서 먼저 쌀의 수량을 놓고 2배하고 6배하면 곧 답이 나온다.

다른 풀이법에 따라서 2배를 덧붙여도 역시 결과는 같다.

今有米一萬三千四百六十四斛五斗,每斗一百二十文,問錢幾何?

答曰,一萬六千一百五十七貫四百文.

術曰,先置米數,二,六因之,卽得.

又術,以二添之,亦得.

[下-35] 쌀 13,465섬 4말 3되가 있는데 한 말당 135문씩 한다면 얼마나 되겠는가?

답 : 18,178관 330문 5푼.

풀이법에 따라서 먼저 쌀의 수량을 놓고 3배하고 9배한 다음 반으로 나누면 곧 답이 나온다.

다른 풀이법에 따라서 9를 곱하고 5배를 덧붙여도 역시 결과는 같다.

今有米一萬三千四百六十五斛四斗三升,每斗一百三十五文,問錢幾何?
答曰,一萬八千一百七十八貫三百三十文五分.
術曰,先置米數,三,九因之,折半,卽得.
又術,九因,五添,亦得.

[下-36] 애찧은 쌀(조미) 8,467섬 5말이 있는데, 매 1말 5되를 맷돌로 찧으면, 익힌 쌀(숙미) 8되가 나온다면 익힌 쌀은 얼마나 되겠는가?
답 : 4,516섬.

풀이법에 따라서 먼저 애찧은 쌀의 수량을 놓고 8을 곱한 다음, 15로 나눠주면 곧 답이 나온다.

今有糙米八千四百六十七斛五斗,每一斗五升碾熟米八升,問米幾何?
答曰,米四千五百一十六斛.
術曰,先置糙米數,以八因之,十五除之,卽得.

[下-37] 쌀 3,463섬 4말 4되 7홉 1작이 있는데 매 1말 당 3홉을 뽑아서 각미로 충당한다면 정미와 각미는 각각 얼마나 되겠는가?
답 : 정미 3,362섬 5말 7되, 각미 108섬 8말 7되 7홉 1작.

풀이법에 따라서 먼저 쌀의 수량을 놓고 1말 3홉으로 나눠주면, 정미가 나오고 그 값을 3배하(고, 100으로 나누)면 각미가 나온다.

주해 이 문제는 [中-18], [中-19], [中-21], [中-22], [下-11], [下-12], [下-16], [下-27], [下-40]과 더불어 정과 각을 묻는 문제이다. 풀이법에서 말하는 계산과정은 다음과 같다.

$$\text{정미} = 3463.4471 \times \frac{100}{103} = 3362.57\text{섬},$$

$$\text{각미} = 3362.57 \times \frac{3}{100} = 108.8771\text{섬}.$$

今有米三千四百六十三斛四斗四升七合一勺,每斗身內抽三合充脚,問正及脚各幾何?
答曰,正,三千三百六十二斛五斗七升. 脚,一百斛八斗七升七合一勺.
術曰,先置米數,以一斗三合除之,得正米. 以三因之,得脚米.

[下-38] 애찧은 쌀 3,464섬 5말 7되 3홉 4작이 있는데 매 1말을 찧으면 익힌 쌀 9되가 나온다면 익힌 쌀은 얼마나 되겠는가?
답 : 3,118섬 1말 1되 6홉 6초.

풀이법에 따라서 먼저 (애찧은) 쌀의 수량을 놓고 9를 곱한 다음 한 자리 물리면 곧 답이 나온다.

다른 풀이법에 따라서 아래를 따라 1할을 감해도 곧 답이 나온다.

今有糙米三千四百六十四斛五斗七升三合四勺,每斗春得熟米九升,問熟米幾何?
答曰,三千一百一十八斛一斗一升六合六抄.
術曰,先置米數,九因,退之,卽得.
又術,但從下內減一,卽得.

[下-39] 깨 3,475섬 4말 5되가 있는데 매 3섬 3말 당 기름 1섬이 나온다면 기름은 얼마나 되겠는가?

답 : 1,053섬 1말 $6\frac{2}{3}$ 되.

풀이법에 따라서 3섬 3말로 나눠주면 기름의 수량이 나온다. 미처 떨어지지 않는 것은 약분해서 분수로 부른다.

今有麻三千四百七十五斛四斗五升,每三斛三斗作油一斛,問油幾何?
答曰,一千五十三斛一斗六升,三分升之二.
術曰,以三斛三斗除,得油數. 不盡,約之爲命分.

[下-40] 쌀 3,456섬이 있는데 매 1말 당 2되를 뽑아서 각미로 충당한다면 정미와 각미는 각각 얼마나 되겠는가?

답 : 정미 2,880섬, 각미 576섬.

풀이법에 따라서 먼저 쌀의 수량을 놓고 $\frac{2}{12}$배를 빼면 정미가 나온다. 그 값을 2배하고 한 자리 물리면 각미가 나온다.

주해 이 문제는 [中-18], [中-19], [中-21], [中-22], [下-11], [下-12], [下-16], [下-27], [下-37]과 더불어 정과 각을 묻는 문제이다. 전체 수량의 각각 $\frac{10}{12}$과 $\frac{2}{12}$를 차지하는 정미와 각미를 계산하라는 문제인데 각미는 "거이(去二)"하는 과정 속에 함축되어 있고 전체 수량에서 정미를 빼도 구할 수 있겠으나 여기서는 일단 정미의 2할에 해당된다는 점을 중시하여

$$2880 \times 2 \div 10 = 576$$

으로 계산하기를 택한 것으로 나타난다.

今有米三千四百五十六斛,每斗身內抽二升充脚,問正,脚各幾何?

答曰,正,二千八百八十斛. 脚,五百七十六斛.

術曰,先置米數,去二[147]得正米. 以二因,退位,得脚米.

[下-41] 병사 14,575인이 있는데 1인당 돈 1관 440문씩 지급한다면, 돈은 얼마나 소요되는가?

---

147) "去二"는 "원래 수량의 $\frac{2}{12}$배를 뺀다"는 뜻이며, 1.2로 나눠주는 것에 해당한다.

답 : 20,988관.

풀이법에 따라서 먼저 사람 수를 놓고 0.44배를 덧붙이면 곧 답이 된다.

다른 풀이법에 따라서 사람 수를 1인당 지급액을 곱해도 전체 금액이 된다.

주해 「오조산경」 "병조" [4]도 이와 비슷한 문제이다.

今有兵一萬四千五百七十五人, 每人給錢一貫四百四十文, 問錢幾何?
答曰, 二萬九百八十八貫文.
術曰, 先置人數,添四四,卽得.
又術, 以人數乘一人所給之數, 得都錢.

[下-42] 병사 3,485인에게 1인당 비단 1장 3자씩 지급한다면 비단은 얼마나 소요되는가?

답 : 1,132필 2장 5자.

풀이법에 따라서 먼저 사람 수를 놓고 0.3배를 덧붙이면 장수가 된다. 4를 나눗수로 삼아서 나눠주면 곧 필수가 된다.

주해 비슷한 문제가 [中-9]에도 등장한다. 또한 「오조산경」 "병조" [6]도 이와 유사한 문제이다. 1필=4장이므로 풀이법에서 말하는 계산과정은 다음과 같이 나타난다.

$$3485\times1.3\div4=\frac{3485+(3485\times0.3)}{4}$$
$$=1132.625\text{필}=1132\text{필 }2\text{장 }5\text{자}.$$

今有兵三千四百八十五人,每人賜絹一丈三尺,問絹幾何?
答曰,一千一百三十二匹二丈五尺.
術曰,先置人數,添三得丈數. 以四爲法除之,得匹.

[下-43] 성의 호를 파는데, 깊이가 2장, 윗 너비가 3장, 길이가 1리이다. 한 변이 3자인 것을 1공(1인당 노동량)으로 삼는다면, 모두 몇 공이나 들어가겠는가?

답 : 4만공.

풀이법에 따라서 먼저 깊이를 놓고 너비를 곱한 다음 다시 길이를 자로 환산하여 곱해서 나뉨수로 삼는다. 1공의 크기인 한 변 3자의 세제곱을 나눗수로 삼아서 나눠주면 답이 나온다.

주해 여기서 말하는 공사가 필요로 하는 노동력이 과연 연인원 몇 명분(공)인가는 이 책 앞부분에 실려 있는 "도량형에 대한 논의(辨度量衡)"에서 볼 수 있듯이 1보=6자, 1리=300보이므로, 다음과 같이 계산된다.

$$\frac{2\text{장}\times3\text{장}\times1\text{리}}{3^{3}\text{자}}=\frac{20\times30\times1800}{27}\text{공}=40,000\text{공}.$$

今有開城壕,深二丈,闊三丈,長一里. 每方三尺用一功[148].
問功幾何?
答曰,四萬功.
術曰,先置深,闊相乘,又以長里通尺乘之,爲實. 以功數方三尺再自乘爲法,除之,卽得.

[下-44] 성을 구축하는데 높이가 3장, 윗 너비가 1장 5자, 아래 너비가 2장 5자, 길이가 100장이다. 한 변이 2자인 것을 1공으로 삼는다면 모두 몇 공이나 들어가겠는가?

답 : 75,000공.

풀이법에 따라서 먼저 위아래 너비를 더하여 반으로 나누고 높이를 곱한 다음 다시 길이를 곱하여 나뉨수로 삼는다. 1공의 크기인 한 변 2자의 세제곱을 나눗수로 삼아서 나눠주면 답이 나온다.

주해 풀이법에서 말하는 계산과정은 다음과 같다.

$$\frac{(25+15)\times 30\times 1000}{2\times 2^{3}}=75,000\text{공}.$$

148) "공(功)"은, 「구장산술」 "상공"장에서 쓰였듯이, 1인당 노동량을 뜻한다.

今有築城, 高三丈, 上闊一丈五尺, 下闊二丈五尺,長一百丈. 每方二尺用一功. 問功幾何?
答曰,七萬五千功.
術曰,先置上,下闊幷之,折半,以高乘之,又以長乘之,爲實. 以功數方二尺再自乘爲法,除之,卽得.

하후양산경 해설

「하후양산경」은 북주(北周)의 견란(甄鸞)이 주석을 가하고, 「수서(隋書)」 "경적지(經籍志)"에도 2권 짜리로 기록되었으며, 당나라 초기에 산학을 국자감에서 가르치고 관리 선발에 반영할 때에는 "십부산경(十部算經)"에 편입되는 등 일찍부터 산학의 고전 반열에 올랐던 책이다. 「장구건산경」의 서문에 「하후양산경」을 「손자산경」과 함께 거명하면서 "「하후양산경」의 직육면체 창고(방창), 「손자산경」의 그릇 씻기(탕배)와 같은 것들의 풀이법은 모두 그 오묘함을 아직 얻지 못하고 있다. 그러므로 다시 새로운 풀이법을 만들고 그 이치를 알아내서 여기에 덧붙이게 되었다.(其夏侯陽之方倉, 孫子之蕩杯, 此等之術皆未得其妙. 故更造新術, 推盡其理, 附之於此.)"라고 한 것을 보면, 「장구건산경」보다 먼저 명저로서의 지위가 확립되었을 것으로 여겨지기도 한다. 송 대관(大觀) 3년(1109) 하후양을 산학사상의 큰 별들 가운데 1인으로 기리게 되었을 때, 그를 진(晋)나라 인물로 간주한 것도 같은 관점에서 취한 조치였다. 그러나 오늘날 「하후양산경」으로 전해지고 있는 3권 짜리 판본은 북송 원풍(元豐) 7년(1084)에 판각된 것인데, 당나라 초기 이후에 벌어진 시대상과 관련된 내용이 많이 포함되어 있어서 본래의 모습을 짐작하기가 쉽지 않다. 따라서 적어도 현전본(現傳本)에 관한 한, "조·용·조의 부과(課租傭調)"나 "녹봉·급료의 분배(分祿料)" 등의 8세기 제도들이 나온다는 점에 주목하여 매영조(梅榮照, 1966)는 그것이 770-780년 사이에 이루어졌다고 주장하고 있는 것이다. 오문준(1999: 277-284)이 현전본을 아예 「한연산술(韓延算術)」이라고 부르는 것도 같은 맥락에서이다.

아무튼 내용 면에서 이 책의 최대의 특징은 실생활과 관련된 응용수학적 성격이 강하다는 것인데, 방법론적으로 곱셈, 나눗셈에 크게 의존하고 있고, "산경십서" 가운데에서도 특히 「오조산경」과 닮았다는 것도 따지고 보면, 결코 우연이 아니라고 여겨진다.

이 책의 실용 산술서적인 성격은 책의 체제를 요약하고 있는 장 제목들(단, 곱셈, 나눗셈에 대한 처음과 끝장을 제외)만 훑어보더라도 자명하게 드러난다.

2. 도량형에 대한 논의(辯度量衡)
3. 섬의 비율이 같지 않음에 대한 지적(言斛法不同)
4. 조·용·조의 부과(課租傭調)
5. 보수가 같지 않음에 대한 논의(論步數不等)
6. 쌀과 낟알의 교환(變米穀)
7. 토지세의 계산(求地稅)

8. 녹봉·급료의 분배(分祿料)
9. 식량 등 물자 지급에 관한 계산(計給糧)
10. 각가의 산정(定脚價)
11. 경중의 측정(稱輕重)

즉, 전편이 생산, 교환, 조세, 분배, 측정 등에 할애되어 있는 것이다. 특히 정과 각을 묻는 문제들이 [中-18], [中-19], [中-21], [中-22], [下-11], [下-12], [下-16], [下-27], [下-37], [下-40] 등에 걸쳐서 매우 빈번히 등장하는 것은 「하후양산경」의 실용적 시각의 초점이 과연 어디에 있었는지 가늠케 한다고 여겨진다. 또한 그와 유사한 정과 모를 묻는 문제들이 [中-1]과 [中-3]에서 발견된다는 것도 주목할 만한데 이와 같은 정, 모 계산 문제는 사실상 「구장산술」("쇠분"장의 16, 17번째 문제들)은 물론, 심지어 「산수서」에서도 찾아볼 수 있는 뿌리 깊은 역사를 지니고 있다.

이 책이 수학 방법론적으로 선도적 독자적 기여를 한 "산경십서"의 다른 여러 고전들과는 달리 대체로 곱셈, 나눗셈에 머무르고 있다는 사실도 상당한 정도까지는 이 책이 지닌 실용 산술서적인 성격과 무관치 않다. 곱셈, 나눗셈에 대한 이러한 관심은, 그러나 동시에, "곱셈과 나눗셈에 대한 설명(明乘除法)"에 등장하는 "언십자과(言十自過)"나 "중인법(重因法)"과 같은 개념들에서 보듯이, 산학사적으로는 「양휘산법」에서 정점에 도달한 그러한 경향의 단초적인 성격을 지닌다는 점에 유념할 필요가 있다.

「하후양산경」이 "산경십서"의 여러 다른 고전들과 내용적으로 공유하는 바가 많음에도 불구하고, 어째서 유독 「오조산경」과 가장 가깝게 보이느냐하는 이유는 이미 언급한 바와 같이 둘 다 실용 산술서를 표방했다는 데서 찾을 수밖에 없다고 여겨진다. 예컨대, [中-9], [下-41], [下-42]와 같이 병사들에게 물자를 배급하는 것에 관한 문제들은 「오조산경」 "병조"에 나오는 것들을 상기시킨다. 요고전과 사부등전의 넓이에 관한 「오조산경」의 잘못된 공식들이 유독 이 책에서만 화답되고 있다는 점도 바로 이와 같은 양자간의 밀접한 관계라는 측면에서 주목할 만할 것이다.

한편, 「장구건산경」 서문에서 "오묘하다"고 추켜세웠던 "夏侯陽之方倉"은 이 책 상권의 4-6번째 문제들에 등장하는 창고--실제로는 가로, 세로가 같지 않아서 방창이 아니라 장창(長倉)이다--들과 관련될 터인데, [上-4]가 평이한 문제라는 점을 감안해서 여기서는 특히 [上-5], [上-6]을 지칭한다고 간주하였다.

끝으로, 이 역주 작업은 주로 靖玉樹 編, 「中國歷代算學集成」 上卷에 수록된 영인본을 기초로 하면서, 郭書春·劉鈍 교점본 「算經十書」의 해당 부분을 크게 참조하여 이루어졌음을 밝힌다.

참고문헌

「九章算術」.

「算數書」.

「楊輝算法」.

「五曹算經」.

「張邱建算經」.

郭書春・劉鈍 校點. 1998.「算經十書」. 遼寧教育出版社.

關增建. 2000.「計量史話」. 北京: 中國大百科全書出版社.

國家計量總局・中國歷史博物館・故宮博物館 編. 1993.「中國度量衡圖集」. 金基協 譯, 法仁文化社.

紀志剛 編. 1999.「孫子算經・張邱建算經・夏侯陽算經導讀」. 湖北教育出版社.

梅榮照. 1966. "唐中期到元末的實用算術."「宋元數學史論文集」. 北京: 科學出版社.

謝浩范・朱迎平. 1996.「管子全譯」. 貴州人民出版社.

宋應星. 1997.「天工開物」. 江蘇廣陵古籍出版社.

靖玉樹 編. 1994.「中國歷代算學集成」. 上卷. 山東人民出版社.

陳登原. 1998.「中國田賦史」. 北京: 商務印書館.

차종천. 2000.「九章算術・周髀算經」. 범양사출판부.

Gullberg, Jan. 1997. *Mathematics: From the Birth of Numbers*. New York: W. W. Norton & Co.

찾아보기

(ㅇ)

(ㅈ)

(ㅊ)

(ㅌ)

(ㅍ)

(ㅎ)

(G)

(I)

(L)

(M)

차종천(車鍾千)

서울대학교 영어영문학과 졸업
서울대학교 대학원 사회학과 수료
미국 위스콘신대 대학원에서 사회학 석·박사학위 취득
한림대학교 사회학과 교수 역임
위스콘신대 방문교수
도쿄대학 객원교수
캠브리지대 방문 펠로우
현재 : 성균관대학교 사회학과 교수

역·저서 : 「구장산술·주비산경」, 「현대사회통계학」 등 다수
논문 : "Reception and Appropriation of Chinese Mathematics in Joseon Dynasty : With Respect to *Hushilun*" 등 다수

東洋數學大系 II
算經十書 下

2006년 6월 10일 초판 인쇄
2006년 6월 15일 초판 발행

편역자 / 차종천
발행자 / 오판근
발행처 / 교우사

주 소 / 서울 동대문구 제기2동 148-19
전 화 / 925-2861, 929-4865
팩 스 / 925-2860
E-mail / kw2861 @ chollian. net
http: // www. kyowoo. co. kr
등록 / 1994. 3. 24 제7-119호

ISBN 89-8172-611-6 (94410)
89-8172-609-4 (세트)

값 **33,000**원